针织大圆机操作教程

林光兴　夏钰翔　杨跃芹　等／编　著

中国纺织出版社有限公司

内 容 提 要

本书介绍了与大圆机编织相关的纺织原料、纬编基础知识、技术装备与软件知识；详细介绍了大圆机运转操作的常规流程和关键环节，主要包括综合操作方法、单项操作方法、质量把控措施及生产管理流程等；重点介绍了大圆机运转操作职业技能培育过程与核心要点、职业拓展与提升方法。采用文字和图片相结合的方式对大圆机操作的核心原理进行讲解，帮助操作工领会操作的基本程序与科学方法，引导操作工深入研究不同机型，特别是先进机型的操作方法，并不断优化操作程序。

本书可作为纬编工综合培训的教材，也可为企业管理、行业管理、操作技能研究提供参考和借鉴。

图书在版编目（CIP）数据

针织大圆机操作教程 / 林光兴等编著．--北京：中国纺织出版社有限公司，2022.10（2024.4重印）

ISBN 978-7-5180-9527-8

Ⅰ．①针…　Ⅱ．①林…　Ⅲ．①大圆机-教材　Ⅳ．①TS183

中国版本图书馆CIP数据核字（2022）第080761号

责任编辑：孔会云　沈　靖　责任校对：寇晨晨
责任印制：王艳丽

中国纺织出版社有限公司出版发行
地址：北京市朝阳区百子湾东里 A407 号楼　邮政编码：100124
销售电话：010—67004422　传真：010—87155801
http://www.c-textilep.com
中国纺织出版社天猫旗舰店
官方微博 http://weibo.com/2119887771
三河市宏盛印务有限公司印刷　各地新华书店经销
2024 年 4 月第 2 次印刷
开本：787×1092　1/16　印张：19
字数：446 千字　定价：98.00 元

凡购本书，如有缺页、倒页、脱页，由本社图书营销中心调换

编委会

大圆机是针织行业的主要机型，大圆机操作工是针织行业技能队伍的主体。针织行业主要职业的技能标准与行业培训教材《纬编操作教程》《针织大圆机操作教程》等，均在20世纪90年代推出，并且得到不断修订和完善，持续较好地指导行业技能人才的培育。

长期以来，针织行业群众性岗位练兵、技术比武、劳动竞赛蓬勃发展，区域性与全国性行业操作培训与比、学、赶、帮、超活动的开展成为传统。这些活动不仅针对常规机型，而且针对不断推出的新机型，为各类操作工的成长提供了广阔平台和良好条件，有力地推动了全行业操作工整体素质的提高。在这些活动中，《针织大圆机操作教程》发挥了重要的基础作用。

由中国纺织工业联合会、中国就业培训技术指导中心、中国财贸轻纺烟草工会主办，中国针织工业协会承办的"纺织行业纬编工职业技能竞赛"三年一轮回，于2011年、2014年、2017年、2020年持续开展。这一赛事还带动了地方的年度竞赛，促进和优化了地方的技能培训工作。2014年，这一赛事被人力资源和社会保障部列入中国技能大赛，上升为国家级二类竞赛。这部教材是各级竞赛层层选拔、优中选优以及决赛中实操考核、理论考试的主要依据。在行业职业技能竞赛中，这部教材发挥了重要的导向作用。

作为资深纺织技能专家，这部教材的最早编著者林光兴同志长期潜心研究针织操作技能，在总结和普及先进操作法，在原创性编写操作流程方面做了大量卓有成效的工作。近年来，林光兴同志又带领操作技能研究团队深入生产一线，研究总结生产工艺和操作流程，在推出指导企业生产操作技术资料的过程中，对教材的体系进行完善。这是务实求真作风的具体体现。

在长达20多年的编写、推广与完善的实践中，这部教材的研发团队深入研究大圆机技术进步（如力学性能的改进、智能化水平的提高）的现状与趋势，研究纬编技能人才的成长状况与规律；同时使教材尽量照顾不同区域特点，适应不同机型要求。教材的推出较好地体现了培训教材与技能标准联动、培训与竞赛并举、企业培训与行业培训共融。教材来源于实践，又在指导实践中完善。这是真抓实干品格的生动体现。

积财千万不如薄技在身。国家大力弘扬劳动精神、劳模精神、工匠精神，同时不断完善机制大力推进技能培训、职业教育工作，为的是造就一支适应新时代要求的技能人才队伍。在行业的技能人才培育中，操作教材是基础，需要高度重视，加大投入，抓紧实施。这部集原创性、实践性、导向性于一体的教材，具有良好示范作用。

希望针织行业继续践行理论与实践结合的工作思路，不断总结和完善纬编操作法，推广先进操作法，为推动针织行业技能人才队伍建设和高质量发展做出新的贡献。

中国纺织工业联合会党委书记　高　勇

2021年5月1日

"科技十分重要，技能也十分重要。"

"科技人才十分重要，技能人才也十分重要。"

在20世纪90年代初，这在我国针织行业中已形成一定的共识。在针织行业，科技与技能不可割裂，也没有割裂——科技离不开技能，技能也离不开科技。针织科技始于技能，发展于技能；科技又服务于技能，助力于技能。在制造业中，呼吁技能之重要的众多行业中，针织是最突出的行业之一。

针织行业"九五"发展规划把技能人才与设计、研发等人才并举，采取措施大力推进队伍建设；1996年，针织行业开始推行职业技能标准，并首次颁布《纬编操作教程》（又称《纬编工职业技能培训教材》，林光兴编著），企业操作比武、区域技能竞赛持续开展；2006年，针织行业开展的职业技能竞赛得到中华全国总工会的大力支持，大圆机设备制造与运转操作"互进小组"成立，卓越技能人才计划等措施再次推出；2011—2020年持续开展全国职业技能竞赛……

2018年，为推进行业培训教材的体系化，针织行业成立了由行业专家和有识之企业家组成的行业教材编委会，同时组建了由林光兴、杨跃芹、夏钰翔、朱运荣、倪海燕、程涛等组成的编著班子，开展教材的开发工作。

编著的方法是：围绕"技能"这个核心，以职业标准为指针，坚持操作工掌握技能（传统的、发展的）与了解相关知识相统一，坚持操作工专项技能培训与综合型技能人才培养相统一，从应知、应会与提升角度，形成完整的体系。

本书总结了许多行业经验，也有许多创新。总结不易，创新更难。为超过百万从事大圆机及相关操作的人员总结技能和编著"教程"，不是一个"难"字能概括得了的，同时还涉及时效、应用面、侧重点、当下、未来……因为技术在进步，产品在不断地丰富和发展……从加速培养新时代产业工人队伍出发，本教程必须在行业实践中不断改进，恳请大家多提宝贵意见。希望本教程能在应用中发挥好示范作用。

本教程的出版得到泉州海天材料科技股份有限公司、广东德润纺织有限公司、北京铜牛集团有限公司、广东工信科技服务有限公司的支持，在此表示诚挚的感谢。

编著者

2021年10月1日

第一篇　应知

本篇阐述大圆机操作应知的基础知识，这些知识包括针织原料知识、纬编基础理论、圆机编织原理（包括软件）。通过对基础知识的了解，操作工才能初步掌握纬编基本操作；通过对基础知识的掌握，操作工才能理解纬编操作的实质，不断提高操作技能，实现操作技能提升与知识水平提高的互动、互进。

第一章 纺织原料知识

第一节 纺织纤维基础知识

一、纺织纤维的概念、分类

（一）纺织纤维的概念

纺织品的基本原材料是纤维，纤维的微观成分、宏观形态及规格等因素决定了纺织品的诸多特性。

直径为几微米到几十微米，而长度比直径大许多倍的细长物质称为纤维，如肌肉纤维、金属纤维、棉花纤维等。其中可用于纺织品制造的纤维才是纺织纤维。通常，纺织纤维长度应达到数十毫米以上，具有适当的细度与长度比值，一定的力学性能，一定的热学性能，一定的化学稳定性，一定的染色性能等。

（二）纺织纤维的分类

纺织纤维分为天然纤维和化学纤维两大类，如图1-1-1所示。在细分类别中，针织常用棉纤维、黏胶纤维、涤纶、锦纶、氨纶等，差别化、功能性纤维助力针织物的品种丰富与档次提升。

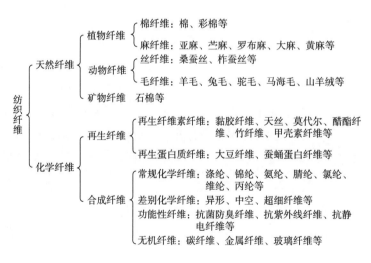

图1-1-1　纺织纤维分类

1. 天然纤维

天然纤维是指自然界生长或形成的纺织纤维。

天然纤维按来源分为植物纤维、动物纤维、矿物纤维。其中矿物纤维指从纤维状结构的矿物岩石中获得的天然无机化合物纤维。

2. 化学纤维

以天然的或合成的高聚物为原料，经化学和机械方法加工制造出来的纺织纤维，可分为再生纤维、合成纤维两大类。

（1）再生纤维。指的是以天然高聚物为原料经化学和机械方法加工制造而成，其化学组成与高聚物基本相同的化学纤维。以天然纤维素为原料制成的纤维称为再生纤维素纤维；以天然蛋白质为原料制成的纤维称为再生蛋白质纤维。

（2）合成纤维。指的是以石油、煤、天然气及一些农副产品等低分子物作为原料制成单体后，经人工合成获得的聚合物纺制而成的纺织纤维。

差别化纤维：利用对常规纤维进行物理、化学改性而生产的具有某种特性和功能的纤维。

功能性纤维：在纤维原有性能之外，同时具有某种特殊功能的纤维。

无机纤维：以无机矿物质为原料制成的纤维称为无机纤维。

（三）纺织常用纤维的代号（表1-1-1）

表1-1-1　纺织常用纤维的代号

代号	C	Ram	L	W	WS	S	R	M	Tel	T	N	A	SP	PV	PP
纤维	棉	苎麻	亚麻	羊毛	山羊绒	蚕丝	黏胶纤维	莫代尔	天丝	涤纶	锦纶	腈纶	氨纶	维纶	丙纶

二、纺织常用纤维

（一）天然纤维

1. 棉纤维

棉纤维是针织用主要纤维之一，主要组成物质是纤维素，还有蜡质、脂肪、糖分、灰分、蛋白质等伴生物。伴生物通常在织物后整理中被去除。

（1）形态结构特征。棉纤维纵向扁平带状有天然转曲，横截面呈腰圆形且有中腔，棉纤维形态结构如图1-1-2所示。

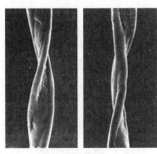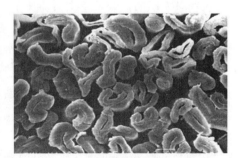

(a) 纵向形态　　　　　　　　　　(b) 横截面形态

图1-1-2　棉纤维形态结构

（2）棉纤维特性。

①光泽暗淡，其织物外观自然纯真。

②具有较强的吸湿能力，公定回潮率为8.5%，其制品具有良好的吸湿、透气性，无静电

等现象，保暖性较好。

③断裂伸长率较低、初始模量不高，纤维细而柔软，弹性差，易起皱，耐磨性较差。

④耐光性、耐热性一般，在阳光与大气中棉布会被缓慢地氧化，强力下降。长期高温作用会使棉布遭受破坏，但其耐受125～150℃短暂高温处理。棉纤维接触火焰时迅速燃烧，即使离开火焰，仍能继续燃烧。另外，棉织物不耐霉菌。

⑤耐碱不耐酸。棉布对无机酸极不稳定，但有机酸作用微弱，几乎不起破坏作用。棉布较耐碱，但强碱作用下，棉布强度会下降。常利用20%的烧碱液对棉布进行"丝光"处理。

此外，天然彩色棉是采用现代生物工程技术培育出来的一种在棉花吐絮时纤维就具有天然色彩的新型纺织原料，但是色彩较为单一。其服饰品、家纺类体现出生态、自然风格。

2. 羊毛纤维

羊毛纤维是天然的蛋白质纤维，主要组成物质是蛋白质。羊毛纤维主要特性如下。

（1）羊毛纤维有良好的缩绒性，表现为羊毛在湿热及化学试剂作用下，经机械外力反复挤压，纤维集合体逐渐收缩紧密，并相互穿插纠缠，交编毡化。缩绒后，织物长度收缩、厚度和紧度增加，织物表面露出一层绒毛，外观优美、手感丰厚柔软、保暖性能良好。

（2）强度一般，比棉差。拉伸、弯曲、压缩弹性均很好，可使织物长期保持挺括不皱。

（3）吸湿性在常用纺织纤维中最为突出，公定回潮率可达15%。其服装穿着舒适，透气，不易沾污，卫生性能好。

（4）弹性回复性能优良，服装保形性好。纤维可塑性强，在100℃的沸水或蒸汽中加压成需要的形状，迅速冷却并去除压力后，该形状就能长期保持不变，因此其服装所需的造型容易经热定形而形成。

（5）羊毛纤维在100～105℃的温度中加热，会失去水分，手感会变得粗硬、光泽下降，长时间受热，颜色会变黄，强度下降；耐光性差，不宜曝晒，因紫外线对羊毛有破坏作用。

（6）羊毛耐酸不耐碱，但在低温的浓碱液中短时间处理，可改善其品质并增加光泽。不耐氧化，尤其是含氯漂白剂，会使羊毛纤维中的蛋白质性质发生变化。但羊毛纤维对还原剂较稳定，若需对毛织品剥色或漂白，可考虑使用保险粉。

羊毛针织产品发展方向是轻薄化、功能化、舒适化。可以对羊毛进行细化改性工艺、羊毛防缩等实现，如通过对普通羊毛进行拉伸和定形，使其蛋白质大分子重新排列，羊毛纤维变细变长，与羊绒接近，可以纯纺或与羊绒、真丝等混纺，生产高档轻薄型针织内衣等产品。

3. 蚕丝纤维

蚕丝纤维有桑蚕丝和柞蚕丝两种。茧丝的横截面由丝素和丝胶组成，丝胶包覆两根丝素，它们都是蛋白质。蚕丝纤维主要特性如下。

（1）纤维柔软，光泽强而不刺眼，可加工成各种厚度和风格的织物，外观或薄如蝉翼、或厚如毛呢，穿着或凉爽、或温暖，手感或挺爽、或柔软。

（2）吸湿性较强，回潮率为11%，在很潮湿的环境中，感觉仍是干燥的。保暖性仅次于羊毛，也是冬季较好的服装面料和填充材料。

（3）蚕丝制品易皱，吸湿后伸长会增加。

（4）蚕丝的耐热性比棉纤维、麻纤维差，但比羊毛纤维好。耐光性比棉、羊毛纤维差。日光可导致蚕丝脆化、泛黄，强度下降。因此真丝织物应尽量避免在日光下直接晾晒。

（5）可染色彩鲜艳，耐酸不耐碱，丝面料经醋酸处理会变得更加柔软，手感松软滑润，光泽变好。丝制品不能用含氯的漂白剂处理，洗涤时也应避免碱性洗涤剂。蚕丝不耐盐水侵蚀，汗液中的盐分可使蚕丝强度降低。蚕丝易虫蛀，也会发霉。

4. 麻纤维

麻纤维主要有苎麻、亚麻、黄麻、洋麻、罗布麻、大麻，苎麻在针织生产采用较多。主要化学组成为纤维素，并含有一定数量的半纤维素、木质素和果胶等。麻纤维主要特性如下。

（1）非精纺麻织物外观粗犷，自然纯朴、素雅大方，风格独特。

（2）麻纤维吸湿性好，不易产生静电，织物穿着干爽、利汗、舒适、抗菌。

（3）麻纤维强度大，约为棉纤维的2倍，湿态强力大于干态强力、耐水洗。延伸性、弹性差，易折皱，可挠性差，刚性大，柔软性差，折叠处易断裂，不宜重压和反复熨烫。其服装有刺痒感。

（4）抗紫外线能力比棉纤维强，适合做夏季服饰用料。

（5）对苎麻纤维进行生物脱胶、生物酶等处理，可改善纤维可纺性，提高成品服用性。

（二）化学纤维

1. 涤纶

涤纶（聚酯纤维）是以聚对苯二甲酸乙二醇酯为原料合成，是常用的化学纤维。

（1）涤纶的形态结构如图1-1-3所示，其横截面形态一般为圆形，纵向形态平滑光洁。

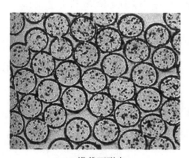
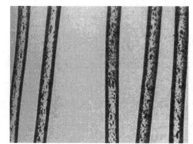

(a) 横截面形态　　　　　　　　　　　(b) 纵向形态

图1-1-3　涤纶的形态结构

（2）涤纶的特性。

①涤纶制品手感爽滑，可机洗、易洗快干。

②涤纶吸湿性差、导热性差，公定回潮率为0.4%，穿着闷热，有不透气感，易产生静电，吸附灰尘，起毛起球严重。

③涤纶强度高，延伸性、耐磨性好，产品结实耐用。涤纶具有一定的弹性和回复性，面料挺括，不易起皱，保型性好，洗可穿性好。

④涤纶耐热性比一般的化学纤维高，软化温度为230℃，热定型可使涤纶服装形成持久的褶裥，熨烫温度为140～150℃，熨烫效果持久，过高的温度会使面料产生不易去除的褶皱，且会产生极光。

⑤因水分子和染料难以进入纤维内部，所以涤纶不易染色，需采用特殊的染料、染色方法和设备。涤纶对一般化学试剂较稳定，耐酸，但不耐浓碱长时间高温处理。

与涤纶同属聚酯纤维的PTT纤维（聚对苯二甲酸丙二醇酯）具有良好的延伸性和回弹性、蓬松性、抗污性、化学稳定性，织物干爽挺括，湿态下尺寸稳定性好，玻璃化温度高于室温，常温常压下可染色等优良特性。PTT短纤维适于开发女式紧身衣、女式睡衣、休闲服、泳衣、运动装、外套、袜类等产品。PTT长丝可与其他纤维交织生产各种用途的产品。

2. 锦纶

锦纶俗称尼龙，即聚酰胺纤维，锦纶主要品种有锦纶66和锦纶6。锦纶主要特性如下。

（1）优点。锦纶强度高、耐磨性好，耐磨性居纤维之首；弹性好，面料不易起皱；属轻型织物，在合成纤维中仅次于丙纶、腈纶。

（2）不足。锦纶耐热性不如涤纶，洗涤熨烫温度应控制在140℃以下，否则易变黄；耐光性较差，阳光下易泛黄、强度降低；耐碱不耐酸，对氧化剂敏感，尤其是含氯氧化剂；锦纶对有机萘类敏感，所以锦纶制品存放时不宜放卫生球。锦纶的公定回潮率为4%，吸湿性和通透性较差，穿着较为闷热，在干燥环境下，易产生静电，短纤维织物也易起毛、起球。

新型锦纶有多个系列品种，如质轻柔软的（超细纤维）、透湿透气性能好的、有不同光泽效应的、有真丝般光泽的、有闪色和双色效应的。新型锦纶柔软舒适、回弹性佳、质轻、吸湿、光泽好、色牢度好、易护理。

3. 腈纶

腈纶即聚丙烯腈纤维，以丙烯腈为主要原料（含丙烯腈85%以上）制成。腈纶主要特性如下。

（1）优点。腈纶耐日光性突出，是常用纤维中最好的；热弹性好，可用于膨体纱的加工；染色性能好，色彩鲜艳；织物蓬松、保暖，有"合成羊毛"之称，且洗可穿性好，但是弹性不及羊毛。

（2）不足。热导率低，回潮率为2%左右，吸湿性能较涤纶好，但较锦纶差，穿着舒适性欠佳，其制品易产生静电，易起毛起球；腈纶对热较敏感，熨烫温度应在130℃以下；酸碱会破坏纤维。

4. 丙纶

丙纶即聚丙烯纤维。丙纶主要特性如下。

（1）优点。丙纶密度小，是纺织纤维中最轻的纤维；丙纶几乎不吸湿，易起静电，芯吸作用和导湿性较强，作内衣等产品穿着无冷感；尺寸稳定、保型性好、强度高、耐磨性好，弹性好、不易起皱；化学稳定性好，对酸碱的抵抗能力较强，有良好的耐腐蚀性。

（2）不足。耐热性差，熨烫温度为90～100℃；耐光性和耐气候性差，易老化而失去光泽、发黄变脆，强度、延伸度下降，要进行防老化处理；染色困难，一般要用原液染色或改性后染色。

5. 黏胶纤维

黏胶纤维是以木材、棉短绒为原料制成的纤维素纤维，除常规品种外，还有高湿模量黏胶纤维、改性黏胶纤维等，还可分为棉型黏胶（人造棉）、毛型黏胶（人造毛）、黏胶长丝（人造丝）。黏胶纤维主要特性如下。

（1）优点。吸湿良好，在常见化纤中吸湿能力最强，回潮率高，面料不易起静电，不起毛起球，导热性好；手感柔软平滑，具有优良的垂感，服装穿着凉爽舒适；染色性能好，色彩丰富、纯正，色谱齐全。

（2）不足。强度低、耐用性差，湿强几乎只为干强的一半；织物下水收缩、发硬，不耐湿态加工，面料弹性差，起皱严重且不易回复，尺寸稳定性差；在高温高湿下易变质；较耐碱而不耐酸。

6. 醋酯纤维

醋酯纤维可分为二醋酯纤维和三醋酯纤维。醋酯纤维主要特性如下。

（1）优点。醋酯纤维制品质量较轻，手感柔软光滑，弹性好，不易起皱，较适合于制作妇女的服装面料、衬里料、贴身女衣裤等。

（2）不足。纤维吸湿性较黏胶纤维差；强度比黏胶纤维差，湿强也低，断裂伸长率大；耐磨性、耐用性较差；染色性能差。

7. 氨纶

氨纶是聚氨酯系纤维。氨纶主要特性如下。

（1）优点。氨纶具有高弹、高回复性，在较小的外力作用下产生较大的伸长，弹性伸长可达6～8倍，且其急弹性回复大，回复率100%；耐磨性优良；耐气候性和耐化学药品性较好，在寒冷、日晒情况下不失弹性；在化纤中耐热性较好；抗霉、抗蛀，抗大多数化学物质；氨纶产品服用性好，穿着舒适、运动自如，没有束缚感，含有氨纶内衣具有"第二肌肤"美誉。

（2）不足。吸湿能力较差，标准大气下回潮率为1.1%，不耐阳光照射，洗涤熨烫一般采用低温，熨烫温度为90～110℃；氯化物和强碱会损伤普通氨纶。

三、新型纺织纤维

（一）新型纤维素纤维和新型蛋白质纤维

1. 莱赛尔纤维

莱赛尔纤维是一种新型再生纤维素纤维，其原料是树木内的纤维素，这种纤维消耗原材料少，整个制造过程具有环保特性。有长丝和短纤两种。

吸湿性较好，染色性能好，抗静电性能很好，尤其是活性染料可染的色谱很全；耐热性和热稳定较好，耐光性与棉相近；穿着舒适性好，既有天然纤维的舒适性，又有合成纤维的力学性质和尺寸稳定性。可与其他纤维混纺、复合或交织，获得不同风格的面料。适用于内衣、T恤、服饰等。

2. 莫代尔纤维

莫代尔纤维是一种再生纤维素纤维，生产过程清洁无毒，其废弃物可以生物降解。织物具有棉的柔软性、丝的光泽、麻的滑爽，悬垂性好、表面细腻，手感和外观良好，吸湿、透气性能优于棉，且织物具有较高的上染率，颜色鲜明而饱满。但织物挺括性不够，保型性较差，可将它与其他纤维混纺或交织进行改善，用于加工针织内衣裤、外衣、运动服和家纺产品，并可用于制备具有抗菌、抗紫外线等功能的产品。

3. 丽赛纤维

丽赛纤维是一种具有较优综合性能的植物再生纤维素纤维。丽赛纤维性能与天丝纤维较为接近，织物滑爽有光泽、染色鲜艳，悬垂性好，导湿透气、手感柔软、尺寸稳定性较好、湿态模量高，断裂强力高，断裂伸长小，收缩率较小，较耐洗、耐穿。耐碱性好，与棉混纺还可进行织物丝光处理。

4. 圣麻纤维

圣麻纤维以天然麻材为原料，通过蒸煮、漂白、制胶、纺丝、后处理等工艺路线，把麻材中的纤维素提取出来，并保留了麻材中的天然抑菌物质。纤维截面似梅花型和星型；吸湿性、透气性好；天然抑菌，适用于制作内衣、床上用品等。

5. 竹（主要指竹浆）纤维

竹纤维是经采用独特的工艺处理把竹子中的纤维素提取制造而成。纤维悬垂性好、吸湿透气、染色亮丽。具有较强的抗菌、杀菌作用和良好的除臭作用，具有良好的防紫外功效。

6. 甲壳素纤维

甲壳素纤维是纤维素和来自蟹虾等动物的甲壳素的复合纤维。甲壳素纤维具有抑菌性，生态环保、吸湿保湿、柔软、染色均匀，具有保健功能。可纺成长丝和短纤维两大类。甲壳素纤维可用于制作保健内衣、保健婴儿服、抗菌休闲服、抗菌床上用品、医用品等。

7. 珍珠纤维

珍珠纤维是在纤维素纤维纺丝时加入超细级珍珠粉制成。纤维富含多种氨基酸和微量元素、吸湿透气、光滑凉爽、外观亮丽。该纤维可以纯纺或与莫代尔纤维、天丝、羊绒、羊毛等原料混纺，适于制作内衣、T恤、睡衣、运动衣和床上用品等。

8. 蛹蛋白黏胶长丝

将干蚕蛹制成蛹酪素，再制成蛹蛋白纺丝液，与黏胶原液共混，经湿法纺丝和醛化处理，制成具有皮芯结构的复合长丝。具有黏胶长丝和蚕丝的特点。

（二）差别化功能性纤维

差别化功能性纤维有细旦纤维（单纤细度小于1dtex）、超细旦纤维（单纤细度小于0.1dtex）、异形纤维、有色纤维、改性纤维及防辐射、抗紫外线、抗静电等各种功能纤维。细旦纤维产品手感柔软、穿着舒适，具有毛细效应。异型纤维的不同截面形状赋予纤维及面料不同的特性，如三角形截面有优雅的光泽；多叶形截面有闪光性、蓬松性好；多角形截面有改进纤维的闪光现象；扁平形截面有优良的抗起毛起球性和闪光性；L形截面纤维沿轴向形成毛细效应。此外，可再生原料、生态环保纤维有着广阔的应用前景，其来源有聚酯瓶、废弃渔网等。

1. 保暖纤维

（1）远红外纤维。远红外纤维具有保暖保健功能，与抗菌、抗静电相结合具有复合功能，适用于内衣、袜子、运动服、特殊服装及床上用品等。

（2）发热纤维。具有发热蓄热功能，产品通常舒适、发热，适用于内衣、袜子、保暖服饰和床品。

（3）保暖纤维。纤维中含有规则的高密度中空结构，这种结构包含大量静止空气。织物具有丰满柔软、干爽透湿、质轻保暖特点，适于开发内衣、运动休闲服饰等。

应用较多的中空结构纤维，其单丝较细，微孔较多，可以纯纺或与其他短纤维混纺，具有保暖透气与吸湿排汗功能。织物成品蓬松、柔软、保暖，具有持久弹性，易洗快干，适用于运动服装、衬衣、帽子、手套、睡袋里料及冬季运动服等。

2. 抗菌纤维

抗菌纤维对皮肤等有害菌抗菌针对性强。例如，纳米银抗菌纤维，在纺丝过程中添加抗菌剂，具有一定抗菌、排汗等功能。适用于家纺、内衣、运动服饰、婴幼儿服饰。还有铜离子抗菌纤维、二氧化硅抗菌纤维等。

3. 吸湿排汗纤维

多为异形截面纤维，如"十"字形的、"Y"字形的，带四沟槽"十"字截面的、四叶五叶截面结构的。这类纤维大量用于内衣、袜子和运动休闲服饰的开发。

4. 聚酯仿棉

改变纤维截面形状在外观上仿棉；纤维表面亚光，光泽上仿棉；可染、外观、手感等性能上仿棉；吸水透气、洗可穿功能上超棉；改变纤维表面形态，提高导湿性能。

5. 阻燃纤维

多是在纺丝时加入阻燃剂。永久阻燃、燃烧时不熔融滴落，具自熄效果、隔热效果，用于家纺产品和针织服装。

6. 芳香纤维

在芯层加入由特殊塑料为载体的香料，具有一定抗洗涤效果；凉爽纤维，亚纳米级粒晶处理，该产品具有保健、降温凉爽功能。

7. 负离子纤维

添加一种具有负离子释放功能的纳米级电气石粉末等，形成具有负离子释放功能的纤维。

8. 生物可降解纤维

生物基来自玉米，纤维可生物降解，具有舒适、抗污、抗紫外、免烫等特点。

第二节　纺织纱线的分类与生产

纱线是由纺织纤维制成，具有一定力学性质和细度、柔软度的连续长条物体，必须适应纺织加工和具备最终产品使用所需要的基本性能。

一、纺织纱线的分类

（一）按组成纱线的纤维种类分

（1）纯纺纱。用一种纤维纺成的纱线称为纯纺纱，如纯涤纶纱、纯棉纱等。

（2）混纺纱。用两种或两种以上纤维混合纺成的纱线。比例相同时，按天然纤维、合成纤维、再生纤维顺序排列，比例不同时，比例大的在前。如涤/棉（65/35）纱、毛/腈（50/50）纱、涤/黏（50/50）纱等。

（3）交捻纱。由两种或以上不同纤维或不同色彩的单纱捻合而成的纱线。

（4）混纤纱。利用两种长丝并合而成的纱线，以提高某些方面的性能。

（二）按纺纱工艺分

（1）精梳纱。经过精梳工艺纺得的纱线。纱线品质优良，纱线的细度较细。

（2）粗梳纱。经过一般的纺纱工艺纺得的纱线，也称普梳纱。

（三）按染整加工分

（1）原色纱。未经任何染整加工而保持纤维原来颜色的纱线。

（2）漂白纱。经漂白加工，颜色较白的纱线。通常指的是棉纱线和麻纱线。

（3）染色纱。经染色加工，具有各种颜色的纱线。

（4）色纺纱。有色纤维纺成的纱线。

（5）烧毛纱。经烧毛加工，表面较光洁的纱线。

（6）丝光纱。经丝光处理的纱线，有丝光棉纱、丝光毛纱。丝光棉纱是纱线在一定浓度的碱液中处理使纱线具有丝一般的光泽和较高的强力；丝光毛纱是把毛纱中纤维的鳞片去除或覆盖，使纱线柔滑有光泽。

（四）按纱线的结构外形分

1. 长丝纱

长丝纱也可直接称为长丝，是指一根或多根连续长丝经并合、加捻或变形加工形成的纱线。

（1）单丝。指长度很长的连续单根丝，指蚕丝中的丝素纤维或由化纤喷丝头中的一个单孔形成的单根长丝。单丝用于织制丝巾、透明袜等轻薄型针织品。

（2）复丝。指两根及以上的单丝并合在一起的丝束。复丝广泛用于各种经编与纬编坯布的编织中。

（3）捻丝。复丝经加捻形成的纱线。

（4）复合捻丝。捻丝经过一次或多次并合、加捻即成复合捻丝。

（5）变形丝。是由化纤长丝经过变形加工以改变其外观和性质的纱（丝）材料。

2. 短纤维纱

短纤维纱是指短纤维经加捻纺成具有一定细度的纱，"纱"和"线"可分开定义。

（1）纱。又称单纱，由许多短纤维或长丝排列成近似平行状态，并沿轴向旋转加捻，组成具有一定强力和线密度的单根的连续长条纱。

按纤维长度可分为棉型纱、中长纤维型纱线、毛型纱三种（表1-2-1）。

表1-2-1 棉型、中长纤维型和毛型纱的长度、细度规格

项目		棉型	中长纤维型	毛型
长度	mm	33～38	51～76	76～102
细度	旦	1.2～1.5	2～3	3～5
	dtex	1.32～1.65	2.2～3.3	3.3～5.5

（2）线。又称股线，两根或以上单纱合并捻合而成的产品，如双股线、多股线。股线

再并合加捻就成为复捻股线。

3. 长丝短纤维组合纱

由短纤维和长丝采用特殊方法纺制的纱，如包芯纱、包缠纱。

（五）特殊纱线

1. 变形纱

通常有膨体纱、弹性丝、网络丝、空气变形丝等，具有卷曲、螺旋、环圈等外观特性，体积蓬松，手感柔软和弹性良好。

（1）膨体纱。膨体纱是由短纤维或连续长丝经热收缩处理制成具有松软度的丰满的纱线。纱线中高收缩纤维经热定形收缩大，形成纱芯，低收缩纤维被挤压在表面形成圆弧，从而制得蓬松的纱线。纱线在一定的拉伸和松弛状况下保持蓬松度，使织成的织物具有质轻而覆盖能力高的服用特征。

（2）弹性纱。分高弹变形纱和低弹变形纱两种。高弹纱有高伸长、高弹性，在受拉伸较长，充分拉伸时外观类似于普通长丝纱线或短纤维纱，不过蓬松度大大降低。松弛时回复原状，类似膨体纱。高弹丝以锦纶为主，用于弹性衫裤、袜类等；低弹丝有涤纶、丙纶、锦纶等。涤纶低弹丝多用于外衣；锦纶、丙纶低弹丝多用于家具织物。

2. 花式纱线

花式纱线是在纱线加工中通过强捻、超喂、混色、切割、拉毛等特殊工艺制成具有特种外观形态与色彩的纱线，表面具有纤维结、竹节、环圈、辫子、螺旋、波浪等特殊外观形态或颜色。目前常见的花式纱线有以下几类。

（1）强捻纱。可对纯棉纱、黏胶纱、羊毛纱以及各种合纤长丝、短纤维纱等加强捻，并通过一定手段对它们做定型处理，用这种强捻纱织造的针织物可具有麻纱感和绉效应。

（2）特殊形态花式纱线。如竹节纱、大肚纱、毛虫线、结子线、波形线、珠圈线、辫子线、毛巾线、雪尼尔纱、金银丝线等。用它们可织制仿麻织物、仿毛织物、毛圈织物、丝绒织物、簇绒织物等，可使织物具有较强的立体感。

（3）花色纱线。指纱线通过色彩和外形的特殊变化，使织物获得装饰效果。如混入彩色短纤维的彩芯纱，混入白色、灰色、黑色短纤维的色芯纱，用断丝工艺制得的彩色断丝纱。它们为织物带来丰富的色彩和特殊的外观。

（六）针织常用纱线代号

1. 针织常用短纤维纱线代号（表1-2-2）

表1-2-2　针织常用短纤维纱代号

代号	纱线
JC	精梳纱线［如J18×2（tex）］
BJ	半精梳纱线
C	普梳纱线［如C16.4（tex）］
OE	气流纺纱
T/C	涤/棉混纺纱线
T/R	涤/黏混纺纱线

代号	纱线
T/C/N	涤/棉/锦混纺纱线

2. 常见化纤长丝的缩写及名称（表1-2-3）

表1-2-3　常见化纤长丝缩写、名称及特点

缩写	名称	特点
POY	预取向丝	纤维结构比较稳定。在速度为3000~3600m/min的高速纺丝条件下制得
DTY	拉伸变形丝	连续或同时拉伸、变形加工，有低弹丝、中弹丝、高弹丝等
FDY	全拉伸丝	在低速纺丝过程中引入高速拉伸作用，毛丝少，染色均匀性好
DT	拉伸加捻丝	以POY为原丝，经牵伸加捻机拉伸，并给予少量的捻度
ATY	空气变形丝（纱）	利用压缩空气对化纤长丝作喷气变形并使外圈局部形成小圈

从表1-2-3可看出，DTY纤维卷曲，POY和FDY纤维平直；FDY强力较好，POY强力略差。

二、纺织纱线的生产

（一）短纤维纱线生产工序

主要包括：原料准备、开松、梳理、除杂、混合、牵伸、并合、加捻以及卷绕等，其中有些作用是通过多次的反复来实现的。

普梳纱的生产工艺流程：

开清棉→梳棉→并条→粗纱→细纱→络筒→双并→倍捻→摇绞→打包成件

精梳纱的生产工艺流程：

开清棉→梳棉→预并→条卷→精梳→并条→粗纱→细纱→络筒→包装

主要工序任务如下。

1. 开清棉

开棉：将原棉松解成较小的棉束。

清棉：清除原棉中的大部分杂质和不适合纺纱的短纤。

混棉：将不同成分原棉纤维混合均匀、充分。

成卷：制成一定长度、均匀、外形良好的棉卷。

对原棉继续进行开松、梳理，清除杂质，清除较细小的杂质，制成厚薄均匀、符合一定规格重量的棉卷，防止损伤纤维。

2. 梳棉

分梳：将棉块分解成单纤维状态，改善纤维伸直平行状态。

除杂：清除棉纤维、棉卷中的细小杂质和短绒。

混合：进一步充分均匀混合纤维。

成条：制成均匀较好棉条。

3. 条卷

并合和牵伸：提高小卷中纤维的伸直平行程度。

成卷：制成规定长度和重量的小卷，要求边缘平整，退解时层次清晰。

4. 精梳

除杂：清除纤维中的棉结、杂质和纤维疵点。

梳理：进一步分离纤维，排除一定长度以下的短纤维，提高纤维的长度整齐度和伸直度。

牵伸：将棉条拉细到一定粗细，并提高纤维平行伸直度。

成条：制成符合要求的棉条。

5. 并条

并合：一般用6~8根棉条进行并合，改善棉条长片段不匀。

牵伸：把棉条拉长抽细到规定重量，并进一步提高纤维的伸直平行程度。

混合：利用并合与牵伸，使纤维进一步均匀混合，不同唛头、不同工艺处理的棉条，以及棉与化纤混纺等均可采用棉条混纺方式，在并条机上进行混合。

成条：做成圈条成型良好的熟条，有规则地盘放在棉条桶内，供后工序使用。

6. 粗纱

牵伸：将熟条均匀地拉长抽细，并使纤维进一步伸直平行。

加捻：将牵伸后的须条加以适当的捻回，使纱条具有一定的强力，以利于在粗纱卷绕和细纱机上的退绕。

7. 细纱

牵伸：将粗纱拉细到所需细度，使纤维伸直平行。

加捻：将须条加以捻回，成为具有一定捻度、一定强力的细纱。

卷绕：将加捻后的细纱卷绕在筒管上。

成型：制成一定大小和形状的管纱，便于搬运及后工序加工。

此外，络筒工序将管纱卷绕成容量大、成型好并具有一定密度的筒子，清除纱线上部分疵点和杂质；捻线工序将用两根或多根单纱，经过并合，加捻制成强力高、结构良好的股线，并卷绕在筒管上；摇纱工序将筒子纱按规定长度摇成绞纱，便于包装运输及加工；成包工序将绞纱、筒子纱按规定重量、包数、只数等打成小包、中包、大包、筒子包，便于纱线整体储藏搬运。

（二）长丝的纺丝成型

1. 熔体纺丝

熔体纺丝是将成纤高聚物熔体从微细的小孔内突出形成熔体细流。同时在外力作用下拉伸变细，并在冷空气中冷却固化，形成微细的纤维状物。

2. 溶液纺丝

溶液纺丝是将成纤高聚物溶解在某种溶剂中，制备成具有适宜浓度的纺丝溶液，再将该纺丝溶液从微细的小孔吐出进入凝固浴或是热气体中，高聚物析出成固体丝条，经拉伸、定型、洗涤、干燥等后处理过程得到成品纤维，适用于尚未熔融便已发生分解的高聚物。

此外，还有冻胶纺丝。

（三）纱线的二次再加工

1. 网络加工

（1）网络丝。网络丝是指丝条在网络喷嘴中，经喷射气流作用，单丝互相缠结而呈周期性网络点的长丝（每米50个以上）。网络丝的表面凹凸不平，反光很散，很难用手撕分开，强度较高，用它们织成的织物厚实，表面有仿毛感，价格相对便宜。网络加工多用于POY、FDY和DTY的加工。

（2）DTY网络丝。原丝POY进行牵伸假捻，单股或双股进入定型热箱，然后经过网络喷嘴，上油、卷绕形成DTY网络丝。

2. 捻丝

捻丝是将单丝或股线进行加捻（多根丝互相缠绕），使之获得一定的捻向和捻回数的工艺。复合丝经第一次加捻后称捻丝。将捻丝再经过并合、加捻就称为复捻丝。

捻丝提升了丝线的强力和耐磨性能，减少了起毛，增强了织物的牢度；赋予织物外观以折光、绉纹或毛圈、结子等效应，使丝线具有一定的外形或花色；增加了丝线的弹性、提高了织物的抗皱性能和透气性，使织物穿着更凉爽、舒适。通过加捻工序既可改善丝线的织造加工性能，又可满足织物的外观和不同用途的要求。

长丝加捻方法有干捻和湿捻两种，干捻加工采用普通捻丝机和倍捻机，而湿捻加工采用湿捻捻丝机。长丝原料是否需要加捻，加什么捻向，加多少捻度，均应根据织物品种规格的要求设定。除花式捻线机外，其他加捻工艺都要求卷绕成形良好，便于退解，张力均匀、大小适当，捻度均匀。

3. 包纱

（1）包覆纱。包覆纱按外包纤维的层数可分为单包覆纱、双包覆纱。单包覆纱指以一根长纤维为芯，另一根长纤维呈单向螺旋缠绕其外。通常芯丝为氨纶，皮为锦纶、涤纶等。其规格一般用芯丝旦尼尔数与外皮长丝旦尼尔数组合表示，如涤纶包氨纶2045、锦纶包氨纶2030。其中，2030指20旦的氨纶外面包了30旦的锦纶，有时也写作30旦×20旦。锦纶包氨常用于袜机和无缝内衣。双包覆纱以一根长纤维为芯，外面包覆两层长纤维，缠绕方向相反，常用于罗口部位。

包覆纱按加工工艺可分为机包纱（SCY）和空包纱（ACY）。机包纱指机械包缠纱，在机械包缠机上将外包纤维长丝不断地旋转并缠绕在被匀速牵伸的芯丝氨纶上，是经加捻而具有捻度的。机包纱包覆更全面，不会出现漏丝现象，一般除捻度不匀外不易产生纺纱和织造时的质量问题，织物风格平整挺括。空包纱指在空气包纱机上，将外包纤维长丝与氨纶丝同时牵伸经过一定型号喷嘴，经高压缩的空气规律性的喷压形成节律性的网络点而形成。氨纶丝在纱线的外围，其织物手感柔软滑爽。

机包纱在双手外力下拉伸不会使锦纶或涤纶分开。空包纱在双手外力牵伸3～5次时，锦纶或涤纶等会与氨纶自然分开。机包产量低，产能大大低于空包产能，价格比同规格的空包高。而且目前机包纱趋于饱和，因此空包纱前景乐观。

（2）包芯纱。以长纤维为芯，短纤为皮交缠包覆。一般芯纱为氨纶，皮纱为棉、毛、麻等，在棉纺厂用细纱机生产。

（3）包纱类别的区别与联系。包覆纱与包芯纱的区别在于皮纱，包覆纱用的是长纤维，包芯纱用的是短纤维。氨纶或包纱与另一种纤维加捻则成为包捻纱。

有人认为包缠纱与包覆纱是同一种概念，也有人认为它和包芯纱是同一种纱线。

（四）常见纺纱方法的区别

1. 环锭纺与气流纺的区别

环锭纺是在细纱机上纺制而得到，纺纱的捻向都是Z捻，所以用S捻进行退捻，纤维能分离（图1-2-1）。

气流纺是通过气流回旋形成涡流，因此纱线表面的纤维相互纠缠，而内部的纤维有一定的捻度，但由于表面纤维相互纠缠，所以不管用Z捻还是S捻解捻，都不能使纤维分离（图1-2-2）。

因此通过这类方法就能把两者区分开来，且同样纱支的纱线，环锭纺的强力好于气流纺，气流纺的毛羽、条干方面好于环锭纺。

图1-2-1　环锭纺　　　　　　　　　　图1-2-2　气流纺

2. 环锭纺双股线与赛络纺的区别

环锭纺是在细纱机上纺制而得到，而单纱纺纱的捻向都是Z捻，两根单纱并合采用S捻进行并捻（图1-2-3）。而赛络纺由两根有一定间距的须条喂入细纱牵伸区，分别牵伸后加捻成纱，且两根纱线是Z捻，加捻成纱后其捻向还是Z捻（图1-2-4）。因此根据纱线的并合捻向，就能把二者区分开来。

 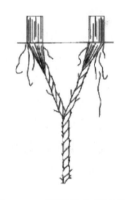

图1-2-3　环锭纺并线示意图　　　　图1-2-4　赛络纺生产示意图

3. 喷气纺与涡流纺的区别

喷气纱结构分纱芯和外包纤维两部分，纱芯平行且有捻度，结构较紧密，外包纤维松散且无规则缠绕在纱芯外面，喷气纱结构较蓬松，外观较丰满（图1-2-5）。而涡流纱结构也分纱芯和外包纤维，芯纤维呈平行排列、无捻度，外包纤维呈规则螺旋包缠在纱芯表面，且外层规则螺旋包缠纤维比例较高，占总纤维的60%左右，以致内部未加捻的纤维几乎被完全覆盖，克服了喷气纱露芯问题，表面纤维排列则更接近于传统环锭纱，结构较紧密（图1-2-6）。

因此只要剥离外层纤维，观察里层纤维是否加捻与外层包缠纤维是否有规则就能将两者区别出来。而且喷气纺主要是纺制化纤与棉的混纺、纯化纤纱及其混纺纱，全棉没有喷气纺。

图1-2-5　喷气纺

图1-2-6　涡流纺

图1-2-7　紧密纺纱

4. 精梳纱与紧密纺纱的区别

紧密纺纱织物表面显示纱线很少棉结，条干非常均匀。从拆出来的纱线看，紧密纺的纱线毛羽少，很光洁，强力比精梳棉好，整个布面比精梳棉薄（图1-2-7）。

5. 紧密纺纱与赛络纺纱的区别

紧密纺纱与赛络纺纱的相似之处是它们都是在传统环锭纺的加捻三角区增加了隔栅板与吸风凝聚装置，因此纱线的条干均匀，强力增加，毛羽少。不同之处是紧密纺纱是在细纱机上单根喂入，而赛络纺是在细纱机上喂入两根保持一定间距的粗纱，经牵伸后，由前罗拉输出这两根单纱须条，并由于捻度的传递而使单纱须条上带有少量的捻度，拼合后被进一步加捻成类似合股的纱线，卷绕在筒管上。

6. POY、FDY、DTY和ATY的区别

（1）外观识别法。DTY纤维是卷曲的，POY和FDY纤维是直的，FDY纤维强力较好。

（2）手拉法。POY可拉较长，FDY则拉得少一些。POY是预取向丝，没有完全拉伸，剩余伸长要在50%以上；而FDY是全取向丝，剩余伸长一般在40%以上，比较稳定。

（3）低弹丝DTY。不用太大力拉，纤维始终呈现卷曲状态。而空变丝ATY在变形加工过程中是纤维通过喷嘴内气流的涡流回旋产生的形变，从而使纤维与纤维之间发生相互纠缠扭结，外力不能使纠缠的纤维相互分离。

第三节　纺织纱线的性能指标

一、纺织纱线的细度

（一）线密度Tt

线密度俗称号数，是指1000m长的纱线在公定回潮率时的重量克数，单位为特克斯（tex）。计算式为：

$$Tt = \frac{1000 \times G_k}{L} \qquad (1-3-1)$$

式中：Tt为纱线的线密度（tex）；L为纱线的长度（m）；G_k为纱线公定重量，$G_k=G_0 \times$（$1+W_k$）（g），其中G_0为干重，W_k为公定回潮率（表1-3-1）。

表1-3-1　我国常用纱线的公定回潮率

纱线种类	公定回潮率/%	纱线种类	公定回潮率/%
棉纱线	8.5	黏胶纱及长丝	13.0
亚、苎麻纱	12.0	锦纶纱及长丝	4.5
黄麻	14.0	涤纶纱及长丝	0.4
精梳毛纱	16.0	腈纶纱及长丝	2.0
粗梳毛纱	15.0	维纶纱	5.0
毛绒线、针织绒	15.0	氨纶丝	1.3
绢纺蚕丝	11.0	涤/棉混纺纱（65/35）	3.2

纺织纤维的线密度常用特（tex）、分特克斯（dtex）和毫特克斯（mtex）表示，它们之间的换算关系为：1tex=10dtex；1tex=1000mtex。

纱线按线密度大小可分为：特细特纱（10tex及以下）、细特纱（10～20tex）、中特纱（21～32tex）和粗特纱（32tex及以上），由细特纱、中特纱和粗特纱织成的织物分别称为细织物、中织物和粗织物。由于习惯上的原因，针织生产中传统计量单位为：棉及其混纺纱用英制支数（英支）、毛及其混纺纱用公制支数（公支）、各种长丝用旦尼尔数（旦数）表示。

（二）旦尼尔N_D

旦尼尔制习惯用来表示绢丝纱和化纤长丝纱的细度。指的是9000m长的纱线在公定回潮率时的重量克数，单位为旦。计算式为：

$$N_D = \frac{9000 \times G_k}{L} \tag{1-3-2}$$

式中：N_D为纱线的旦尼尔数（旦）；L为纱线的长度（m）；G_k为纱线的公定重量（g）。

线密度和旦尼尔数均为定长制指标，其数值越大，表示纱线越粗。

（三）公制支数N_m

公制支数习惯用来表示毛型纱线和麻类纱线的细度。指的是在公定回潮率条件下1g纱线所具有的长度米数，单位为公支。计算式为：

$$N_m = \frac{L}{G_k} \tag{1-3-3}$$

式中：N_m为纱线的公制支数（公支）；L为纱线的长度（m）；G_k为纱线的公定重量（g）。

（四）英制支数N_e

英制支数是专门用来表达棉型纱线的细度指标。指的是1磅（Pb）公定重量的纱线所具有的长度为840码（yd）的倍数，单位为英支。计算式为：

$$N_e = \frac{L_e}{840 \times G_{ek}} \tag{1-3-4}$$

式中：N_e 为纱线的英制支数（英支）；L_e 为纱线的长度（码）（1yd=0.9144m）；G_{ek} 为纱线的公定重量（磅）（1Pb=453.6g）。

公制支数和英制支数均为定重制指标，其数值越大，表示纱线越细。

（五）细度指标间的换算

（1）线密度和公制支数间的换算式为：

$$Tt \times N_m = 1000 \tag{1-3-5}$$

（2）线密度和旦尼尔数间的换算式为：

$$N_D = 9Tt \tag{1-3-6}$$

（3）线密度和英制支数（棉型纱）间的换算式为：

$$Tt \times N_e = 590.5 \tag{1-3-7}$$

（4）线密度和纱线直径间的换算式为：

$$d = \sqrt{\frac{4}{\pi} \times Tt \times \frac{10^{-3}}{\delta}} \tag{1-3-8}$$

式中：δ 为纱线的体积重量（g/cm³）。

棉型纱线的体积重量约0.85g/cm³，根据式（1-3-8），得到纱线 $d = 0.037\sqrt{Tt}$（mm）。

常见纤维及纱线的体积重量见表1-3-2。

表1-3-2　不同纤维纱线的体积重量

纱线种类	棉纱	精梳毛纱	粗梳毛纱	亚麻纱	绢纺纱	65/35涤/棉纱	50/50棉/维纱	黏胶短纤维纱	黏胶长丝纱	腈纶短纤纱	腈纶膨体纱	锦纶长丝纱
体积重量/（g/cm³）	0.8 ~ 0.9	0.75 ~ 0.81	0.65 ~ 0.72	0.9 ~ 1.05	0.73 ~ 0.78	0.85 ~ 0.95	0.74 ~ 0.76	0.84	0.95	0.63	0.25	0.90

（六）股线细度的表达

股线的细度用单纱细度和单纱根数 n 的组合来表达。

1. 线密度制

当单纱细度以特克斯为单位时，若组成股线的单纱的线密度相同时表示为：单纱线密度 × 合股数，如13tex × 2；若组成股线的单纱线密度不同则表示为：单纱线密度1+单纱线密度2+…+单纱线密度 n，如13tex+18tex。

2. 支数制

当单纱细度以公（英）制支数为单位时，若组成股线的单纱的支数相同，则股线细度表示为：单纱支数/合股数；如45英支/2；

若组成股线的单纱的支数不同时，表示为：单纱支数1/单纱支数2/…/单纱支数 n，如45英支/32英支/21英支；

若组成股线的单纱支数不同则表示为：$N_{m1}(N_{e1})$ /　/…/　$N_{mn}(N_{en})$。股线支数的计算式为：

$$N_{m股} = \frac{1}{\dfrac{1}{N_{m1}} + \dfrac{1}{N_{m2}} + \cdots + \dfrac{1}{N_{mn}}} \tag{1-3-9}$$

（七）常用化纤长丝的规格表达

150旦／36F，斜线上方的数据表示纱线的旦尼尔数，斜线下方数据表示该规格的纱具有的单丝根数（即纺丝时使用喷丝板的孔数），36F指该纱线中有36根单丝。

二、纺织纱线的强度

（一）断裂强力

断裂强力是指纱线能够承受的最大拉伸外力，即受外界拉伸一直到断裂时所需的力。拉力单位为牛顿（N），衍生单位有cN（厘牛），企业常用gf（克力）。断裂强力与纱线的粗细有关，与纱线的内在性质有关。

（二）断裂强度

断裂强度是指每特（或每旦）纱线所能承受的最大拉力，单位为N/tex（或N/旦）。这是断裂强力的衍生指标，是断裂强力的相对值，用以比较不同粗细的纱线拉伸断裂性质。计算式为：

$$P_t = \frac{P}{Tt}$$

$$P_D = \frac{P}{N_D}$$

（1-3-10）

式中：P_t为线密度制断裂强度（N/tex）；P_D为旦数制断裂强度（N/旦）；P为纱线的强力（N）；Tt为纱线的线密度（tex）；N_D为纱线的旦数（旦）。

三、纺织纱线的捻度

当纱线的一端被握持，另一端绕其轴线做相对回转的过程，称为加捻。对短纤维纱来说，加捻是纱线获得强力的必要手段，对长丝纱和股线来说，加捻可形成一个不易被横向外力所破坏的紧密结构。表示纱线加捻程度的指标有捻度、捻回角、捻幅和捻系数。表示加捻方向的指标是捻向。

（一）捻度

单位长度的纱线所具有的捻回数称为捻度，它只能表示相同粗细纱线的加捻程度。纱线的两个截面产生一个360°的角位移，称为一个捻回。当单位长度取10cm，为线密度制捻度，记为T_t（捻回/10cm）；当单位长度取1m，为公制支数制捻度，记为T_m（捻回/1m）；当单位长度取1英寸，为英制支数制捻度，记为T_e（捻回/1英寸）。通常，线密度制捻度和英制支数制捻度用来表示棉纺纱线的加捻程度，公制支数制捻度用来表示精梳毛纱及化纤长丝的加捻程度，粗梳毛纱的加捻程度既可用线密度制捻度，也可用公制支数制捻度来表示。它们的换算式为：

$$T_t = 3.937 T_e = 0.0254 T_m \qquad (1-3-11)$$

（二）捻回角

纱线加捻程度越大，纱线中纤维倾斜程度就越大，因此，可以用纤维在纱线中倾斜角，即捻回角β来表示纱线的加捻程度。捻回角β是指表层纤维与纱轴线的夹角。如图1-3-1所示，两根捻度相同的纱线，由于粗细不同，加捻程度是不同的。粗的纱线捻回角β较

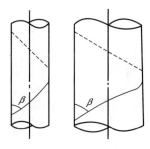

图1-3-1　纱线捻回角

大，因而加捻程度亦较大。捻回角须在显微镜下，使用目镜和物镜测微尺测量，既不方便又不易准确，所以实际生产中并不采用。

（三）捻幅

捻幅是指纱条截面上的一点在单位长度内转过的弧长，如图1-3-2所示，原来平行于纱轴的AB倾斜成$A'B$，如用P_A表示A点的捻幅，$\beta=\angle ABA'$为$A'B$与纱轴的夹角，则：

$$P_A=AA'=AA'/L=\tan\beta \tag{1-3-12}$$

所以捻幅实际上是这一点的捻回角的正切。纱中各点的捻幅与半径成正比关系。

捻幅与捻回角一样，在实际生产中并不采用。

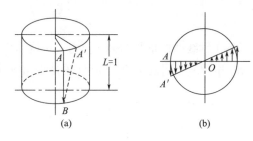

图1-3-2　纱线捻幅

（四）捻系数

为了比较不同细度纱线的加捻程度，且方便测量，生产实际中常用捻系数来表示纱线的加捻程度。捻系数是根据纱线的捻度和线密度或公（英）支数计算而得的，计算式如下：

线密度制捻系数：$\alpha_t=T_t\times\sqrt{Tt}$ $\qquad$（1-3-13）

公制支数制捻系数：$\alpha_m=T_m/\sqrt{N_m}$ $\qquad$（1-3-14）

英制支数制捻系数：$\alpha_e=T_e/\sqrt{N_e}$ $\qquad$（1-3-15）

式中：α_t、α_m、α_e分别为线密度、公制支数、英制支数制捻系数；T_t、T_m、T_e分别为线密度、公制支数、英制支数制捻度；Tt、N_m、N_e分别为纱线线密度、公制支数、英制支数。

换算式为：$\alpha_t=95.67\times\alpha_e=3016\times\alpha_m$

（五）捻向

捻向是指纱线的加捻方向。它是根据加捻后纤维或单纱在纱线中的倾斜方向来描述的。纤维或单纱在纱线中由左下往右上倾斜方向的称为Z捻向（又称反手捻），因这种倾斜方向与字母Z字倾斜方向一致；同理，纤维或单纱在纱线中由右下往左上倾斜的称为S捻向（又称顺手捻），如图1-3-3所示。一般单纱为Z捻向，股线为S捻向。

如股线经过了多次加捻，其捻向表示按先后加捻顺序依次以Z、S来表示。例如，ZSZ表示单纱为Z捻向，单纱合并初捻为S捻，再合并复捻为Z捻。

对针织物而言，不同纱线捻向配制，可形成不同外观、手感及强力的织物。

Z捻纱与S捻纱一起编织，可有效减轻线圈歪斜性。Z捻纱与S捻纱在织物中间隔排列，可得到隐格、隐条效应。Z捻纱与S捻纱合并加捻，可形成起绉效果。

图1-3-3　纱线的捻向

（六）捻缩

加捻后，由于纤维倾斜，使纱线的长度缩短，这种现象称为捻缩。其大小通常用捻缩率来表示，它是指加捻前后纱条长度的差值占加捻前长度的百分率。计算式为：

$$\mu=\frac{L_0-L}{L_0}\times100\% \tag{1-3-16}$$

式中：μ 为纱线的捻缩率；L_0 为加捻前的纱线长度；L 为加捻后的纱线长度。

单纱的捻缩率，一般直接在细纱机上测定，前罗拉吐出的未加捻的须条长度为 L_0，对应的加捻后的管纱上的长度为 L；股线的捻缩率可在捻度仪上测试，试样长度为 L，而退捻后的单纱长度，则为加捻前的长度 L_0。

四、纺织纱线的条干均匀度

纱线的条干均匀度是沿纱线长度方向粗细的变化。用细度不均匀的纱织成的布，织物表面会呈现各种疵点，从而影响织物的质量和外观。而且，在织造加工过程中，还会导致断头率增加，使生产效率下降。因此，纱线的条干均匀度是评定纱线品质的重要指标。表示细度均匀度的主要指标如下。

（一）平均差系数 H

平均差系数指各测试数据与平均数之差的绝对值的平均值占测试数据平均值的百分率，计算式为：

$$H=\frac{\sum|x_i-\bar{x}|}{n\bar{x}}\times100\%=\frac{2n_{下}(\bar{x}-x_{下})}{n\bar{x}}\times100\% \tag{1-3-17}$$

式中：H 为平均差系数；x_i 为第 i 个测试数据；n 为测试总个数；$\bar{x}$ 为 n 个测试数据的平均值；$x_{下}$ 为平均数以下的平均值；$n_{下}$ 为平均数以下的个值。

（二）变异系数 CV

变异系数（均方差系数）指均方差占平均值的百分率。均方差是指各测试数据与平均值之差的平方的平均值之方根。计算式为：

$$CV=\frac{\sqrt{\dfrac{\sum(x_i-x)^2}{n}}}{\bar{x}}\times100\% \tag{1-3-18}$$

式中：CV 为变异系数或称均方差系数；x_i 为第 i 个测试数据；n 为测试总个数（$n>50$）；$\bar{x}$ 为 n 个测试数据的平均值。

（三）极差系数 R

测试数据中最大值与最小值之差占平均值的百分率叫极差系数。计算式为：

$$R=\frac{\sum(x_{max}-x_{min})}{\bar{x}}\times100\% \tag{1-3-19}$$

式中：R 为极差系数；x_{max} 为各个片段内数据中的最大值；x_{min} 为各个片段内数据中的最小值。

根据国家标准的规定，目前各种纱线的重量不匀率和条干不匀率已全部采用变异系数表示，但某些半成品（纤维卷、粗纱、条子等）的不匀还有用平均差不匀或极差不匀表达。

五、纺织纱线的断裂伸长率

纱线拉伸时产生的伸长占原来长度的百分率称为伸长率。纱线拉伸至断裂时的伸长率称为断裂伸长率，它表示纱线承受拉伸变形的能力。其计算式为：

$$\left. \begin{array}{c} \varepsilon = \dfrac{L - L_0}{L_0} \times 100\% \\[3mm] \varepsilon_p = \dfrac{L_a - L_0}{L_0} \times 100\% \end{array} \right\} \qquad (1\text{-}3\text{-}20)$$

式中：L_0 为纱线加预张力伸直后的长度（mm）；L 为纱线拉伸伸长后的长度（mm）；L_a 为纱线断裂时的长度（mm）；ε 为纱线的伸长率；ε_p 为纱线的断裂伸长率。

六、纺织纱线的回潮率

纺织材料在自然状态下会从自然界吸收一定量的水分，或向外界环境放出一定的水分。纺织材料从大气中吸收或放出气态水分的性能称为吸湿性。纺织材料中纤维、纱线和织物均有吸湿性能，常用纱线吸湿性的指标有纱线的回潮率、纱线公定回潮率、纱线标准回潮率等。

（一）回潮率

纱线中水分的重量占纱线干重的百分率，称为纱线的回潮率，纱线回潮率是反映纱线正常含水量的关键指标，不同纱线与纤维的回潮率通常状态下不同，决定了一定的性质差异。设纱线的干重为 G_0，纱线的湿重为 G_a，则纱线回潮率 W 为：

$$W = \frac{G_a - G_0}{G_0} \times 100\% \qquad (1\text{-}3\text{-}21)$$

（二）平衡回潮率

将纱线从一种大气条件下放置到另一种新的大气条件下（两种条件的温湿度不同）时，纱线将立刻放湿（从潮湿条件到干燥条件时）或吸湿（从干燥条件到潮湿条件时），其中的水分含量会随之发生变化，经过一定时间后，纱线的回潮率逐渐趋向于一个稳定的值，这种现象就是平衡，这时的回潮率就是平衡回潮率。这种平衡是一种动态平衡状态，随着时间和条件的变化而不断变化。如果是从吸湿达到的平衡，则称为吸湿平衡，这个回潮率就是吸湿平衡回潮率；如果是从放湿达到的平衡就称为放湿平衡，这个回潮率就是放湿平衡回潮率。表1-3-3为几种常见纤维在不同相对湿度条件下的平衡回潮率。

表1-3-3　几种常见纤维在不同相对湿度条件下的平衡回潮率

纤维种类	空气温度为20℃，相对湿度为 ϕ		
	$\phi=65\%$	$\phi=95\%$	$\phi=100\%$
原棉	7~8	12~14	23~27
苎麻（脱胶）	7~8	—	—
亚麻	8~11	16~19	—
黄麻（生麻）	12~16	26~28	—
黄麻（熟麻）	9~13		

纤维种类	空气温度为20℃，相对湿度为φ		
	φ=65%	φ=95%	φ=100%
大麻	10 ~ 13	18 ~ 22	—
洋麻	12 ~ 15	22 ~ 26	—
细羊毛	15 ~ 17	26 ~ 27	33 ~ 36
桑蚕丝	8 ~ 9	19 ~ 22	36 ~ 39
普通黏胶纤维	13 ~ 15	29 ~ 35	35 ~ 45
富强纤维	12 ~ 14	25 ~ 35	—
醋酯纤维	4 ~ 7	10 ~ 14	—
铜氨纤维	11 ~ 14	21 ~ 25	—
锦纶6	3.5 ~ 5	8 ~ 9	10 ~ 13
锦纶66	4.2 ~ 4.5	6 ~ 8	8 ~ 12
涤纶	0.4 ~ 0.5	0.6 ~ 0.7	1.0 ~ 1.1
腈纶	1.2 ~ 2	1.5 ~ 3	5.0 ~ 6.5
维纶	4.5 ~ 5	8 ~ 12	26 ~ 30
丙纶	0	0 ~ 0.1	0.1 ~ 0.2
氨纶	0.4 ~ 1.3	—	—
氯纶	0	0 ~ 0.3	—
玻璃纤维	0	0 ~ 0.3（表面含量）	—

（三）标准回潮率

纱线在标准大气条件下，达到吸湿平衡时，材料所具有的平衡回潮率，称为标准回潮率。

为比较纺织材料的吸湿能力，将材料放在标准大气下，经过一定时间达到平衡后，测得回潮率（标准回潮率）来进行比较。

（四）实际回潮率

纱线在实际所处环境下所具有的回潮率称为纱线在当时条件下的实际回潮率，又称为实测回潮率。实际回潮率反映的是纱线当时的回潮率大小情况。

（五）公定回潮率

纱线的重量是进行贸易计价和成本核算时的重要依据，回潮率不同，重量就不同。所以为了进行公平贸易，人为规定了大家都认可接受的交易用回潮率，称为公定回潮率。

应该注意的是：公定回潮率的值是纯属为了工作方便而人为选定的，它接近于标准状态下回潮率的平均值，但不是标准大气中的回潮率。各国对于纱线公定回潮率的规定往往根据各国的实际情况来制定，所以并不一致，但差异不大，而且会对公定回潮率的值进行修订。我国常见纤维和纱线的公定回潮率见表1-3-4和表1-3-5。

表1-3-4 几种常见纤维的公定回潮率

纤维种类	公定回潮率/%	纤维种类	公定回潮率/%
原棉	8.5	黄麻	14
羊毛洗净毛（同质毛）	16	罗布麻	12
羊毛洗净毛（异质毛）	15	大麻	12
干毛条	18.25	剑麻	12
油毛条	19	黏胶纤维	13
精梳落毛	16	涤纶	0.4
山羊绒	17	锦纶6、锦纶66	4.5
兔毛	15	腈纶	2.0
牦牛绒	15	维纶	5.0
桑蚕丝	11	含氯纤维	0.5
柞蚕丝	11	丙纶	0
亚麻	12	醋酯纤维	7.0
苎麻	12	铜氨纤维	13.0
洋麻	12	氨纶	1.3

表1-3-5 几种常见纱线的公定回潮率

纱线种类	公定回潮率/%	纱线种类	公定回潮率/%
棉纱、棉缝纫线	8.5	绒线、针织绒线	15
精梳毛纱	16	山羊绒纱	15
粗梳毛纱	15	麻、化纤、蚕丝	与纤维同

（六）混纺纱线的公定回潮率

由几种纤维混合（混纺）的纱线的公定回潮率，需通过各组分的混合比例加权平均计算获得。设：P_1、P_2、…、P_n 分别为纱中第1种、第2种、…、第n种纤维成分的干燥重量百分率，W_1、W_2、…、W_n 分别为第1种、第2种、…、第n种原料对应的纯纺纱线的公定回潮率，则混纺纱的公定回潮率为：

$$W_{混}=（P_1W_1+P_2W_2+\cdots+P_nW_n）\times100\% \tag{1-3-22}$$

例如：80/20涤/棉混纺纱的公定回潮率，按式（1-3-22）计算其公定回潮率为：

$$W_{混}=（80\%\times0.4\%+20\%\times8.5\%）\times100\%=2.02\%$$

（七）公定重量

纱线在公定回潮率时所具有的重量称为公定重量，简称公量。这是纱线贸易过程中的一个重要重量指标。

$$G_k=G_a\times（1+W_k）/（1+W_a） \tag{1-3-23}$$

$$G_k=G_0\times（1+W_k） \tag{1-3-24}$$

式中：G_k 为纱线的公定重量（g）；W_k 为纱线的公定回潮率；W_a 为纱线的实际回潮率；

G_a为纱线的称见重量（g）；G_0为纱线的干重（g）。

第四节 纺织纤维鉴别与纱线选用

一、纺织常用纤维的鉴别

鉴别纺织纤维的方法常用的有手感目测法、燃烧法、显微镜观察法、溶解法、药品着色法等，各种鉴别方法的鉴别原理、特点与适用条件有所不同。

（一）目测手感法

手感目测法是鉴别纤维最简单直接的方法，是根据纤维的外观形态以及色泽、长短、粗细、强力、弹性、拉伸性等特征和含杂情况等，用眼看手摸来鉴别纤维的方法，主要区分天然纤维棉、麻、毛、丝及化学纤维，适用于散纤维状态的纺织原料。

天然纤维，长度、细度差异很大，含有杂质，色泽柔和但欠均一；化学纤维，细度比较均匀，有的有金属般光泽。棉纤维比较柔软，纤维长度较短，常附有各种杂质和疵点；麻手感比较粗硬；羊毛纤维较长，有卷曲，柔软而富有弹性；蚕丝具有特殊的光泽，纤维细而柔软。

（二）显微镜观察法

显微镜观察法是根据各种纤维的纵面、截面形态特征来识别纤维。天然纤维有其独特的形态特征，在生物显微镜下，观察纤维的截面与纵面形态，很容易将它们区分出来，化纤由于异形纤维比较多，采用多种方法进行确认。棉纵面有天然转曲，截面呈腰圆形，有中腔；羊毛纵面表面有鳞片，截面圆形或接近圆形，有些有毛髓；苎麻纵面有横节，截面有中腔及裂缝；涤纶、锦纶、丙纶纵向平滑、截面圆形。

（三）燃烧法

燃烧法是鉴别纺织纤维的一种快速而简便的方法，是根据纤维的化学组成不同，燃烧特征如易燃程度、火焰色泽、冒烟情况、燃烧灰烬等也不同，从而粗略地区分出纤维的大类、不同的特征来定性区分纤维大类的方法。

主要步骤：第一，观察试样在靠近火焰时的状态，看是否收缩、熔融；第二，将试样移入火焰中，观察其在火焰中的燃烧情况，看燃烧是否迅速或不燃烧；第三，使试样离开火焰，注意观察试样燃烧状态，看是否继续燃烧；第四，要嗅闻火焰刚熄灭时的气味；第五，待试样冷却后，观察残留灰烬的色泽、硬度、形态。

棉、麻、黏胶纤维、富强纤维，靠近火焰不缩不熔，接触火焰即迅速燃烧，离开火焰，继续燃烧，烧纸的气味，少量的灰白色的灰烬；毛、蚕丝靠近火焰时收缩不熔，接触火焰即燃烧，离开火焰继续缓慢燃烧，有时自行熄灭，烧毛发、指甲的气味，松而脆的黑色灰烬；涤纶靠近火焰时收缩熔化，接触火焰熔融燃烧，离开火焰继续燃烧，有特殊芳香味，黑褐色硬块灰烬；锦纶靠近火焰时收缩熔化，接触火焰熔融燃烧，离开火焰继续燃烧，有特殊的带有氨的臭味，坚硬的褐色圆珠残留物；腈纶靠近火焰收缩，接触火焰迅速燃烧，离开火焰继续燃烧，燃烧时有黑色烟冒出、特殊的辛辣刺激味、硬而脆的黑色灰烬。几种常见纤维的燃烧特征见表1-4-1。

表1-4-1　几种常见纤维的燃烧特征

纤维	燃烧性能			燃烧时气味	残留物特征
	靠近火焰	接触火焰	离开火焰		
棉、麻、黏胶	不缩不熔	迅速燃烧	继续燃烧	烧纸味	灰白色的灰
毛、蚕丝	收缩	渐渐燃烧	不易延燃	烧毛发味	松脆黑灰
涤纶	收缩、熔融	先融后燃，有熔液滴下	能延燃	特殊芳香味	玻璃状黑褐色硬球
锦纶	收缩、熔融	先融后燃，有熔液滴下	能延燃	氨臭味	玻璃状黑褐色硬球
腈纶	收缩、微熔、发焦	熔融、燃烧、发光、有小火花	继续燃烧	辛辣味	黑色松脆硬块
氨纶	收缩、熔融	熔融、燃烧	自灭	特异气味	白色胶块

燃烧法快速、简便，缺点是只能鉴别出纤维大类，只适用于单一成分的纤维、纱线和织物。经防火、防燃处理的纤维或织物用此法不合适。

（四）溶解法

溶解法是根据各种纤维的化学组成不同，在选定的化学溶液中的溶解性能各异的原理进行纤维鉴别的方法。适用于各种纺织材料，包括已染色的和混合成分的纤维、纱线和织物。对于单一成分的纤维，化学溶解法是选择相应的溶液，将纤维放入以作宏观观察。对于混合成分的纤维或纱线，可在显微镜的载物台上放上试样，滴上溶液，直接在显微镜中观察，根据溶解情况，对照相关纤维溶解性能的描述来鉴别。

纤维的溶解性能不仅与溶液的种类，而且与溶液的浓度、溶解时的温度与作用时间、条件等情况有关。在具体测定时，必须严格控制试验条件，按规定程序进行试验。

此外，鉴别纤维还有药品着色法：利用着色剂对纺织纤维进行快速着色，根据所呈现的颜色不同来定性鉴别纤维的种类。还有根据合成纤维的熔融特性，在化纤熔点仪或附有加热装置的偏振光显微镜下观察纤维消光时的温度来确定纤维的熔点法；根据各种纤维具有不同密度的特点来鉴别纤维的密度法；根据各种纤维发光性质不同，采用荧光照射的荧光法；根据组成纤维分子的不同，有独特的红外光谱的特性的红外光谱法。

二、针织用纱的选用

（一）针织用纱的品质要求

针织生产过程中，纱线要受到复杂的机械作用，如拉伸、弯曲、扭转、摩擦等，应满足下列基本要求。

1. 强力和延伸性

纱线应具有一定的强力，才能适应纱线准备和织造；纱线在编织成圈过程中，会受到拉伸作用，若使纱线受到拉伸时不易断，还要求针织用纱具有一定的延伸性。

2. 柔软性

针织对于纱线柔软性的要求比机织高，纱线需具有良好的柔软性且易于变形，才能在形成针织物的过程中，易于弯曲和扭转，保证织物外观清晰，减少织造过程中的断纱头以及对成圈机件的损伤。

3. 捻度

针织用纱的捻度比机织用纱低。捻度过大，织造时纱线不易被弯曲、扭转，容易产生扭结，损伤织针，影响织物弹性，造成线圈歪斜；捻度过低，会影响强力，增加织造时的断纱，及影响外观质量。

捻度要求与针织物品种有关。汗布要求滑爽、紧密、表面光洁、纹路清晰，纱的捻度可大些。外衣用纱线捻度也应取大些，以增强挺括性、改善起毛起球现象。棉毛布、弹性布要求手感柔软，富有弹性，纱的捻度应稍低些，一般采用同线密度机织用纬纱捻度的下偏差。起绒针织物用纱，为便于拉绒且使起绒厚薄均匀，捻度要求更小一些。利用捻度变化还可形成特殊手感针织品，如超高捻度棉纱织成的织物挺爽具有仿麻效果；超低捻度棉纱几乎没有什么捻度，织物具有羊绒般手感。

4. 条干（线密度均匀性）

纱线条干均匀才能保证织物质量，线圈结构均匀，布面清晰。纱上有粗节可造成断纱或损伤机件，容易形成横条、云斑；如纱上有细节，则强力不足，容易断纱，降低机器生产率。通常圆机采取多路进纱，要求每路纱线均匀，避免布面上产生横条纹、阴影。

5. 光洁度

编织过程中，纱线与多机件接触作相对滑动，从而产生纱线张力。表面粗糙的纱线在经过成圈机件时容易磨损机件，会产生较高的纱线张力，影响纱线张力的均匀性，造成织物线圈结构不匀，且车间里飞花多，影响环境。因此针织用纱应避免杂质和油渍等，光滑光洁，为了减少纱线摩擦，纱线表面可加一定的抗静电剂和润滑油剂或蜡质。

6. 吸湿性

吸湿性好的纱线有利于纱线捻回的稳定和延伸性的提高，从而使纱线具有良好的编织性能。

（二）针织纱线的上机要求

上纱前掌握如棉、莫代尔、涤纶、锦纶、氨纶等品种的特点，了解DTY、FDY、ATY的差别；有光/半光/圆形光原料之间的差异；环锭纺、紧密纺、涡流纺等纺纱方法之间的差别，做到心中有数。

（1）纱线包装的常规检查。上纱前通常根据库存纱线的分类存放，再次检查外包装上的原料品种规格、支数、批号、等级是否与生产工艺单一致，检查筒底小标签是否与外包装一致；对于色纱，还需核对色号/缸号是否与生产单一致。

（2）原料一致性检查。检查准备上机的纱线是否与机台上纱线相同（一致性检查），关键在于是否同一种原料，一般同一种原料最少要检查5个纱筒。

（3）敏感性原料要求确定。对于比较敏感的原料，还要注意生产日期（有的生产日期差异最好控制在3天之内），避免编织产生横路；存在不同生产日期原料时可采取有效措施，如对于一些品种生产可将同一日期的分散上纱。

第二章　纬编理论基础

第一节　针织基本概念

一、针织分类与线圈结构

（一）针织分类

针织是利用织针将纱线弯曲成线圈，并将线圈相互串套起来形成织物的工艺技术。根据线圈连续形成织物的方法或者成圈的总体方向、顺次不同，针织被分为纬编和经编两类。

1. 纬编

在纬编中，纱线沿纬向喂入织针，在横向弯曲成圈，并串套而形成纬编针织物。图2-1-1（a）（c）为纱线横向弯曲形成的针织物。纬编可以分为单面编织和双面编织，纬编机可分为圆机和横机。

2. 经编

在经编中，纱线沿经向垫放在织针上，纱线在纵向弯曲成圈，并串套而形成经编针织物。图2-1-1（b）（d）为纱线纵向弯曲形成的针织物。经编机可以分为单针床机和双针床机。

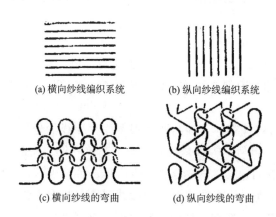

(a) 横向纱线编织系统　　　　(b) 纵向纱线编织系统

(c) 横向纱线的弯曲　　　　(d) 纵向纱线的弯曲

图2-1-1　纱线弯曲形成针织物

（二）线圈结构

线圈是组成针织物的基本结构单元。如图2-1-2所示，纬编针织物中，线圈由2个圈柱（1—2，4—5）、1个针编弧（2—3—4）和1个沉降弧（5—6—7）组成，圈柱和针编弧统称为圈干。外观上线圈有正反面之分，线圈圈柱覆盖在旧线圈针编弧之上的一面，称为正面线圈。针编弧覆盖在旧线圈圈柱之上的一面，称为反面线圈。在针织物中，线圈沿织物横向组成的一行称为线圈横列，沿纵向相互串套形成的一列称为线圈纵行。线圈横列方向上，两个相邻线圈对应点之间的距离称为圈距，一般用A表示；线圈纵行方向上，两个相邻线圈对应点之间的距离称为圈高，一般用B表示。图2-1-3是经编线圈结构图。

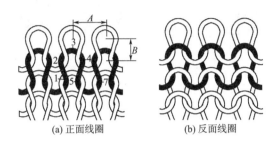

(a) 正面线圈　　　　　　　　(b) 反面线圈

图2-1-2　纬编线圈结构图

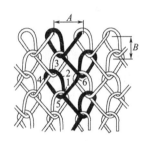

图2-1-3　经编线圈结构图

（三）单面针织物和双面针织物

针织物可分为单面针织物和双面针织物。线圈圈柱（或线圈圈弧）只集中分布在针织物一面的，称为单面针织物；而线圈圈柱（或线圈圈弧）分布在针织物两面的，称为双面针织物。单面针织物通常用单针床编织，双面针织物通常用双针床编织。

针织物的单面、双面取决于编织方法。

图2-1-4为纬平针组织正面和反面，分别由相同形状线圈覆盖。表面这一层的线圈圈柱在上呈V字形的称作正面，里面这一层的线圈沉降弧在上的称作反面。

(a) 正面　　　　　　　　　　(b) 反面

图2-1-4　纬平针组织

图2-1-5为经平组织。图中（a）（b）线圈延展线形状不同，（a）为开口线圈，（b）为闭口线圈，都表示反面线圈。正面线圈与纬编相同，呈V字形，反面线圈延展线较长，形成横向长的V字形。

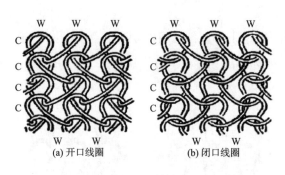

(a) 开口线圈   (b) 闭口线圈

图2-1-5　经平组织

二、针织面料特性

1. 脱散性

针织物中由于纱线断裂或线圈失去串套联系后，线圈与线圈发生分离的特性称为脱散性。

针织物的脱散性与面料使用的原料种类、纱线的摩擦系数、纱线的抗弯刚度和织物的组织结构、未充满系数等因素有关。单面纬平针组织脱散性较大，提花织物、双面织物脱散性相对较小或者就不脱散。

2. 卷边性

针织物在自由状态下，布边发生包卷的现象称为卷边性。卷边是由于线圈中弯曲线段所具有的内应力力图使线段伸直所引起的。

卷边性与针织物的组织结构、纱线捻度、纤维和纱线性能、纱线线密度和捻度以及线圈长度等因素有关。单面针织面料的卷边性比较严重，且密度越紧卷边越严重，大部分双面针织面料没有卷边现象。

3. 形变回复性

针织物串套而成的线圈在受外力作用时，圈柱与圆弧会发生转移，即发生形变。在外力不大时，织物就能产生较大的变形；当外力消失后，线圈力图回复到其在织物加工中获得定型的形态，就是形变回复性。形变特性使针织服装具有合体和舒适感，特别是纬编针织物，能够给人体各部位运动自行扩张收缩。形变回复性是针织物的显著特性。

4. 勾丝与起毛起球

针织物在使用过程中碰到尖硬物体，其中纤维或纱线被勾出而形成丝圈，这种现象称为勾丝。当织物在穿着、洗涤中不断受摩擦，纱线表面的纤维端露出织物，使织物表面起毛，称为起毛。起毛的纤维端在以后使用中不能及时脱落，相互纠缠在一起被揉成许多球形小粒，称为起球。针织面料结构松散，勾丝、起毛、起球现象比机织面料更易发生。

5. 柔软性

线圈结构决定面料质地多孔松软。针织物制作内衣贴近肌肤，这种特性决定了温暖轻柔的质感。

6. 透气保暖性

针织物的线圈构架决定了结构的相对松散，整个空间透气量大于机织物。结构的多孔有利于排汽，又能握持较多空气，产生保温效果。

三、针织物主要物理性能指标

1. 线圈长度

线圈长度是指形成一个单元线圈所需的纱线长度，通常以mm为单位。可根据线圈在平面上的投影近似地计算出理论线圈长度；也可用拆散的方法测得组成一个单元线圈的实际纱线长度；还可在编织时用仪器直接测量喂入织针上的纱线长度。

线圈长度是针织物的一个非常重要的指标，它不仅决定了针织物的密度和单位面积重量，还对针织物的其他性能有重要影响。

在编织时，主要通过积极式或者半积极式给纱方式喂入规定或者相对长度纱线，保证线圈长度均匀和一致。

2. 密度

针织物密度是指规定长度的线圈个数，分为横密和纵密。横密是指沿织物横列方向规定长度内的线圈纵行数，通常用P_A表示；纵密是指沿线圈纵行方向规定长度内的线圈横列数，通常用P_B表示。计算式：

$$P_A = \frac{规定长度}{A} \tag{2-1-1}$$

$$P_B = \frac{规定长度}{B} \tag{2-1-2}$$

根据产品，纬编圆机产品规定长度一般为5cm，横机产品规定长度为10cm，经编产品规定长度为1cm。密度是针织产品设计、生产与品质控制的重要指标。由于针织物在加工过程中容易受到拉伸而产生变形，其状态不是固定不变的，这样就将影响实测密度的客观性，因而在测量针织物密度前，应该将试样进行松弛，测得的密度才具有可比性。根据织物所处状态不同，密度可分为下机密度、坯布密度和成品密度。

3. 未充满系数

不同粗细的纱线，在线圈长度和密度相同的情况下，所编织织物的稀密是有差异的，因此我们引入了未充满系数和编织密度系数的指标。

针织物的未充满系数f用线圈长度与纱线直径的比值来表示，即：

$$f = \frac{l}{d} \tag{2-1-3}$$

式中：l为线圈长度（mm）；d为纱线直径（mm）。

针织物的未充满系数越大，织物越稀松，越小就越密实。

编织密度系数CF又称覆盖系数，反映了纱线线密度与线圈长度之间的关系，计算式为：

$$CF = \frac{\sqrt{Tt}}{l} \tag{2-1-4}$$

编织密度系数因原料和织物结构不同而不同，一般在1.5左右。织物的编织密度系数越大，织物越密实；编织密度系数越小，织物越稀松。

4. 延伸性

织物受到外力拉伸时伸长的特性为延伸性。针织物的延伸性与织物的组织结构、线圈长度、纤维和纱线性能等有关。在仪器上一定的拉伸力下测得试样的伸长量，通过下式计算出延伸性：

$$X = \frac{L-L_0}{L_0} \times 100\% \qquad (2-1-5)$$

式中：X为延伸率（%）；L为试样拉伸后长度（mm）；L_0为试样原长（mm）。

5. 弹性

当引起织物变形的外力去除后，针织物恢复原形状的能力称为弹性。它取决于针织物的组织结构、未充满系数、纱线的弹性和摩擦系数。织物弹性用弹性回复率来表示，可以在相应的仪器上按照标准在一定的拉伸力下定力测试或在一定的拉伸长度下定伸长测试，通过下式计算出弹性回复率：

$$E = \frac{L-L_1}{L-L_0} \times 100\% \qquad (2-1-6)$$

式中：E为弹性回复率（%）；L为试样拉伸后长度（mm）；L_0为试样原长度（mm）；L_1为试样回复后长度（mm）。

四、针织常用纱线的表示方法

单纱：只有一股纤维束捻合成的纱，针织常用Z捻纱，如32S棉，1根32英支棉纱。

股线：两根或两根以上的单纱捻合而成的线，通常股纱是S捻，针织常用丝光烧毛纱为股线。如100S/2棉，2根100英支棉纱合成一股线。

单丝：化纤喷丝头中的一个单孔形成的单根长丝。如40D氨纶，1根40旦氨纶。

复丝：由两根或两根以上的单丝合在一起。如75D/72F涤纶，一束75旦的涤纶由72根单丝组成。

五、纬编结构表示方法

（一）纬编线圈的基本形式

1. 成圈线圈

成圈线圈由针编弧1、圈柱2和沉降弧3三个部分组成，如图2-1-6所示。为了形成一个成圈线圈，织针必须受到成圈三角的控制，上升到最高点，旧线圈滑落到针舌下，织针钩取到新纱线后向下运动，旧线圈将针舌关闭，新纱线从旧线圈中穿过，而形成新线圈。

2. 集圈线圈

集圈线圈的串套方式与成圈线圈相似，由沉降弧开始，到针编弧，再到沉降弧，如图2-1-7所示。集圈线圈总是与一个成圈线圈一起出现，因此集圈线圈与织物连接有4个点。在形成集圈线圈时，织针受到集圈三角的控制，只能上升到集圈位置，旧线圈仍位于针舌内，当新纱线喂入后，就有两根纱线位于针钩内。

3. 浮线

浮线是一个线圈的沉降弧与另一线圈的沉降弧中间的一段直线，因此浮线与织物无任何连结点，如图2-1-8所示。浮线同集圈线圈一样，不能单独而形成织物。

编织浮线时，织针受浮线三角的控制，仍位于不编织位置。

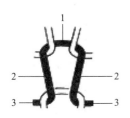

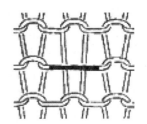

图2-1-6　成圈线圈　　　　图2-1-7　集圈线圈　　　　图2-1-8　浮线

（二）纬编针织物结构的表示方法

为了简明清楚地显示纬编针织物的组织结构以及编织方式，便于织物设计和制订上机工艺，常采用一些图形方法来表示纬编针织物组织结构和编织工艺。一般有线圈结构图、意匠图、编织图和三角配置图等几种。

1. 线圈结构图

线圈结构图是用图解的方法将线圈在织物中的形态描绘出来的方法，如图2-1-9所示。根据需要可表示织物的正面或反面。针织物基本组成单元是线圈，线圈结构图清晰地表示线圈在织物中的组成形态。

图2-1-9　线圈结构图

2. 意匠图

意匠图是把织物内线圈组合的规律，用规定的符号画在小方格纸上。每一方格均代表一个线圈，在方格直向的组合表示线圈纵行，在方格横向的组合表示线圈横列。根据表示对象的不同，可分为花型意匠图和结构意匠图。

结构花型意匠图用于表示结构花纹。将成圈、集圈和浮线三种不同的编织状态用规定符号在小方格纸上表示出来的一种方法。图2-1-10（a）所示的线圈结构图，可用图2-1-10

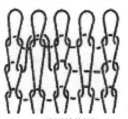

(a) 线圈结构图　　　　　　(b) 意匠图

图2-1-10　线圈结构图与意匠图

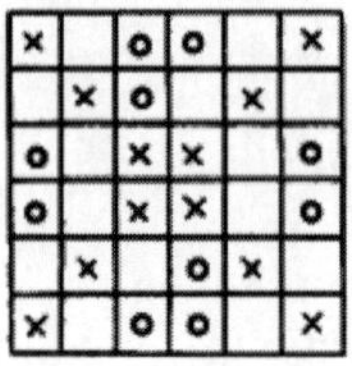

图2-1-11 三色提花
织物的花型意匠图

（b）所示的意匠图表示。一般用符号"×"表示正面线圈，"○"表示反面线圈，"·"表示集圈悬弧，"□"表示浮线（不编织）。

花型意匠图用来表示提花织物正面（提花的一面）的花型与图案。每一方格均代表一个线圈，方格内符号的不同仅表示不同颜色的线圈。图2-1-11为三色提花织物的花型意匠图，其中"×"代表红色线圈，"○"代表蓝色线圈，"□"代表白色线圈。在画花型意匠图时，一般表示一个最小的循环单元（完全组织）。这种意匠图的表示方法简单方便，特别适用于提花组织的花纹设计与分析。

3. 编织图

编织图是将针织物组织的横断面形态，按成圈顺序把织针排列和垫纱编织的情况，用图形表示的一种方法。编织图比较适合于表示编织状态复杂，但完全组织花型不大的纬编针织物组织，尤其是双面针织物组织及复合组织等。

编织图上用竖线"Ⅰ"表示织针，用上下两排竖线分别表示上下两种针，图2-1-12（a）中表示上针与下针1隔1排列，呈罗纹配置。在图2-1-12（b）中表示上针与下针都有高、低两种针踵，图中长短竖线分别表示高低踵织针，它们针槽相对，呈双罗纹配置。

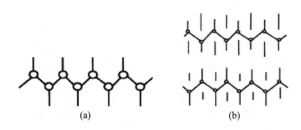

(a)　　　　　　　(b)

图2-1-12 编织图

六、纬编针织物基本组织

纬编针织物组织一般可分为原组织、变化组织和花色组织三类。纬编原组织是所有纬编组织的基础，织物结构简单，编织容易。纬编组织原组织包括纬平针组织、罗纹组织、双反面组织。

纬编变化组织是由两个或两个以上的原组织复合而成，即在一个原组织的相邻纵行间配置着另一个或者另几个原组织，以改变原来组织的结构与性能，如纬编织物中的变化纬平针组织、双罗纹组织等。

原组织与变化组织又称为基本组织，其最显著的特点是具有相同结构的线圈单元，这些线圈单元以不同的组合形成不同的基本组织。

纬编花色组织是采用不同的纱线，按照一定的规律编织不同的线圈而形成的，主要有提花组织、集圈组织、衬垫组织、毛圈组织、长毛绒组织、菠萝组织、纱罗组织、波纹组织、衬经衬纬组织以及由上述组织组合而成的复合组织等。

（一）纬平针组织

纬平针组织又称平针组织，是最基本的单面原组织，是由连续的、结构相同的单元线圈相互串套而成，纬平针组织在针织物的两面具有不同的外观，圈柱覆盖着圈弧的一面为正面，如图2-1-13（a）所示，圈弧覆盖着圈柱的一面为反面，如图2-1-13（b）所示。

(a) 正面线圈结构　　　　(b) 反面线圈结构

图2-1-13　纬平针组织的结构

　　纬平针织物又称单面（针织）平纹布，正面由于圈柱的整齐排列比较平滑光洁，反面由于圈弧对光线的漫反射，因此相对粗糙黯淡，在横向、纵向有较好的延伸性；卷边性明显；由于纱线的捻度的不稳定，使线圈易歪斜；脱散性较大，可沿编织方向和逆编织方向脱散。

　　纬平针组织较多用于汗衫、背心、内裤、睡衣等，纬平针织物也常用于T恤衫、运动衫等外衣，纬平针组织在毛衫、袜子、手套等编织中也有广泛应用。

　　（二）罗纹组织

　　罗纹组织由正面线圈纵行与反面线圈纵行以一定的组合相间配置而成，罗纹组织的种类很多，它取决于正反面线圈纵行数的不同配置，如1+1罗纹、2+2罗纹、3+2罗纹。图2-1-14所示为由一个正面纵行与一个反面纵行交替配置成的1+1罗纹。

　　1+1罗纹组织的正反线圈不在同一个平面上，使连接正反面线圈的沉降弧产生较大的弯曲和扭转，由于纱线的弹性，力图伸直，结果使相同的线圈纵行相互靠近，织物两面都显示出由正面纵行组成的直条凸纹，而反面纵行隐潜在正面纵行的直条凸纹下面，如图2-1-14（b）所示，只有在横向拉伸时才露出反面纵行，如图2-1-14（a）所示。

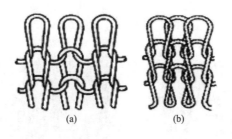

(a)　　　　　　　　(b)

图2-1-14　1+1罗纹组织的结构

　　罗纹组织的纵向延伸性近似于纬平针组织，罗纹组织的针织物在横向拉伸时具有较大的弹性和延伸性，且弹性大小也取决于正反面线圈纵行的配置，其中1+1罗纹弹性最好。在罗纹织物中由于反面线圈纵行的隐潜，使得它比相同纵行数的其他织物宽度缩小，厚度增加，卷边不明显（1+1罗纹完全不卷边），罗纹组织只能沿逆编织方向脱散。

　　罗纹组织利用不同纵行配置，可形成纵向凹凸条纹，如图2-1-15所示的3+2罗纹组织。由于罗纹组织有很好的延伸性

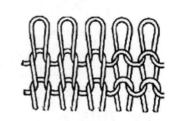

图2-1-15　3+2罗纹组织的结构

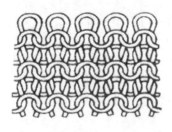

图2-1-16 双反面组织的结构

和弹性，卷边性小，而且顺编织方向不会脱散，因此适宜制作弹性衫裤、健美服以及服装中的衣领、袖口、下摆、裤口、袜口等。

（三）双反面组织

双反面组织由正面线圈横列与反面线圈横列交替配置而成图，图2-1-16是由一个正面横列与一个反面横列交替配置而成的1+1双反面组织。

双反面组织织物两面的正面线圈横列隐潜，线圈的圈弧凸出而圈柱凹陷，使织物两面看起来都像纬平针的反面，因此称双反面织物。双反面织物在相同横列数下比其他组织的织物长度缩短、厚度增加，并且使织物有很好的纵向弹性和延伸性，其中以1+1双反面组织为最好，双反面织物不卷边，脱散性与纬平针织物相同。

双反面组织可根据正反面线圈横列的不同配置，以及正反面线圈按花型要求选针组合后可形成凹凸横条及凹凸几何图案，用色纱编织可形成凹凸彩条，广泛用于羊毛衫、围巾、手套、毛袜及儿童毛衫生产中。

（四）双罗纹组织

双罗纹组织是由一个罗纹组织的纵行间配置了另外一个罗纹组织的纵行的双面纬编变化组织，如图2-1-17所示，由两个1+1罗纹复合而成的双罗纹组织，也称棉毛组织。双罗纹织物的正反两面都只显露正面线圈，因此也称作双正面织物。

双罗纹组织也可因不同种类罗纹的配置而得到1+1双罗纹、2+2双罗纹、2+1双罗纹等。利用双罗纹抽针方式可形成双罗纹凹凸纵条，利用色纱形成色织纵条或横条及方格效应。

双罗纹织物厚实，表面平整，结构稳定，强度较高，不卷边，在相同的针数下幅宽小于纬平针织物，大于罗纹织物。双罗纹织物延伸性、弹性小于罗纹织物，只能沿逆编织方向脱散，且脱散性小于罗纹织物。

双罗纹组织多用于棉毛衫裤、T恤、休闲装、运动服。

图2-1-17 双罗纹组织的结构

第二节 常见纬编花色组织

一、提花组织

将纱线垫入按花纹要求所选择的织针上编织成圈，而在未垫放新纱线的织针上不成圈，纱线呈浮线状处于织针后面，形成的组织统称为提花组织，其结构单元为线圈和浮线。

提花组织可以是单面的，也可以是双面的，有单色和多色之分。提花组织既可形成彩色图案的花纹，又可形成结构效应的花纹。

（一）单面提花组织

单面纬编提花组织，根据一个完全组织中各正面线圈纵行间线圈数相等与否，可分为结构均匀与不均匀两种。

结构均匀的提花组织，在一个完全组织中，各正面线圈纵行间的线圈数相等，其线圈大小基本相同。如图2-2-1（a）（b）所示。单面纬编提花组织中将各种不同颜色纱线所形成的线圈进行适当的配置，就可以在织物表面形成各种不同图案的花纹。

结构不均匀的提花组织中，完全组织的各正面线圈纵行间的线圈数不等，因此线圈大小不完全相同，如图2-2-1（c）（d）所示

线圈拉长的程度与不脱圈的次数有关。通常用"线圈指数"来表示某一线圈在编织过程中没有进行脱圈的次数。线圈指数大，说明该线圈在编织过程中没有进行脱圈的次数多。

提花组织主要是利用不同色彩纱线在织物上适当组合形成各种色彩花纹，可利用反面的多列浮线组合，形成凹凸等结构花纹效应；或利用多次拉长的提花线圈，因受力较大而抽紧与之相邻的其他线圈，从而在织物上产生起绉或褶裥花纹效果。

单面提花组织中每个提花线圈后面都有浮线存在，如果织物反面浮线太长，容易勾丝，影响织物的服用功能。

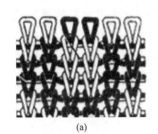 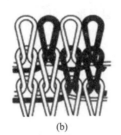  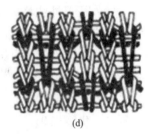

(a)　　　　　(b)　　　　　(c)　　　　　(d)

图2-2-1 单面提花组织

（二）双面提花组织

提花组织的花纹可在双面织物的一面形成，也可同时在双面织物的两面形成，但在实际生产中，大多数采用一面提花，把提花的一面定为织物的正面——花纹效应面，不提花的一面作为织物的反面，在这种情况下正面花纹一般由针织机的选针装置根据花纹要求编织而成，而不提花的反面则采用较为简单的组织，主要有横条、纵条纹、小芝麻点和大芝麻点效应等，图2-2-2（a）为织物的反面两相邻线圈横列为不同颜色纱线形成的不同色线圈横列，为两色横条效应；图2-2-2（b）为织物反面为两条不同色纱线形成一个杂色反面线圈横列，且在织物反面，上下左右相邻线圈的颜色互相交错，属于小芝麻点效应。

提花组织按所用不同纱线种类，分为两色、三色、多色提花等。在双面提花中，考虑到正、反面线圈的密度相差不可太大，在普通提花机上编织，一般色纱数不超过六色，而在自动调线电脑提花机上则不受限制。

双面提花在正面不参加编织的色纱可在织物反面按一定规律编织成圈，以避免浮线

 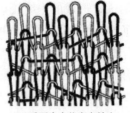

(a) 反面为横条效应　　　　　　　(b) 反面为小芝麻点效应

图2-2-2　两色双面提花组织线圈结构图

过长。

（三）提花组织的特性与产品用途

（1）提花组织横向延伸性比基本组织小。这与提花组织中存在浮线有关，浮线越长延伸性越小，在具有拉长提花线圈的提花组织中，其纵向延伸性也较小。

（2）单面提花组织的浮线使织物反面易勾丝起毛，而在双面提花织物中，由于双面提花织物的两面都是线圈圈柱（正面线圈），所以基本没有勾丝现象。

（3）提花织物的厚度相对较厚，单位面积重量较大。这是因为提花组织中一个横列是由几根纱线编织合成的，织物的浮线较多，使织物厚度增加，而且浮线的弹性和线圈的转移，使线圈纵行相互靠拢，使布幅变窄。

（4）提花组织脱散性较小。提花组织是由几根纱线形成的，当其中的一条纱线断裂时，另外几根纱线将承担外力的负荷，阻止线圈脱散，并且由于纱线与纱线之间的接触增加，也使织物的脱散性减小。

提花组织由于不同颜色的线圈组合，采用各种色纱、色丝或光泽感强的化纤长丝，可形成千变万化的各种图案，装饰性很强。

二、集圈组织

在织物中某些线圈上除套有一个封闭的线圈外，还有一个或几个未封闭的悬弧集圈，这种组织称为集圈组织。集圈组织的结构单元是拉长的集圈线圈和悬弧，如图2-2-3所示。

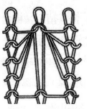 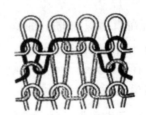

(a) 单针三列集圈　　　　　　　　(b) 双针单列集圈

图2-2-3　集圈组织线圈结构图

集圈组织的结构，根据形成集圈的针数多少，可分单针、双针与三针等。如果仅在一只针上形成集圈，则称单针集圈；如果同时在两只相邻针上形成集圈，则称为双针集圈，图2-2-3（b）所示；同理还有三针集圈。集圈组织根据线圈不脱圈的次数，又可分为单列、双列及三列集圈等。一般在一枚针上最多可连续集圈4~5次，因为集圈的次数越多，拉长线圈张力越大，会造成纱线断裂和针钩损坏。

集圈组织可在单面组织基础上形成，也可在双面组织基础上形成。

（一）单面集圈组织的结构

在单面集圈织物中可利用集圈的排列及使用不同色彩的纱线，可使织物产生凹凸、网眼、色彩及图案效应等。

图2-2-4为单面集圈组织，一个集圈线圈上挂有三根悬弧，集圈悬弧在纱线自身弹性力的作用下，力图伸直，从而将相邻线圈纵行推开，使织物形成了网眼效应。

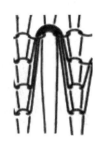

图2-2-4 网眼效应的单面集圈织物

由于集圈线圈被拉长，其伸长增加的纱线来自相邻的线圈，因此与集圈线圈相邻的线圈被抽紧，而与悬弧相邻的线圈凸出在织物的表面，产生凹凸效应。当集圈线圈多次被拉长，并按一定的规律排列时，可在织物上形成显著起绉效果。

图2-2-5为单面集圈畦编组织，又称双珠地组织，不封闭的悬弧交错挂在相邻纵行线圈上，织物反面形成蜂巢网眼效应；利用色纱组合及集圈线圈的悬弧只显露在织物反面，可形成彩色花纹效应。如图2-2-6所示，采用两种色纱编织，悬弧只显露在织物的反面，在织物的正面被拉长的集圈线圈所遮盖，织物正面主要显示集圈线圈的颜色，产生两色纵条纹效应。

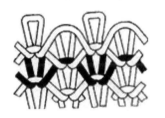

图2-2-5 单面畦编组织

图2-2-6 色彩效应的单面集圈组织

单面集圈组织还可用在提花组织上，利用悬弧以集圈以减少单面提花组织中的浮线过长的缺点。

（二）双面集圈组织的结构

双面集圈组织是在罗纹组织或双罗纹组织的基础上形成的，可在织物上形成凹凸、网眼等效应。常见的畦编组织和半畦编组织，它们属于罗纹型集圈组织。

图2-2-7为罗纹畦编组织，线圈与悬弧在织物两面交替排列，织物两面外观相同，都呈现拉长的集圈线圈，由于悬弧的存在厚度比罗纹大大增加。

图2-2-8为罗纹半畦编组织，织物反面是单针单列集圈，正面为平针线圈，由于集圈抽紧相邻线圈，而悬弧将纱线转移给相邻线圈，使织物正面与悬弧相邻的平针线圈变大、凸起，织物反面只显示出拉长的集圈线圈。

图2-2-9所示为罗纹集圈网眼效应的组织。

（三）集圈组织的特性与用途

（1）由于悬弧与集圈线圈重叠地挂在线圈上，因此织物的厚度较平针组织、罗纹组织为厚。

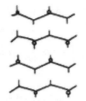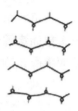

图2-2-7　罗纹畦编组织　　　　　　　图2-2-8　罗纹半畦编组织

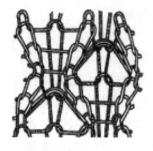

图2-2-9　罗纹集圈组织
线圈结构图

（2）集圈组织中的线圈大小不匀，表面高低不平，其强度、耐磨性较平针组织、罗纹组织的织物差，且易勾丝起毛。

（3）集圈组织的织物与平针织物、罗纹织物相比宽度增大，长度缩短。

（4）集圈组织的脱散性较平针织物小，这是由于集圈组织中与线圈串套的除了集圈线圈外，还有悬弧，即使断裂一个线圈，也会由其他线圈支持，而且在逆编织方向脱散线圈时，会受到悬弧的挤压阻挡，不易脱掉。

（5）集圈组织的织物横向延伸性较小，这是由于悬弧较接近伸直状态，横向拉伸织物时，纱线转移的数量较小。

集圈组织能够产生凹凸、网眼、色彩及图案多种花色效应，常采用吸湿性较好的天然纤维纱线，用于休闲服饰面料、运动服面料的生产，织物透气性好，尺寸稳定性较好，比较挺括；也常用于毛衫的编织，多形成凹凸花纹效果。

三、添纱组织

由一根基本纱线和一根或几根附加纱线一起，全部或者部分参与编织成圈的组织，称为添纱组织。

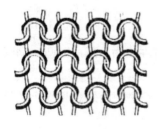

图2-2-10　单面单色添纱组织

（一）添纱组织的结构

图2-2-10为单面单色添纱组织，其所有线圈都是由一根基本纱线（称地纱）和一根附加纱线（称面纱或添纱）形成的。其中地纱经常处于线圈的反面，而面纱经常处于线圈的正面。

（二）添纱组织的编织

1. 添纱组织编织过程

编织添纱组织需要采用特殊的导纱器，确保地纱与面纱从不同的角度同时喂入织针，并在成圈过程中，使面纱在织物正面，地纱在织物反面。

图2-2-11为多三角机上编织添纱组织的过程中，地纱和面纱在织针上的位置。

图2-2-12中，黑色纱1为面纱，白色纱2为地纱。为了保证面纱1处于织物的正面，地纱2处于织物的反面，在垫纱过程中，这两根纱到达针钩内点时，根据使用的导纱器的结构不同，有两种位置，一种是地纱2靠近针钩，面纱1靠近针背，如图2-2-11（a1）所示；另一种是地纱2在上，面纱1在下，如图2-2-11（a2）所示。在弯纱成圈过程中，两根新纱线在针钩

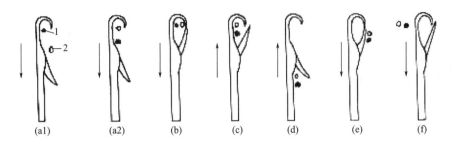

图2-2-11 纱线在运动织针中的位置

的握持中，地纱2应靠近针钩，面纱1靠近针背，如图2-2-11（b）所示。在旧线圈退圈和套圈过程中，地纱2应始终排列在面纱1上面，如图2-2-11（c）（d）和（e）所示。在脱圈阶段，地纱2离针背较远，而面纱1离针背较近，如图2-2-11（f）所示。最后它们进入织物时，白色地纱线圈2显露在织物的反面，黑色面纱线圈1则覆盖在地纱线圈上，呈现在织物的正面，如图2-2-12所示。

垫纱时，地纱的垫纱横角大，靠近针钩，面纱的垫纱横角小，靠近针背。地纱的张力大，面纱的张力小，则地纱形成的线圈较小，面纱形成的线圈较大，面纱线圈覆盖地纱线圈。

如图2-2-13所示，编织弹性添纱织物时，地纱必须使用弹性纱线。弹性线纱2经过导纱滑轮4，再由导纱槽5垫入织针，而面纱1由导纱孔3垫入织针。这种导纱装置的特点是弹性纱线输入时一定要经过滑轮，可以有效地防止弹性纱线与固定导线点接触摩擦而造成伸长。

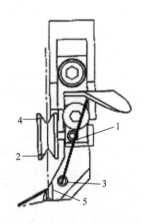

图2-2-12 地纱和面纱在织物中的配置　　图2-2-13 弹性纱线的垫入

一种三线添纱导纱器，地纱与面纱两个导纱孔的高低位置不同，产生两个不同的垫纱角，地纱垫入针钩中较高位置，面纱垫入针钩中较低位置，弹性纱经过导纱滑轮。面纱张力较大，紧贴针钩内侧，在织针下降成圈时，将地纱和弹性纱挤向针钩外侧。地纱张力较小，便于面纱推挤时使地纱向针钩外侧移去，这样，面纱呈现在织物正面，地纱在织物反面，弹性纱夹在织物中间。

2. 编织中防止地纱和面纱错位

添纱组织的编织过程中，地纱和面纱可能会产生错位，使地纱和面纱线圈在织物中的配置遭到破坏，造成地纱线圈翻到织物正面，产生翻丝（跳纱）疵点。当地、面纱之间摩擦系数小，地纱刚度较小，线圈易被压扁，织物密度较稀时，更容易产生这种织疵。在生产过程中需根据原料的性质及各种编织因素，选择合适的工艺参数，如喂纱张力、垫纱角等，以保证地、面纱线圈的正确配置，即面纱始终处于织物正面。

四、衬垫组织

在平针组织或添纱组织基础上衬入较粗的不成圈的衬垫纱而形成的组织，称为垫纱组织。平针衬垫组织由地纱和衬垫纱编织而成，添纱衬垫组织由面纱、地纱和衬垫纱编织而成。添纱衬垫组织中的衬垫纱在织物正面不易显露，具有较好的覆盖性能。添纱衬垫组织通常在舌针机上编织。

（一）衬垫组织编织机件及其配置

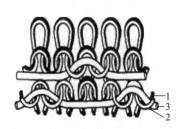

图2-2-14　衬垫比为1:3的添纱衬垫组织

一种常见的添纱衬垫组织，衬垫纱以1:3的衬垫比例夹在地纱与面纱之间，衬垫纱只在织物反面显露，如图2-2-14所示。编织原理是利用变换三角和不同踵位织针按一定规律排列编织不同垫纱方式和垫纱比的织物。编织时，每3个成圈系统形成一个线圈横列，导纱器上的3个导纱孔分别穿有衬垫纱、面纱、地纱，衬垫纱垫放在所选针上。

图2-2-15为一种衬垫机的三角系统与织针配置。织针通过编织区域 I 形成第1横列。在第1个三角系统（区域 I_1），三角A将所对应的同一高度针踵的织针1推升到退圈高度，由导纱孔输出的衬垫纱喂入织针。织针2、织针3和织针4不上升，垫不到衬垫纱。三角B、三角C和三角D分别作用于所对应的织针2、织针3和织针4，使得它们上升退圈。随后压针三角作用于所有织针，使它们在下降过程中钩取从导纱孔输出的面纱。当织针通过编织区域 II、III、IV 形成第2、3、4横列时，分别是织针2、织针3和织针4被垫上衬垫纱。

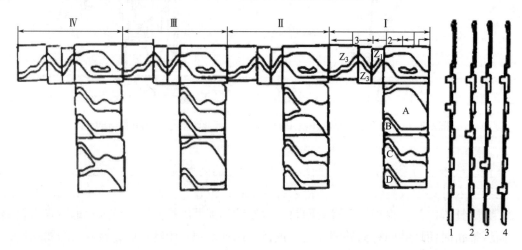

图2-2-15　衬垫机三角系统与织针配置

（二）衬垫组织的编织

图2-2-16为添纱衬垫组织编织过程各位置图。

位置1：起始位置。沉降片向针筒中心挺足，用下片喉握持旧线圈的沉降弧。

位置2：垫入衬垫纱。被选中的织针上升退圈（轨迹Ⅰ），沉降片向针筒外退，衬垫纱a垫入针前，处于上片颚之上、针舌尖之下。

位置3：将衬垫纱纱段推至针后。沉降片向针筒中心运动，利用上片喉将衬垫纱纱段推至针后。

位置4，4′：垫入面纱。未被选取中的针上升退圈（轨道Ⅱ），沉降片略向外退一些，放松对衬垫纱的握持。之后，所有织针下降，面纱b垫入针钩中。此时衬垫纱分别位于被选中的织针的针前（位置4）和未被选中的织针的针后（位置4′）。

位置5，5′：面纱将衬垫纱束缚住并进行预弯纱。织针继续下降，到旧线圈将针舌关闭并保留在针头上为止，沉降片向外退。衬垫纱从针头上脱下并被面纱束缚。面纱搁在上片颚上预弯纱。

位置6：垫入地纱。织针再次上升，到面纱将针舌开启并仍保留在针舌上为止，沉降片向针筒中心挺进，将面纱和衬垫纱推向针后。地纱c经导纱器垫入针前。

位置7：地纱预弯纱。织针继续下降，沉降片略向外退，地纱搁在上片颚上预弯纱。

位置8：面纱和地纱脱离上片颚。沉降片进一步向外退，面纱和地纱脱离上片颚，为下一步动作做准备。

位置9：旧线圈脱圈及面纱和地纱成圈。织针进一步下降，面纱和地纱从搁在下片颚上的旧线圈中穿过，形成封闭的新线圈。

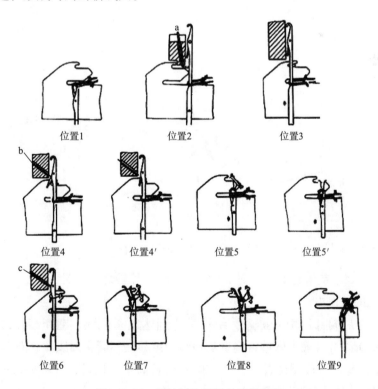

位置1　　　　位置2　　　　位置3

位置4　　　位置4′　　　位置5　　　位置5′

位置6　　　位置7　　　位置8　　　位置9

图2-2-16　添纱衬垫组织的编织过程

五、毛圈组织

在针织结构中存在拉长的线圈,这类组织称为毛圈组织。毛圈可以在单面织物中形成,也可以在双面织物中形成。形成拉长线圈的方法不同,对于生产运转操作的要求不同,但是对于机件的精密要求都比较高,而提花毛圈则要求纱线操作质量较高。由于毛圈在织物一面或两面呈现松散,容易受到外力作用,发生毛圈转移,破坏织物的外观;割圈式毛圈组织的毛茸可能从织物背面拉出来,因此,可以适当增加织物密度,使毛圈紧紧地夹持在地组织中,同时在织物背面还必须使毛圈纱线圈尽可能被地纱线圈所覆盖。

(一)单面毛圈组织的编织

1. 普通单面毛圈机的编织方法

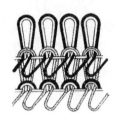

普通单面毛圈组织的线圈由地纱和毛圈纱构成。一般由两根纱线编织而成。一根纱线编织地组织线圈,另一根纱线编织带有毛圈的线圈,如图2-2-17所示。

毛圈织物采用毛圈机编织。毛圈机的编织机件与纬平针近似,不同的是采用了能同时喂入面纱与毛圈纱的导纱器,并采用了特殊的沉降片与织针的配合运动轨迹。

图2-2-17　单面毛圈组织

普通单面毛圈机的导纱器具有两个导纱孔,地纱1垫入位置较低,毛圈纱2垫入位置较高,图2-2-18表示各主要位置编织状态。

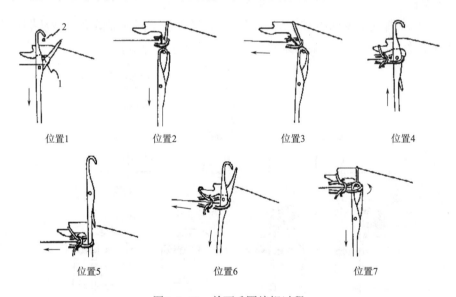

位置1　　　　　位置2　　　　　位置3　　　　　位置4

位置5　　　　　位置6　　　　　位置7

图2-2-18　单面毛圈编织过程

位置1:织针处于垫纱位置,地纱1垫放在沉降片片颚之上的针口中,而毛圈纱2垫放在沉降片片鼻之上的针口中。

位置2:沉降片向针筒中心挺进,织针下降到达成圈位置,毛圈纱在沉降片片鼻上弯纱,而后地纱在沉降片片颚上弯纱,两者的弯纱深度显然不同,旧线圈脱圈。

位置3:织针开始从成圈位置上升,沉降片向针筒中心挺足,片喉握持旧线圈,防止织针上升时重新穿入已脱圈的旧线圈中。

位置4：织针进一步上升，沉降片稍稍向针筒外退出，毛圈线圈从片鼻的肩胛上滑落。

位置5：织针继续上升，线圈从针舌上退到针杆上。同时，沉降片又一次向针筒中心运动，片鼻的肩胛对毛圈线圈产生一个向针筒中心的推力，拉紧毛圈线圈。

位置6：沉降片运动到针筒的最外位置，毛圈线圈从片鼻上脱下，织针下降，并从导纱器接收新纱线。之后，沉降片向针筒中心挺进，片鼻又一次穿入先前编好的毛圈中。

位置7：织针继续下降，旧线圈将从针钩上脱圈。毛圈线圈被搁在沉降片片鼻的肩胛位置，以保证毛圈线圈一致。

毛圈的高度由沉降片的高度（片鼻上沿至片颚线之间的垂直距离）决定，所以毛圈针织机一般都配备了一系列片鼻高度不同的沉降片，来生产毛圈高度不同的毛圈织物。毛圈的高度均匀一致是毛圈织物质量的关键，因此沉降片对毛圈织物的编织至关重要。

2．双沉降片毛圈机编织单面毛圈的方法

双沉降片技术是毛圈组织编织的主要方法。如图2-2-19所示，1是脱圈沉降片，2是握持毛圈沉降片，两片沉降片相邻安插，并做径向运动。因两片沉降片片踵的高度不同，受不同三角控制，运动有所不同。图2-2-20表示织针与沉降片的运动轨迹。曲线Ⅰ是针头运动轨道，曲线Ⅱ是握持毛圈沉降片2上点3的运动轨道。曲线Ⅲ表示脱圈沉降片1与握持毛圈沉降片2的相交点4的运动轨迹。

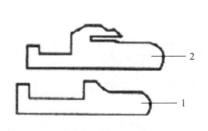
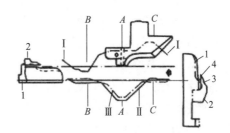

图2-2-19　双沉降片　　　　图2-2-20　织针与双沉降片的运动轨迹

在图2-2-20中C—C位置区域，织针上升退圈，握持毛圈沉降片2向针筒中心挺进，其片鼻伸入旧毛圈中，将毛圈抽紧，而脱圈沉降片1略向外退，放松地纱线圈。A—A位置区域，两片沉降片均向针筒外退出，织针在下降过程中先后垫上地纱和毛圈纱。之后，织针继续下降进行弯纱，两片沉降片朝针筒中心运动直到弯纱结束位置B—B。

图2-2-21表示弯纱位置，毛圈纱在握持毛圈沉降片2的片鼻上弯纱，形成毛圈线圈3。地纱在握持毛圈沉降片2和脱圈沉降片1的相交点处（图中圆点表示）弯纱。脱圈沉降片1向针筒中心的动程可以调整，当脱圈沉降片1处于图中虚线位置时，形成地纱线圈4。当脱圈沉降片1处于图中细实线位置时，形成地纱线圈5。这样，因为地纱线圈长度的改变，能适当改变毛

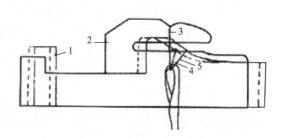

图2-2-21　织针在双沉降的片上弯纱位置

圈的高度。同时，由于毛圈被握持毛圈沉降片牢固握持，添纱效应得到优化。

3. 正包毛圈与反包毛圈的垫纱分析

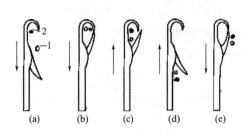

图2-2-22 纱线在织针上的位置

毛圈织物的正面效应有两种，一种是毛圈纱在反面显露，地纱线圈显露在正面，并将毛圈纱线圈覆盖，又称正包毛圈。这可防止在穿着和使用过程中毛圈纱被从正面抽出，尤其适合于要对毛圈进行剪毛处理的天鹅绒织物。对于这种情况，要求在编织过程中的白色地纱1和黑色毛圈纱2在织针上始终保持如图2-2-22所示的位置，在织物正面地纱覆盖住毛圈纱。

另一种是毛圈纱既显露在织物反面，也显露在织物正面（即在织物正面，毛圈纱覆盖地纱）。对于这种情况，则要求在织针下降成圈的过程中，毛圈纱被挺向针背，占据比地纱更靠近针鼻的位置，脱圈后，在织物正面毛圈纱线圈覆盖住地纱线圈。

在上述两种织物的编织中，所使用的织针和沉降片的造型设计有所不同，同时还要通过调节沉降片向针筒中心挺进的深度，以及沉降片运动轨迹和织针运动轨迹的对位来满足编织过程的工艺要求。

（二）提花毛圈组织的编织

色织提花毛圈组织主要采用沉降片选择和织针选择两种方法。

1. 利用沉降片选择技术编织色织提花毛圈

利用沉降片选择技术编织色织提花毛圈，是在每一路成圈系统都会对沉降片进行选择，使沉降片向针筒中心的运动有两种动程，形成两种线圈状态：无毛圈线圈和毛圈线圈。图2-2-23为一个花型完全组织的花纹意匠图，花宽和花高分别是8纵行和4横列。

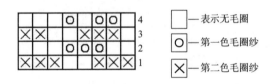

图2-2-23 沉降片选择技术编织色织提花毛圈织物

第1路和第3路成圈系统穿地纱和第一色毛圈纱，第2路和第4路成圈系统穿地纱和第二色毛圈纱。织针经过第1路成圈系统形成第1横列，这时织针1′、2′、3′、6′、7′、8′对应的沉降片向中心挺进的深度较大，毛圈纱在沉降片片鼻上弯纱，形成第一色纱毛圈线圈；而织针4′、5′对应的沉降片向针筒中心挺进的深度较小，毛圈纱在沉降片片颚上弯纱，形成无毛圈线圈。织针经过第2路成圈系统形成第2横列，这时织针4′、5′、6′形成第二色纱毛圈线圈，其他织针形成无毛圈线圈。第3、4横列的形成原理与上述相同。

这种毛圈织物的特点是：织物反面部分为毛圈线圈，另一部分为地纱与毛圈纱一起形成的添纱线圈，织物反面没有浮线。

2. 利用织针选择技术编织色织提花毛圈

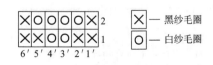

图2-2-24 选针技术编织提花毛圈织物

利用织针选择技术编织色织提花毛圈的原理，是地纱垫放在所有织针上，毛圈纱垫放在按花纹要求所选择的某些织针上进行编织。图2-2-24为一个花型完全组织的花纹意匠图，花宽和花高分别是6纵行和2横列。

结合图2-2-25所示的织针的运动轨迹说明编织原

理；第1横列的编织过程中，在地纱编织系统A中，在A_1区域所有织针上升退圈，被垫入地纱，之后织针适当下降，进行预备弯纱，此时旧线圈不脱圈。在毛圈纱编织系统B中，织针1′、2′、5′、6′被选中上升，被垫入黑色毛圈纱，并预备弯纱，而织针3′、4′未被选中，不上升垫入毛圈纱。在毛圈纱编织系统C中，织针3′、4′被选中上升，被垫入白色毛圈纱，并进行预弯纱，而织针1′、2′、5′、6′不上升。在下一编织系统的A_2区域，所有织针下降，钩住地纱和毛圈纱穿过旧线圈。第2横列的编织原理与上述相同。

这种毛圈织物的特点是全部线圈都是毛圈线圈，每一横列中具有两种色纱的毛圈线圈，但毛圈纱会形成浮线。

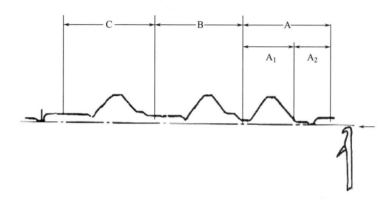

图2-2-25　织针的运动轨迹

（三）双面毛圈组织的编织

双面毛圈组织，毛圈在织物的两面形成，如图2-2-26所示。图中纱线1形成平针地组织，纱线2和3形成带有拉长沉降弧的线圈与地纱线圈一起编织。纱线2的毛圈竖立在织物正面，为正面毛圈，而纱线3的毛圈竖立在织物反面，为反面毛圈。

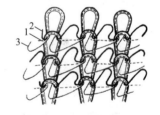

图2-2-26　双面毛圈组织

编织双面毛圈织物采用双沉降片技术，编织过程如图2-2-27所示。

在这种机器上，使用双沉降片6、7，两种沉降片单独运动。沉降片7的片鼻位置较高，用来形成反面毛圈，沉降片6的片鼻位置较低，用来形成正面毛圈。

（1）退圈。织针逐步上升到最高位置进行退圈，如图2-2-27（a）所示。

（2）垫纱。每一成圈系统必须垫三根纱——正面毛圈纱1、地纱2、反面毛圈纱3。反面毛圈纱3必须垫放在地布8和沉降片7的片鼻之上。正面毛圈纱1垫放在沉降片6的片喉位置线上，但必须在地布8之下。地纱2垫在正、反面毛圈纱之间，处于沉降片6的片鼻之上、沉降片7的片喉位置线上，如图2-2-27（b）所示。

（3）弯纱、成圈。随着织针逐渐下降，沉降片向针筒中心方向挺进，反面毛圈纱3被针钩带下并搁在沉降片7的片鼻上，形成一个拉长的沉降弧。地纱2进入沉降片7的片喉中。正面毛圈纱1进入沉降片6的片喉中，弯成毛圈。织针继续下降，针钩着三种纱线的针编弧穿过旧线圈，而两种毛圈纱线圈的沉降弧分别为上片鼻、下片喉所带住，形成双面毛圈，如图2-2-27

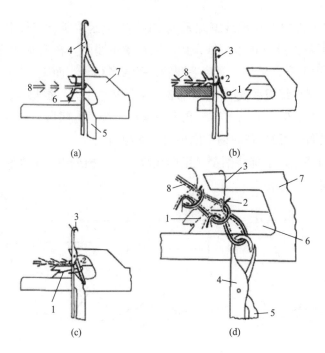

图2-2-27　双面毛圈织物的编织方法

（c）（d）所示。

反面毛圈的长度取决于沉降片7的片鼻高度，而正面毛圈的长度取决于沉降片6的下片喉水平地挺进的深度。因此，调节沉降片三角的位置，可调节正面毛圈的长度。

六、横条组织

纬编的编织效应是建立在横条基础上的，只要利用色纱在织物上就能显现横条，这类形成横条效应的组织称为横条组织。

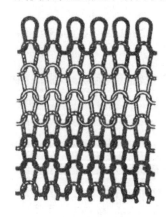

图2-2-28　横条组织的结构

（一）横条组织的结构与特性

采用调线方法形成的横条组织也称调线组织、调线横条组织，其方法为：在编织过程中轮流改变喂入的纱线，用不同种类的纱线组成各个线圈横列的一种纬编花色组织。图2-2-28显示了利用三种纱线轮流喂入进行编织而得到的以平针为基础的调线组织。调线组织的外观效应取决于所选用的纱线的特征。采用不同颜色纱线轮流喂入，可得到彩色横条纹织物；用不同细度的纱线轮流喂入，可得到凹凸横条纹织物；用不同光泽纤维的纱线轮流喂入，可得到不同反光效应的横条纹织物。

（二）横条组织的编织

按照花纹要求，在各个成圈系统的导纱器穿入色纱，就可在圆机上织出彩横条织物。普通针织圆机上各成圈系统只有一个导纱器，一般只能穿一根色纱，那么织物中一个彩横条相间的循环单元的横列数最多不超过编织机器的成圈系统数。所以在普通针织圆机上编织彩横条织物，彩横条循环单元受到一定的限制。

圆机上安装计算机调线装置，使每一成圈系统具有多个导纱器，每个导纱器穿一种色纱，编织每一横列时，各系统可根据花型要求选用其中某一导纱器，这样可以扩大彩横条循环单元的横列数。使用调线装置（如四色、六色或更多），可在单面和双面针织圆机上编织以基本组织或花色组织为底组织的彩横条织物。

1. 横条组织编织的调线机构

计算机控制的调线装置，每个系统包括计算机控制器与调线控制装置两大部分。将花型输入计算机，计算机会自动进行色纱排列，通过传感器，将信号传送给调线控制装置，以控制导纱指变换，进行调线。

图2-2-29所示的调线装置具有6个导纱指，从A至F依次编号为A、B、C、D、E和F。F导纱指处于垫纱位置，其他导纱指处于基本位置，每个导纱指都能在基本位置和垫纱位置之间进行调换，但任何时候都只能是1个导纱指处于垫纱位置。每个导纱指都具有一套独立的夹线和剪刀装置。所以，每个导纱指都能使用不同类型和不同线密度的纱线。夹线和剪刀装置由夹线器1、剪刀2和固定剪刀3组成，如图2-2-30所示。

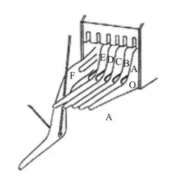 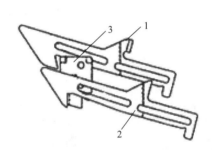

图2-2-29　调线装置　　　　　图2-2-30　剪刀和夹线装置

2. 调线机构的编织

（1）单面圆机上导纱指的运动过程。导纱指由曲柄控制做曲线运动，夹线器和剪刀由棘爪和三角控制做径向运动。单面圆机上导纱指的运动过程如图2-2-31所示。

图2-2-31（a），导纱指1处于基本位置，夹线器2和剪刀3握住纱端，夹线器2和剪刀3向里运动，纱线被夹在夹线器2和固定剪刀4之间。剪刀3和固定剪刀4将纱线剪断，但纱线仍被握紧。

图2-2-31（b），导纱指1由基本位置向垫纱位置运动。夹线板5钩住纱线。

图2-2-31（c），导纱指1运动到位置G，处于垫纱位置，此时，夹线器2和剪刀3向外运动。纱线垫入针钩内，当可靠地编织了数针后，夹线器2和剪刀3放开纱线。根据花型要求，导纱指又开始向基本位置运动，运动到位置H。在位置G和H之间，纱线均能垫到针钩内。之后，导纱指继续向基本位置运动，纱线离开织针。

图2-2-31（d），导纱指1从垫线位置运动到了基本位置，夹线器2和剪刀3继续向前运动，纱线进入夹线器2内。

（2）夹线板与纱线的垫入过程。导纱指由基本位置运动到垫纱位置，通过夹线板将纱线喂入织针。如图2-2-32（a）所示，导纱指1进入垫纱位置，纱线2处于导纱器5的上方，夹线板4向导纱器3方向运动。如图2-2-32（b）所示，夹线板4钩住纱线2，使纱线2进入垫纱位置，纱线2将垫入针钩内。如图2-2-32（c）所示，新的线圈形成之后，纱线2滑离夹线板。

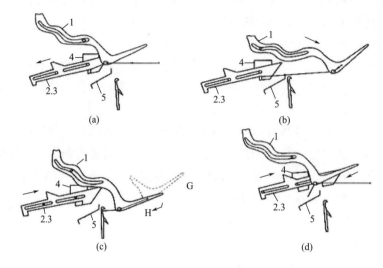

图2-2-31　导纱指的运动过程

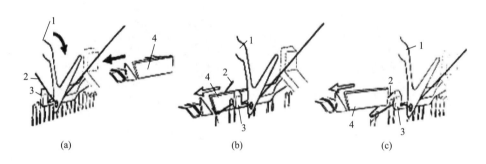

图2-2-32　夹线板与纱线的垫入

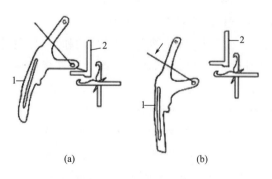

图2-2-33　导纱指的运动

在纱线调换区域，织针采用抽针排列。进入垫纱位置的导纱指和退出垫纱位置的导纱指同时在一部分织针上垫纱，形成双纱线圈。

（3）双面圆机上导纱指的运动。若在双面圆机上编织横条组织，其导纱指的运动如图2-2-33所示，图2-2-33（a）所示的导纱指1处于垫纱位置，纱线经过导纱器2垫入针钩内；所示的导纱指1受连杆装置的作用，向下运动回到基本位置。在调线过程中，导纱指、夹线器和剪刀的运动配合原理与前述的单面圆纬机基本相同。

纱线的调换在针盘针上进行，即在纱线调换区域，不插针筒针，针盘针采用抽针排列。

七、长毛绒组织

编织过程中，将纤维束或毛绒纱同地纱一并喂入进行成圈，同时使纤维束或毛绒纱的头端显露在织物的表面，这类组织称长毛绒组织。如图2-2-34所示，长毛绒组织结构与毛圈组织相似，但没有拉长的沉降弧。长毛绒组织形成方法有毛条喂入法和毛纱割圈法两种。

图2-2-34 长毛绒组织

（一）采用毛条喂入法编织

在采用舌针的圆机上，每一成圈系统附加一套纤维毛条梳理喂入机构，在地组织成圈过程中，纤维通过梳理喂入机构和地组织一起成圈，将纤维与地组织织成一体。

编织过程如图2-2-35（a）所示，织针上升，沉降片推向针筒中心，旧线圈完成退圈。地纱9垫入织针针钩内，针头钩取纤维8。如图2-2-35（b）所示，纤维8与地纱9一起随织针下降，沉降片向针筒外退出，旧线圈开始套圈与脱圈，最后纤维与地纱穿过旧线圈而形成新线圈。纤维从地组织中突出于织物反面，形成长毛绒。

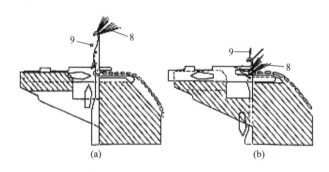

图2-2-35 长毛绒组织的编织过程

当织针进入纤维喂入区时，每个针头都能从纤维喂入区钩取纤维，形成素色织物，或者喂入不同颜色的纤维时，可织成彩色横条。

通过选针机构的控制，提花长毛绒织物编织时织针按花型钩取不同纤维。毛条喂入机构的喂毛速度既受密度的控制，又要受花型变化的控制。

（二）采用毛圈割圈法编织

长毛绒以纬平针组织为地组织，而毛纱则按一定间隔在某些线圈上形成不封闭的悬弧，相间两个悬弧间的毛纱由刀针割断形成V形。开口的毛绒呈现在地组织的工艺反面，如图2-2-36所示。

通常长毛绒针织机的针盘上插有织针，针筒上插有刀针，织针和刀针均有A、B、C三个踵位，分别如图2-2-37（a）（b）所示。通过改变织针、三角、刀针的排列和组合而获得不同的外观效果。

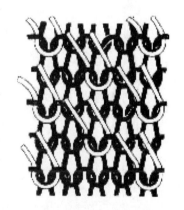

图2-2-36 毛圈割圈法形成的 V形组织

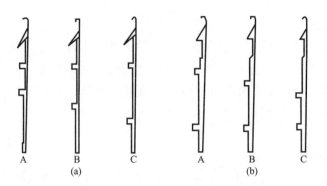

图2-2-37 织针和刀针

八、移圈组织

编织过程中，通过转移线圈部段形成的织物称为移圈组织。通常，根据转移线圈纱段的不同，将移圈组织分为两类：在编织过程中转移线圈针编弧部段的组织称为纱罗组织，而在编织过程中转移线圈沉降弧部段的组织称为菠萝组织。

（一）纱罗组织的结构与编织

1. 纱罗组织的结构

纱罗组织的线圈结构，除在移圈处的线圈圈干有倾斜和两线圈合并处针编弧有重叠外，一般与它的基础组织并无多大差异，因此纱罗组织的性质与它的基础组织相近。纱罗组织的移圈原理可以用来编织成形针织物、改变针织物组织结构以及使织物由单面编织改为双面编织或由双面编织改为单面编织。

2. 纱罗组织的编织

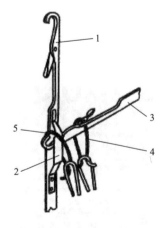

图2-2-38 纱罗组织的编织
方法（织针配合）

在大圆机上编织纱罗组织，常用将下针的线圈转移到上针的方法。如图2-2-38所示，下针1上的针编弧5被转移到上针3上。为了完成转移，下针1先上升到高于退圈位置，受连在1上的弹性扩圈片2的作用针编弧5被扩张，并被上抬高于上针。接着上针3径向外移穿过针编弧5，最后下针1下降，弹性扩圈片2的上端在上针的作用下会张开，从而将针编弧5留在上针3上。4为上针的线圈。

编织所用的机器一般为移圈罗纹机。针盘与针筒三角均有成圈系统和移圈系统，且每三个系统中有一个移圈系统。上针与下针之间的隔距，应在原罗纹对位的基础上，重新调整到移圈对位，如图2-2-39所示。上针4须能在下针针杆2与弹性扩圈片2之间的空隙3中穿过，不得碰两侧面。

图2-2-40表示移圈系统上下针的运动轨迹及对位配合，其中1表示针筒转向，2、4分别为上下针运动轨迹，3、5分别是上下针的运动方向。图2-2-41显示了移圈过程，具体可分为以下几个阶段。

（1）起始位置。如图2-2-41（a）所示（对应图2-2-40中位置Ⅰ），此时上下针握持住旧线圈，分别处于针盘口和针筒口的位置。

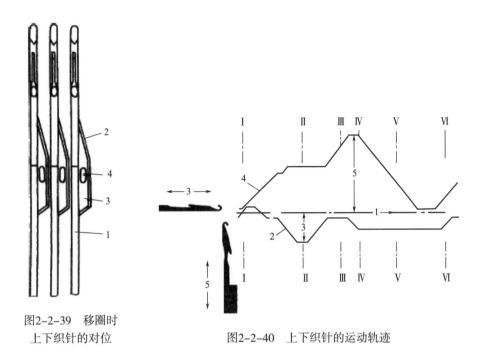

图2-2-39　移圈时
上下织针的对位

图2-2-40　上下织针的运动轨迹

（2）下针退圈并扩圈。上针向外移动一段距离，旧线圈将上针舌打开但不完全退圈，下针也上升一些，开始退圈，如图2-2-41（b）所示（对应图2-2-40中位置Ⅱ）。随后下针继续上升完成退圈，且将欲转移的线圈套在弹性扩圈片外面完成扩圈，此时上针略向内移处于握持状态，上针头与下针针背平齐，可阻挡下针上的旧线圈随针上升，有利于下针的退圈，如图2-2-41（c）所示（对应图2-2-40中位置Ⅲ）。

（3）上针伸入扩展的线圈中。如图2-2-41（d）所示（对应图2-2-40中位置Ⅳ），下针上升，利用扩圈片上的台阶将扩展的线圈上抬到高于上针位置，上针向外移动伸进下针针杆与弹性扩圈片之间的空隙，使上针头穿进扩展的线圈中。

（4）上针接受线圈。如图2-2-41（e）所示（对应图2-2-40中位置Ⅴ），下针下降针舌关闭，其上的线圈不再受下针约束，将线圈留在上针针钩内。

（5）上针回复起始位置。如图2-2-41（f）所示（对应图2-2-40中位置Ⅵ），上针向针筒中心移动，带着转移过来的线圈回到起始位置，下针上升一些为在下一成圈系统退圈做准备。

（二）菠萝组织的结构与编织

1. 菠萝组织的结构

菠萝组织中，新线圈在成圈过程中同时穿过旧线圈的针编弧与沉降弧的纬编组织，菠萝组织的针织物强力较低，因为菠萝组织的线圈在成圈时，沉降弧是拉紧的，当织物受到拉伸时，各线圈受力不均匀，张力集中在张紧的线圈上，纱线容易断裂，使织物表面产生破洞。

2. 菠萝组织的编织

编织菠萝组织时，将旧线圈的沉降弧转移到相邻的针上是借助于专门的扩圈片或钩子来完成。扩圈片或钩子有三种：左侧扩圈片或钩子用来将沉降弧转移到左面针上，右侧扩圈片或钩子用来将沉降弧转移到右面针上，双侧扩圈片或钩子用来将沉降弧转移到相邻的两枚

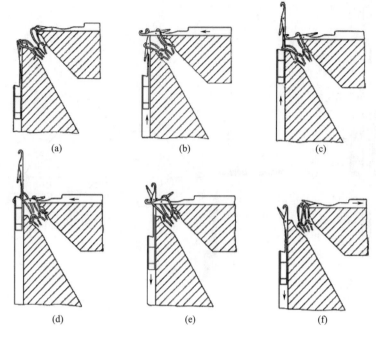

图2-2-41　移圈过程

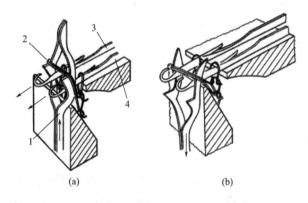

图2-2-42　双侧扩圈片装在针筒上进行移圈

针上。扩圈片或钩子可以装在针盘或针筒上。

图2-2-42显示了双侧扩圈片装在针筒上进行移圈的方法。随着双侧扩圈片1的上升，逐步扩大沉降弧2。当上升至一定高度后，扩圈片1上的台阶将沉降弧向上抬，使其超过针盘针3、4。接着织针3、4向外移动，穿过扩圈片的扩张部分，如图2-2-42（a）所示。然后扩圈片下降，把沉降弧留在织针3、4的针钩上，如图2-2-42（b）所示。随后进行垫纱成圈。

九、绕经组织

在纬编单面组织的基础上，引入绕经纱形成的一种花色组织，通常称为绕经组织。

（一）绕经组织的结构与特性

1. 绕经组织的结构

绕经纱沿着纵向垫入，并在织物中呈线圈和浮线。绕经组织织物也俗称为吊线织物。该织物需要由特殊的经纱提花圆机编织。

图2-2-43所示的是在平针组织基础上形成的绕经组织。绕经纱2所形成的线圈显露在织物正面，反面则形成浮线。图中Ⅰ和Ⅱ分别是绕经区和地纱区。地纱2编织一个完整的线圈横列

后，绕经纱2在绕经区被选中的织针上编织成圈，同时地纱3在地纱区的织针上以及绕经区中没有垫入绕经纱的织针上编织成圈，绕经纱2和地纱3的线圈组成了另一个完整的线圈横列。

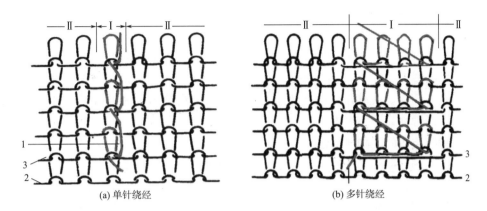

(a) 单针绕经　　　　　　　　　　　　　　(b) 多针绕经

图2-2-43　绕经组织的结构

2. 绕经组织的特性与用途

由于绕经组织中引入了沿着纵向分布的绕经纱，从而使织物的纵向弹性和延伸性有所下降，纵向尺寸稳定性有所提高。

一般的纬编组织难以产生纵条纹效应，利用绕经结构，并结合不同颜色、细度和种类的纱线，可以方便地形成色彩和凹凸的纵条纹，再与其他花色组织结合，可形成方格等效应。

（二）绕经组织的编织

编织绕经织物以三个成圈系统为一个循环，分为地纱系统、绕经纱系统和辅助系统，分别编织图2-2-43（a）中地纱1、绕经纱2和地纱3。地纱和辅助系统均采用固定的普通导纱器，绕经纱导纱装置（俗称吊线装置）随针筒同步回转，并配置在绕经区附近，将纵向喂入的花色经纱垫绕在被选中的织针上，如图2-2-44所示。为了进行供纱，绕经圆纬机的绕经纱筒子安放在针筒上方并随针筒同步回转的纱架上，而地纱筒子则与一般的圆纬机一样，安放在固定的纱架上。

针筒上织针的排列分为地组织区和绕经区，织针如图2-2-45所示，共有5种针踵的织针（用数字0～4来代表），每一根织针有一个压针踵5和一个起针踵（0～4）。每一成圈系统有

图2-2-44　绕经组织编织中的经纱垫绕

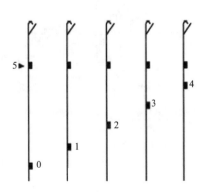

图2-2-45　绕经组织用的织针

五档高度不同的可变换三角（可在成圈、集圈或不编织三种三角中进行变换），即五针道，以控制5种针踵位置织针。

绕经装置既可以安装在多针道变换三角圆纬机上单独使用，还能与四色调线装置、其他选针机构相结合，生产出花型多样的织物。

十、衬纬组织

在纬编基本组织、变化组织或花色组织的基础上，沿纬向衬入一根不成圈的辅助纱线而形成的组织，通常称为衬纬组织。

（一）衬纬组织的结构与特性

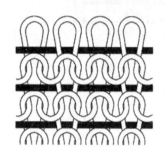

图2-2-46　衬纬组织的结构

1．衬纬组织的结构

衬纬组织多为双面，纬纱夹在双面织物的中间，图2-2-46所示的衬纬组织是在罗纹组织基础上衬入一根纬纱的结构。

2．衬纬组织的特性

衬纬组织的特性除与地组织有关，关键在于纬纱性质。

（1）弹性纬纱。采用弹性较大的纱线作为纬纱，将增加织物的横向弹性，可编织圆筒形弹性织物，制作无缝内衣、袜品、领口、袖口等。弹性纬纱衬纬织物不适合于加工裁剪缝制的服装，因为坯布被裁剪，不成圈的弹性纬纱将回缩。

（2）非弹性纬纱。当采用非弹性纬纱时，衬入的纬纱被线圈锁住，可形成结构紧密厚实、横向尺寸稳定延伸度小的织物，适宜制作外衣。若衬入的纬纱处于正、反面的夹层空隙中，该组织称为绗缝织物。由于夹层空隙中储存了较多空气，这种织物保暖性较好。

（二）衬纬组织的编织

编织关键在于将纬纱仅喂入上、下织针的背面，使其不参加编织，纬纱被夹在圈柱中。图2-2-47（a）的1、2是上、下织针运动轨迹。地纱3穿在导纱器4的导纱孔内，喂入织针上进行编织。纬纱5穿在专用的衬纬导纱器6内，喂入到上、下织针的针背一面。由于上、下织针在起针三角作用下，出筒口进行退圈，从而把纬纱夹在上、下织针的针背面，使其不参加

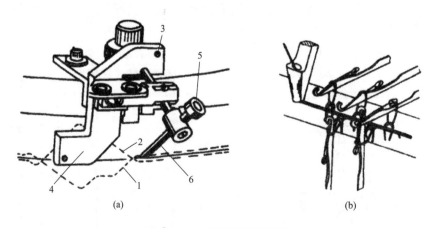

(a)　　　　　　　　　　　　　　　(b)

图2-2-47　衬纬组织编织方法

编织，如图2-2-47（b）所示。

有些双面针织机没有专用的衬纬导纱器6，可选用上一系统的导纱器作为衬纬导纱器，但导纱器的安装需适应衬纬的要求，同时这一系统上、下织针应不参加编织。

十一、衬经衬纬组织

在纬编地组织基础上衬入不参加成圈的经纱和纬纱所形成的组织，称衬经衬纬组织。纬编衬经衬纬组织，又称双轴向纬编组织。

（一）衬经衬纬组织的结构与特性

图2-2-48所示的是在纬平针组织基础上衬入经纱和纬纱所形成的衬经衬纬织物。该组织中，地纱1形成正常的纬平针组织，纬纱3和经纱2分别沿横向和纵向以直线的形式被地组织线圈的圈柱和沉降弧夹住。衬入的纬纱、经纱呈直线状处于织物中，这就决定织物的多向特性，还有纱线的伸直带来的重要特性。

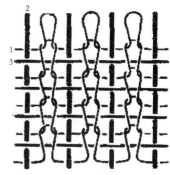

图2-2-48　衬经衬纬平针织物

衬入的纬纱和经纱呈直线状处于织物当中，用该组织织制的织物横向和纵向延伸性均较小，具备机织物的性能，可以采用弹性模量高、强度高、不易弯曲的高性能纤维进行编织，生产高拉伸强度的织物，这种织物经过模压成型、涂层或复合，可以用于制作高性能材料，如头盔等防护用品。

（二）衬经衬纬组织的编织

衬经衬纬组织需要在特殊的衬经衬纬纬编机上编织，除具有普通圆机的结构特点外，还需在针筒上方加装一个直径大于针筒的分经盘1用于将经纱2分开导入编织区，如图2-2-49所示。衬纬纱由衬纬导纱器3将纱线喂入织针和衬经纱之间，由于分经盘直径大于针筒直径，所以地纱导纱器3可以被安置在衬经纱里，这样织针钩取地纱4成圈时就将衬经纱夹在了所形成的线圈沉降弧与衬纬纱之间，将其束缚在织物中间。

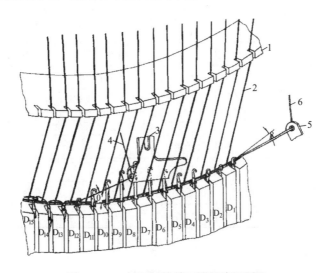

图2-2-49　衬经衬纬单面圆机编织原理

第三章　圆机编织原理

针织圆形纬编机，又称针织圆纬机，简称圆纬机或圆机；针织大圆机可简称大圆机。

第一节　大圆机的核心构造

一、针织机概述

（一）针织机的分类

利用织针把纱线编织成针织物的机器称为针织机。针织机按其编织方式可分为经编针织机和纬编针织机两大类；按针床数量可分为单针床（筒）针织机和双针床（筒）针织机；按针床形式可分为平形针织机和圆形针织机；按使用织针的类型可分为钩针机、舌针机和复合针机等。针织机分类见表3-1-1。

表3-1-1　针织机的分类

编织方式	针床数量	针床形式	织针类型	机种
纬编针织机	单针床（筒）	平形	钩针	全成型平形针织机
			舌针	手摇横机
		圆形	钩针	台车、吊机
			舌针	多三角机、提花机、毛圈机
			复合针	复合针圆机
	双针床（筒）	平形	钩针	双针床开型钩针机
			舌针	横机、手套机、双反面机
		圆形	舌针	棉毛机、罗纹机、提花机、圆袜机、无缝内衣机等
经编针织机	单针床	平形	钩针	特利柯脱机、拉舍尔机、米兰尼斯机
			舌针	特利柯脱机、拉舍尔机、钩编机
			复合针	特利柯脱机、拉舍尔机、缝编机
			自闭钩针	钩编机
	双针床	圆形	钩针	特利科机
			舌针	拉舍尔机
			复合针	特利科机、拉舍尔机

（二）大圆机的种类

针织机的分类方式多，机器的种类多。在实际生产中，规格较大的圆筒形纬编针织机通常称为针织大圆机，较为权威的分类方法是先从单双面分，后从结构和功能分，如图3-1-1所示。

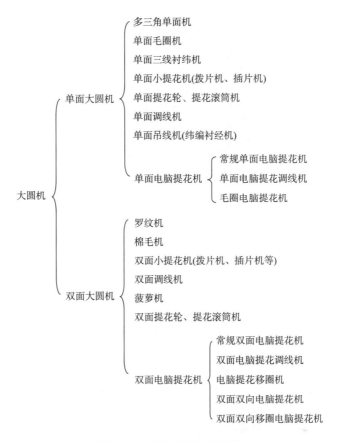

图3-1-1　针织大圆机种类图

圆纬机常见分类方法是依据其结构和功能分的。例如，单面机可分为普通单面机、正包毛巾机、反包毛巾机、三线卫衣机、单面开幅机、电脑提花机、拨片提花机、四色调线机、六色调线机、高脚单面机、高速单面机；双面机分为普通双面机、罗纹机、双面开幅机、电脑提花机、拨片提花机、四色调线机、六色调线机、移圈罗纹机、高速双面机、双面移圈机。

二、大圆机的主要构造及工作原理

大圆机主要由供纱机构、编织机构、牵拉卷取机构、检测自停机构、润滑除尘机构、传动机构和机架等构成。图3-1-2为针织大圆机结构图。

（一）供纱机构

针织大圆机的供纱机构一般包括纱架、储纱器、输线盘和纱圈托架等部件。

1. 纱架

用于安放编织所需纱筒的装置，统称纱架。纱架从设立的位置，可分为伞式和落地式等类型。伞式纱架一般在机器主机正上方，有利于节省占地的面积，但由于位置较高备纱输送操作较难。落地式纱架在机器侧面，安装纱筒和接纱操作方便，还可采用专用导纱管防止纱线，但是占地面积较大。

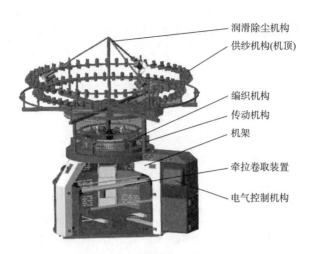

润滑除尘机构
供纱机构(机顶)
编织机构
传动机构
机架
牵拉卷取装置
电气控制机构

图3-1-2　一种单面大圆机结构图

（1）伞式纱架。伞式纱架是在大圆机上部竖起支柱的纱架，如同图3-1-2的所示的纱架形态，通常针对纱筒不太多（品种可较多）的编织，这种装置输纱张力较为均匀。还有一种支架式纱架，在大圆机的周围竖起，与织机主体分离，这种纱架多用于调线机和部分具有多路编织的机器。这两种纱架都称为机上纱架。

（2）落地式纱架。落地式纱架在机周围单独安装，能够存放的纱筒数较多，接备用纱方便。大圆机多采用落地式纱架。

纱架又可分为开放式、半开放式、封闭式、圆柱状和过滤式形式。开放式纱架上只有张力片和导纱钩，输纱张力较为稳定，但容易出现相邻纱线距离较近时互相缠绕的现象；半开放式落地纱架，从各个筒纱引出口开始安装空心管，直至将纱线引导到纱架顶部，从而减少了开放式落地纱架相邻纱线互相缠绕的问题；封闭式落地纱架，纱线从筒纱引出后在机架上安装的空心管内运行到输纱器入口位置，较好地保护了纱线。

2.输（储）纱器

输纱器就是将纱线精准输送（必要时可少量暂存）到编织区域的装置，与大圆机种类、编织要求有关。输（储）纱器装有电子感应系统，编织的纱线断裂或张力过大时会自动停机。输纱器分为积极式输纱器、调线机用输纱器、弹性纱输纱器和储备型消极式输纱器形式。

（1）积极式输纱器。利用主动输送纱线的方式来控制纱线喂入织机的速度，达到控制织物密度的目的。这种输纱器可以连续、均匀供纱，使成圈系统线圈长度趋于一致。图3-1-3所示为几种积极式输纱器。

（2）调线机用输纱器。调线机中，各成圈系统的导纱指不断切换，输纱器需为工作导纱指积极供纱，对退出工作的导纱指则需停止供纱。为了保证有效供纱，通常需采用专用输纱器，主要有如图3-1-4所示形式。

（3）弹性纱输纱器。弹性纱如氨纶裸丝具有较高弹性，需要保证喂入量均匀与精准。弹性纱必须采用专门的输纱器进行给纱，常用的弹性纱输纱器主要有图3-1-5所示形式。

（4）储备型消极式输纱器。储备型消极式输纱器是确保纱线在张力作用下输出纱线，进行给纱。目前大圆机上常用的储备型消极式输纱器主要有如图3-1-6所示等形式。

图3-1-3　积极式输纱器

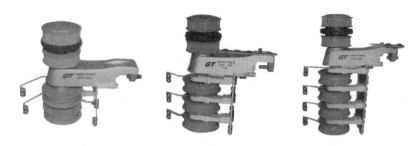

图3-1-4　调线机用输纱器

图3-1-5　弹性纱输纱器

图3-1-6　储备型消极式输纱器

3. 输线盘

输线盘用于控制大圆机编织中的送纱量，通常通过调节输线盘直径来调整送纱量，图3-1-7所示为直径可调式输线盘。此外，输线盘还可通过转速直接调节实现不同送纱速度。

（二）编织机构

编织机构的作用是将纱线通过成圈机件的运动编织成针织物，它是针织大圆机的核心机构。单面大圆机和双面大圆机的成圈机件有所不同，图3-1-8所示为单面多三角机成圈机件及其配置图，图3-1-9所示为罗纹机成圈机件及其配置图。

图3-1-7　可调式输线盘

1. 编织结构的组成构件

编织机构是大圆机的核心机构，主要由针筒、织针、沉降片、导纱嘴、编织三角和三角

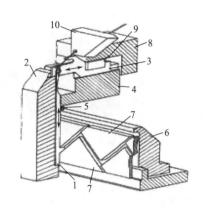

图3-1-8 单面多三角机成圈机件及其配置图

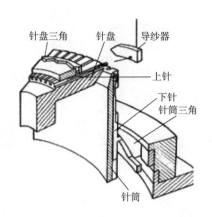

图3-1-9 罗纹机成圈机件及其配置图

座等部件构成。

（1）针筒。针筒是针织大圆机用来安装织针的圆形针床。

单面大圆机上用的针筒由下针筒和沉降片槽筒组成，单面大圆机有一个针筒，它是一个圆形的金属筒，针筒口上方固定有沉降片环，其形状如图3-1-10所示，针筒和沉降片环上分别铣有针槽和沉降片槽，分别用于安插织针和沉降片。

双面大圆机上、下针床的配置如图3-1-11所示，它们相互呈90°夹角配置，处于上方呈盘形的称为针盘，处于下方呈筒状的称为针筒，针盘和针筒上均铣有很多针槽，针槽中分别安装有针盘针和针筒针，织针分别受上、下三角的作用，在针槽中做进出和升降运动将纱线编织成圈。针盘针和针筒针可以是交叉配置也可以是对位配置，分别用以编织罗纹类织物和双罗纹类织物。

（2）织针——舌针。普通圆纬机上用的舌针，同一型号的织针，针踵高低有区分，不同针踵的织针在与之相配的针道上运动，完成不同的线圈组织结构。常规舌针的结构如图3-1-12所示。

针杆：织针的本体，在针筒的针槽里相对针槽做上下运动的同时又随针筒做圆周运动。

针钩（针头）：在成圈过程中钩住纱线。

针舌：在成圈时可以绕针舌销转动用以打开或关闭针口。

针舌销：针舌转动轴，当针舌闭口时易形成一个对纱线的夹持区，称为剪刀口。

针踵：通过三角组成的运动轨迹使织针做上下运动，完成纱线成圈。

图3-1-10 单面机针筒

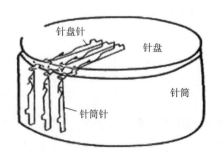

图3-1-11 双面机针筒结构示意图

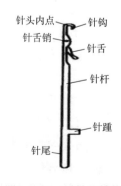

图3-1-12 舌针的结构

针尾：织针的本体，与针杆一体。

针头内点：钩住纱线，形成新线圈。

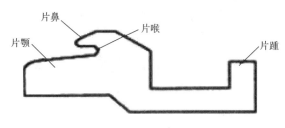

图3-1-13 普通沉降片的结构

（3）沉降片。沉降片是单面大圆机上配合织针成圈的机件。图3-1-13所示为普通结构的沉降片。片鼻和片喉的作用是握持线圈；片颚上沿用于弯纱时握持纱线，片颚线所在平面又称为握持平面；片踵受沉降片三角的控制，使沉降片按要求运动。

（4）导纱嘴。导纱嘴又称导纱器、钢梭子、喂纱嘴、纱嘴。导纱嘴用于将纱线喂入织针上，多三角机上的导纱器中导纱孔用于引导纱线，导纱嘴前端为一平面，可防止因针舌反拨而产生非正常关闭针口现象。有单孔导纱嘴、两孔导纱嘴（可做添纱组织）、两孔一槽导纱嘴（用于氨纶添纱弹性组织）。常用导纱嘴形状如图3-1-14所示。

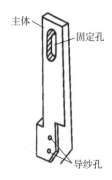

图3-1-14 导纱嘴

（5）三角。单面大圆机上有织针三角和沉降片三角。织针三角控制织针上下运动，如图3-1-15所示，织针三角有成圈三角、集圈三角和浮线三角几种不同的形状，可以分别控制织针做成圈、集圈和浮线编织。沉降片三角的形状如图3-1-16所示，其作用是控制沉降片沿针筒径向做进出运动，以协助织针弯纱、成圈。

图3-1-15 织针三角

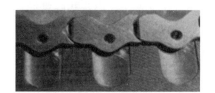

图3-1-16 沉降片三角

双面大圆机上有针筒三角和针盘三角。

（6）三角座。三角座是安装三角的基座，针织大圆机上有两种三角座，分别用于安装编织三角和沉降片三角。

2. 一种编织结构系统实例

（1）中央升降系统。中央升降系统一般用于单面机上，系统升降操作如图3-1-17所示。该系统必须做到升降平稳、结构紧凑、调整织物克重精确简单，还可更换不同功能的三角，满足不同单面结构织物的生产。

（2）一机多功能机型。一种双面机配置上二下四三角，如图3-1-18所示，只要更换不同的三角排序，就可变换不同的组织。一些单面机具有互换性强的优点，可以将单面机转换成毛巾机或卫衣机。

（三）牵拉卷取机构

牵拉卷取机构可以把大圆机所编织下来的针织物从编织区域牵引出来，有卷绕、折叠两种卷装形式（氨纶汗布常用折叠式）。牵拉卷取机构包括扩布架（撑布架）、传动（墙

图3-1-17 一种单面机的中央升降系统

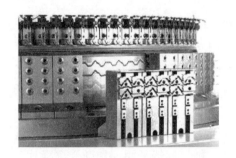

图3-1-18 一种编织结构的三角配置

板）、卷布辊、罗拉辊、齿轮调节箱等机件。

1. 牵拉卷取工作要求和特点

（1）在大盘底下具有感应开关，当装有圆柱钉的传动臂通过时，会发出信号，用于测定卷布数据以及大圆机的转数，从而确保下布（落布）匹重的均匀性。

（2）组合罗拉辊按设定的速度牵拉坯布，牵拉张力均匀，不打滑。

（3）卷布速度由齿轮箱控制，设有大小两个挡位，可以在大范围准确地适应各类花色品种卷布张力的需求。

（4）在操作面板上，可以设定每匹布匹重所需要的转数，在大圆机转数达到设定值时，会自动停机，从而控制针织坯布每匹布重量偏差在规定范围，如0.3公斤以内。

针织大圆机的牵拉卷取过程，就是将形成的针织物从编织区域中牵引出来，给织物一定的张力卷绕成一定形式和容量的卷装。一般由卷布架和扩布架（撑布架）组成。

2. 主要机构

（1）卷布架。大圆机卷布架的作用是对编织的织物施加一定的张力，并将织物卷绕成布卷。卷绕的速度须与编织速度匹配，牵拉张力须均匀且可根据需要进行调整。

卷布架有多种形式结构，图3-1-19所示卷布架是常见的形式之一。

（2）扩布架。扩布架装在针筒以下卷取辊以上的位置，是把编织的圆筒形针织布从内部撑开，将筒状针织物转换成平整的扁平状以便于卷布辊卷取，保证运行过程中

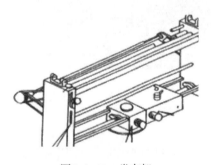

图3-1-19 卷布架

各纵行的卷取张力均匀，减少布匹边部与中间部分的张力差异，防止织物变形，对调整横条纹织物的平整度有很好的作用。常见的扩布架如图3-1-20所示。

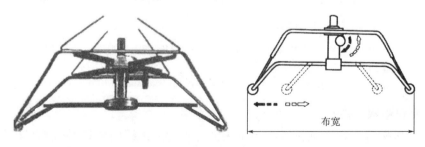

图3-1-20 扩布架

（3）摆布机。摆布也可作为大圆机落布的一种辅助功能，图3-2-21所示为一种摆布机的摆布架。

图3-1-21　摆布架

（四）检测自停机构

为了保证编织的正常进行和织物的质量，减轻劳动者的劳动强度，针织大圆机上都设计和安装了一些检测自停装置。当编织时出现断针、断纱、失张，或安全门被打开等情况时，检测自停装置会迅速给电器控制箱发出停机信号并接通故障信号指示灯，机器迅速停止运转。大圆机上通常安装了断纱、漏针、张力、安全门等自停装置。

1. 断纱自停装置

为了保证大圆机在高速运转中出现纱线断脱或失张等情况时能迅速停车，都装有顶部自停器和下部自停器。顶部自停器（图3-1-22）装于纱架与输纱器中间，在纱架处发生断纱或输纱张力过大时，自停器上的触点开关接通，织机立即停车。下部自停器（图3-1-23）装于输纱器与导纱器中间，如发生断纱或输纱张力松弛时，自停器上的断纱自停弯钩下降，使织机停车。

图3-1-22　顶部自停器

图3-1-23　下部自停器

2. 漏针与坏针自停装置

图3-1-24所示为针织大圆机上常用漏针自停装置，装置由探针1和内部触点开关等组成，它安装在针筒口处，机器运转时，探针遇到漏针、坏针，会弹到图中的虚线位置2，从而接通触点开关，即刻发出停机信号。

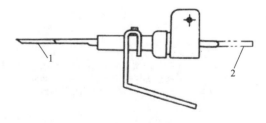

图3-1-24　漏针自停装置

3. 脱布自停装置

大圆机编织时，如纱线在织针位置断脱，将会在针筒编织口形成脱布疵点，为了避免疵点过大，大圆机上一般都设计和安装了脱布自停装置，如图3-1-25所示，自停器上的探针如果没有探测到织物，将会接通触点开关，发出停机信号。

4. 安全门自停装置

大圆机在高速运转时，防护门被打开十分危险，因此大圆机上通常都设计和安装有安全门自停装置（图3-1-26），该装置设定为防护门未锁上时，机器就不能正常开动。

图3-1-25　脱布自停装置　　　　　　图3-1-26　安全门自停装置

（五）传动机构

1. 传动机构结构

传动机构是由变频器控制电动机可进行无级调速。电动机采用三角带或者同步带（齿形带）带动主动轴齿轮，同时传递给大盘齿轮，从而带动针筒载着织针运转，进行编织。主动轴传动到大圆机上面，带动输线盘按量输送纱线。要求传动机构运转平稳，无噪声，如图3-1-27所示。

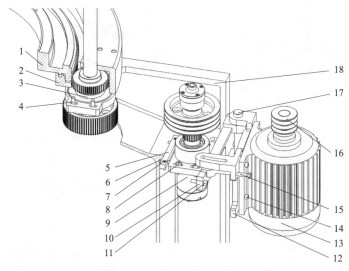

1—大盘齿轮　2—大盘　3—主传动下部组件　4、7、8、11—内六角圆柱头　5—同步带调节块
6—内六角平端紧定螺钉　9—中间传动组件　10—电动机挂板座　12—电动机挂板　13—电动机
14、15—六角头螺栓　16—小皮带轮　17—电动机挂板销　18—主脚

图3-1-27　电动机部分和主传动轴

2. 传动机构实例

（1）传动。电动机旋转带动电动机皮带轮旋转，通过三角带传动到中间传动组件上的中间皮带轮旋转。中间轴的下端置有一个中间同步带轮，中间同步带轮通过同步带带动主轴同步带轮使主轴旋转。主轴上置有主轴小齿轮，带动大盘齿轮转动，从而带动针筒旋转。主

轴的上方置有主轴送纱齿轮，通过主轴箱带动送纱齿轮组件实现送纱传动。送纱传动是最基本的机械送纱传动。单独设置的伺服送纱机构可以实现自动设置线长，实现自动化调整，减少人力。一种圆机传动机构如图3-1-28所示。

（2）结构。机台通过采用进口钢丝跑道结构以及侧向紧密配合，并辅以侧向耐磨板，并用浸油式润滑。结构示意图如图3-1-29所示。

在加工中要控制上下钢铁丝跑道的中心圆直径，其公差要控制在±0.01mm以内；大盘与大盘齿轮的配合面间隙要控制在一个合理的范畴内，间隙偏小，会影响到传动阻力，间隙偏大，超出油膜厚度值，就会造成不正常磨损。

（3）双面圆机大鼎结构。一种是伞形结构，大鼎齿轮随着套筒轴的升降而升降；另一种是齿轮套的形式，大鼎齿轮是不随套筒轴的升降而升降，而是与大鼎保持固定位置进行旋转运动。大鼎均采用浸油式润滑，双轴式传动，同步性能好，运行稳定，使用寿命更长。

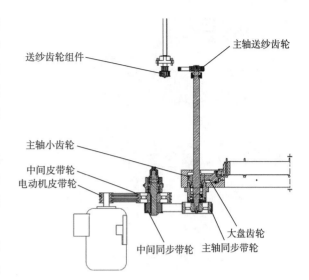

图3-1-28　一种圆机传动机构

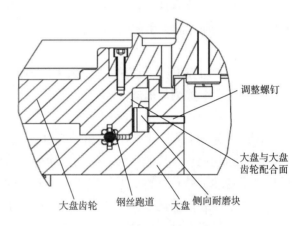

图3-1-29　一种圆机机台传动机构

（六）润滑除尘机构

针织大圆机是一套高速度运转、相互配合的精密体系，由于纱线在编织过程中会产生许多飞花、尘埃、油污，飞花和尘埃以及油污会影响织机的运行和编织，严重时会损坏大圆机，所以运转部件的润滑、除尘（清洁）工作相当重要。

（1）专用的油箱。配有气压表和油压表，为编织部件表面提供良好的润滑，油面指示以及油耗均可见。当喷油机油量不足时，大圆机会自动停止运转，并在操作面板上发出警示。

（2）自动加油机。设有连续、秒间歇、圈间歇三种加油方式，可选择，常用连续加油方式。

（3）雷达式风扇。除尘面广，可以清除纱架、储纱器及编织部件大范围内的飞花等杂质，避免因为飞花等缠结造成供纱不畅。

（七）机架

机架稳定直接关系到的机器的稳定性、寿命。机架通常由三只下脚和一个台面组成，三只下脚之间装有安全门，门被打开时机台停止。常用有两种脚：一种是铸件脚，另一种是钣金脚。钣金脚应用越来越广泛，加工方便，稳定性能够保证，在细针距的开幅机上也得到了

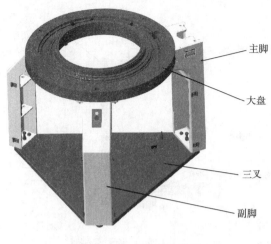

主脚

大盘

三叉

副脚

图3-1-30　一种钣金机架

广泛应用。图3-1-30所示为一种钣金机架，具有较好的稳定性。

该机架是由一件主脚、二件副脚以及一件一体式三叉、大盘用螺栓固定一起组成。主脚、副脚以及三叉均由钣金加工而成。主副脚由钣金激光切割、折弯、焊接、退火以及精加工（一体加工）而成，确保上下两平面的平行度、平面度以及等高尺寸。三叉是由整块平板经激光切割外形，保证各孔的精度，折弯之后在下侧通过焊接若干矩形管（经力学校核分析），确保足够的强度。由于三叉孔位精准，避免了其他三叉在装配中出现装配困难或要配打的问题。机架的刚性比其他机架更好，从而降低对大盘的变形量，提升机器的精度。大盘底部设置有凹槽，凹槽上置有吸石，可以吸住机器磨合过程中的铁质细颗粒，减少铁质细颗粒引起的机器磨损。

三、大圆机智能化与智能化针织工厂方向

（一）智能检测与输送

1. 伺服送纱

用伺服系统代替主传动传输出的送纱系统，同时开发纱线自动调整界面，通过界面操作，可以达到调整纱长的目的。伺服送纱可自动调节纱长，不再手动测量纱长，关键还在于更加精准送纱，纱长调整范围很广，可一定程度上辅助产品花型设计，提升布面质量。传统的纱长调节需要调节送纱齿轮的直径、更换齿轮比等，还需要微调（调送纱铝盘）等。自动调节还可以节省人力，大大提高工作效率。

2. 伺服卷取

通过伺服系统代替传统的齿轮式变速箱，同时开发伺服调整界面，通过界面可以调整机台合适的卷取力，达到无极调整，调整范围更广，可以真正调整达到布匹最适合的张力，适应广泛的品种的需要，提升布面质量。

3. 断针监控、纱长监控器

断针自停，运行效果稳定，完全解决坏布长残问题。实时监控百针纱长，超限自停，确保布面质量一致。

（二）（机台）自动与智能操作

1. 自动上纱

通过机器人进行自动上纱并接尾纱，精准实现工艺要求和产品规格需要，达到代替人工和节约人力的目的。

2. 自动落布

对针织大圆机的人工落布升级为自动落布，以达到代替人工、节约人力的目的。

3.　**自动探布系统**

在机台上装上查布机，对布面缺陷进行不断学习，用来现场查验布面质量，改变传统的依靠人工在运转时检查以及落布后的验布，提升工作效率并节约人力。

4.　**智能送纱、运布小车**

设计专用的针织圆机智能化小车，自动进行送纱、运布，使各个自动化单元连接起来，真正实现智能化工厂。

第二节　大圆机的编织过程

一、大圆机形成织物的过程及分析

（一）单面大圆机形成织物的过程及分析

1.　**成圈过程**

单面大圆机编织纬平针组织的成圈过程如图3-2-1所示。

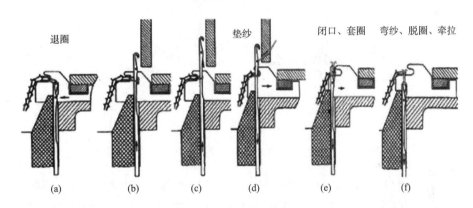

退圈　　　　　　　　垫纱　　　　闭口、套圈　弯纱、脱圈、牵拉

(a)　　　(b)　　　(c)　　　(d)　　　(e)　　　(f)

图3-2-1　单面大圆机成圈过程

（1）退圈。成圈过程的起始，沉降片向针筒中心挺足，用片喉握持旧线圈的沉降弧，防止退圈时织物随针一起上升，如图3-2-1（a）所示；织针上升到集圈高度，旧线圈尚未从针舌上退到针杆上，如图3-2-1（b）所示；织针上升到最高点，旧线圈退到针杆上，完成退圈，如图3-2-1（c）所示。

（2）垫纱。如图3-2-1（d）所示，织针下降过程中，勾取导纱器引出的纱线，随着织针的继续下降，新纱线垫入针钩内。此阶段沉降片向外退，为弯纱做准备。

（3）闭口、套圈。如图3-2-1（e）所示，随着织针的下降，针舌在针杆上旧线圈的作用下，向上翻转关闭针口。织针继续下降，这样旧线圈和即将形成的新线圈就分隔在针舌两侧，为新线圈穿过旧线圈做准备，这个阶段就是套圈过程，这个过程中，沉降片继续向外退，为弯纱做准备。

（4）弯纱、脱圈、成圈、牵拉。如图3-2-1（f）所示，针钩接触新纱线开始弯纱，沉降片已移到最外位置，片鼻离开舌针，这样不致妨碍新纱线的弯纱成圈。织针下降到最低点，旧线圈从针头上脱下，套到正在进行弯纱的新线圈上，这是脱圈。新纱线搁在沉降片片颚上弯纱，达到弯纱最低点，新线圈形成。成圈后的线圈，在牵拉装置的作用下，对线圈进行调节，这是牵拉过程。

2. 成圈要素分析

（1）退圈。舌针在退圈三角（又称起针三角）的作用下，从最低点上升到最高位置，如图3-2-2所示。退圈时，旧线圈打开针舌，因此当针舌绕轴回转不灵活时，旧线圈将会受到过大的拉伸而变大，从而影响线圈的均匀性，造成纵条疵点。当旧线圈从针舌上滑下时，可能被动关闭针口，影响成圈过程继续进行，因此可以安装防针舌反拨装置。单面大圆机一般在导纱器上设计了防针舌反拨装置。

（2）垫纱。退圈结束，舌针沿弯纱三角下降，将纱线垫入针钩下，要求导纱器导纱眼位置精准，包括左右位置、径向进出及高低位置，确保纱线的垫纱纵横角度。图3-2-3为纱线垫放在舌针上的情况。

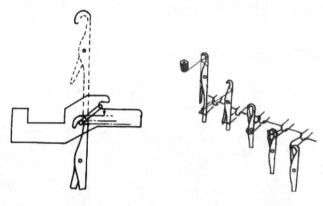

图3-2-2　舌针退圈过程　　　　图3-2-3　舌针垫纱位置

（3）闭口。闭口开始于舌针沿弯纱三角下降到旧线圈与针舌相遇时刻，而结束于针舌销通过沉降片片颚所在的握持平面。开始闭口时，在针筒回转离心力的作用下，针舌会向上翘，而同针杆形成一个夹角，这有利于针舌的关闭。特别是当编织变形纱时，可防止纱线的部分纤维跑到针舌上而妨碍闭口的进行。为使闭口运动顺利进行，避免旧线圈重新进入针钩之内，在退圈后应该将针织物向下拉紧，使旧线圈紧贴在针杆上。

（4）套圈。当针踵沿弯纱三角斜面继续下降时，旧线圈将沿针舌上升，套在针舌上。由于摩擦力以及针舌倾斜角的关系，旧线圈处于针舌上的位置呈倾斜状，与水平面之间有一夹角，其大小与纱线同针之间的摩擦有关。因倾斜角的存在，随着织针的下降，套在针舌上的纱线长度在逐渐增加，于旧线圈将要脱圈时刻达最长。当编织较紧密，即线圈长度较短的织物时，套圈的线圈将从相邻线圈转移纱线过来。弯纱三角的角度会影响到纱线的转移。角度大，同时参加套圈的针数就少，有利于纱线的转移。

（5）弯纱、脱圈与成圈。针下降过程中，从针钩内点接触到新纱线起即开始了弯纱，并伴随着旧线圈从针舌上脱下而继续进行，直至新纱线弯曲成圈状并达到所需的长度为止。此时形成了封闭的新线圈，针钩内点低于沉降片片颚线的垂直距离 X 称为弯纱深度，如图3-2-4所示。

弯纱按其进行的方式可分为夹持式弯纱和非夹持式弯纱两种。当第一枚针结束弯纱，第二枚针才开始进行弯纱时称为非夹持式弯纱。当同时参加弯纱的针数超过一枚时，称为夹持式弯纱。夹持式弯纱时纱线张力将随参加弯纱针数的增加而增大。弯纱按形成线圈纱线的来源可分为有回退弯纱和无回退弯纱。形成一只线圈所需要的纱线全部由导纱器供给，这种弯纱称无回退弯纱。形成线圈的一部分纱线是从已经弯成的线圈中转移而来的，这种弯纱称为有回退弯纱。

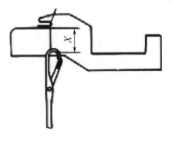

图3-2-4　弯纱深度

　　在实际编织时，通常需根据工艺要求调整弯纱深度。这是通过改变弯纱三角的高低搁置来完成的。在传统机器上，一般是各路三角分别调节。在新型机器上，采用了中央调节机构，可快速准确方便地同步调整各路弯纱三角的高低位置。

　　（6）牵拉。将成圈以后的线圈拉向针背，防止下一循环退圈时，旧线圈重新落入针钩中。大圆机的牵拉是由沉降片和牵拉机构完成的。

3. 舌针与沉降片的运动轨迹

　　舌针与沉降片的运动轨迹如图3-2-5所示，上图为正视图，下图为俯视面。其中箭头1表示针筒转动方向，2为针头运动轨迹，3为沉降片片颚平面线（即垂直方向运动轨迹），4和5分别为沉降片径向运动时片喉和片鼻尖的运动轨迹，6和7分别为针舌开启与关闭区域，8为导纱器，9为导纱孔，10为纱线。

　　沉降片片颚线3是与针头运动轨迹2方向相反的一条曲折线。在它的前半部分，当针上升进行退圈时，沉降片下降（图中a、b、c）辅助退圈。针到达退圈最高点，沉降片也相应下降到最低点。当针下降钩取新纱线弯纱成圈（图

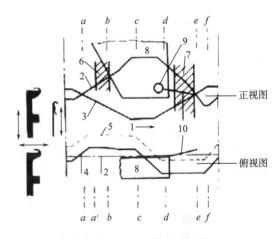

图3-2-5　针与沉降片运动轨迹

中d、e、f）时，沉降片从最低位置上升到最高点，帮助进行弯纱成圈。这样就形成针与沉降片在垂直方向上的相对运动。

（二）双面大圆机形成织物的过程及分析

1. 成圈过程

　　双面大圆机编织罗纹组织的成圈过程如图3-2-6所示。

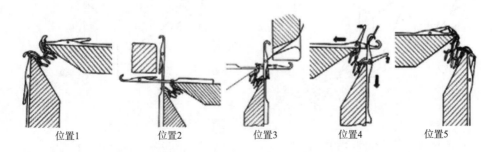

位置1　　　　位置2　　　　位置3　　　　位置4　　　　位置5

图3-2-6　双面大圆机编织罗纹组织的成圈过程

位置1：上下针的起始位置。

位置2：上下针分别在上、下起针三角的作用下，移动到最外和最高位置，旧线圈从针钩中退至针杆上。为了防止针舌反拨，导纱器开始控制针舌。

位置3：上下针分别在压针三角作用下，逐渐向内和向下运动，新纱线垫到针钩内。

位置4：上下针继续向内和向下运动，由旧线圈关闭针舌。

位置5：上下针移至最里和最低位置，依次完成套圈、弯纱、脱圈，并形成了新线圈，最后由牵拉机构进行牵拉。

2. 上下针的成圈配合

以编织罗纹组织为例，双面大圆机的上针和下针的成圈方式可以分为滞后成圈、同步成圈和超前成圈三种。

（1）滞后成圈。是指下针先被压至弯纱最低点完成成圈，上针比下针滞后1～6枚针被压至弯纱最里点进行成圈，上针滞后于下针成圈也可称为"后吃"，以区别于"对吃"。图3-2-7所示为针盘和针筒织针针头的运动轨迹及相对位置。

滞后成圈在下针先弯纱成圈时，弯成的线圈长度一般为所要求的两倍，然后下针略微回升，放松线圈，分一部分纱线供上针弯纱成圈。这种弯纱方式又属于分纱式弯纱，其优点是由于同时参加弯纱的针数较少，弯纱张力较小，而且因为分纱，弯纱的不均匀性可由上下线圈分担，有利于提高线圈的均匀性，所以滞后成圈一般适用于变化不大的组织结构，如罗纹组织、棉毛组织等。

（2）同步成圈。是指上下针同时到达弯纱最里点和最低点形成新线圈，上下织针的弯纱最大点在同一个径向位置上，工厂里称作"对吃"。图3-2-8所示为同步成圈时编织区的轴侧投影示意图，表明了针盘和针筒的针头运动轨迹及相对位置。同步成圈用于上下织针不是规则顺序编织成圈，因为在这种情况下，要依靠下针分纱给上针成圈有困难。同步成圈的特点是弯纱张力较大。

（3）超前成圈。是指上针的最大弯纱点超前于下针的最低弯纱点，工厂里称作"前吃"。图3-2-9所示为超前成圈时编织区轴侧投影示意图，表明了针盘针和针筒针针头的运动轨迹及相对位置。这种方式较少采用，一般用于在针盘上编织集圈或密度较大的凹凸织

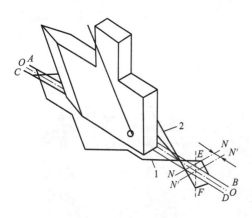

图3-2-7　滞后成圈示意图

1—针盘织针运动轨迹　2—针筒织针运动轨迹

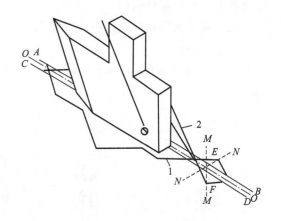

图3-2-8　同步成圈示意图

1—针盘织针运动轨迹　2—针筒织针运动轨迹

物，也可编织较为紧密的织物。

上下织针成圈分别由上下弯纱三角控制，因此上下针的成圈配合实际上由上下三角的对位来决定。生产时应根据所编织的产品特点，检验调整上下三角的对位，关键在上针最里点与下针最低点的相对位置。

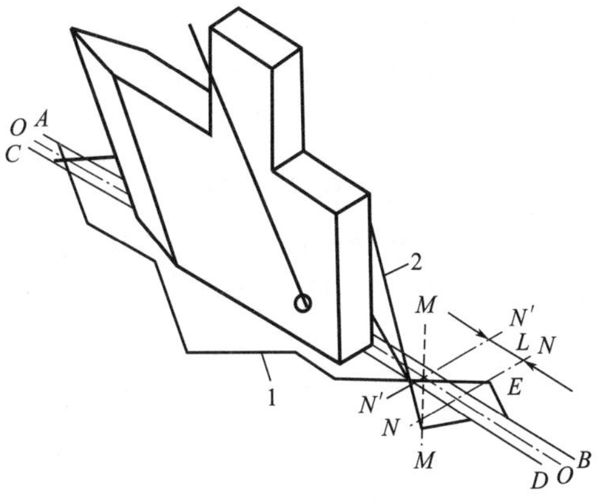

图3-2-9　超前成圈示意图
1—针盘织针运动轨迹　2—针筒织针运动轨迹

二、主要规格参数

大圆机主要参数规格包括机型、机号、针型号、针筒、总针数和路数等。

1. 机型

针织大圆机首先分为单面机、双面机，还可分为提花机、素色机，也可分为罗纹机、毛圈机、调线机、移圈机、三线衬纬机等，根据织物的种类、性能和用途等来选用不同机器。

2. 机号

针织机均以机号来表示其针的粗细和针距的大小。机号限定了其加工纱线的线密度范围。机号用针床上规定长度（通常规定长度为1英寸，即25.4mm）内所具有的针数来表示。

针织机的机号说明了针床上植针的稀密程度。机号越大，针床上规定长度内的针数越多，即植针越密，针距越小，所用针杆越细；反之，针数越少，即植针越稀，针距越大，所用针杆越粗。在单独表示机号时，应由符号E和相应数字组成，如E18表示针筒上一英寸有18枚针。大圆机机号通常可从E8～E60。

3. 针型号

织针型号决定了织针的各部位尺寸规格，同机号的织针由于型号不同而织针的各部位尺寸也不同。因此，同一种织物所用织针型号必须相同。

4. 针筒

筒径是指大圆机的针筒直径，通常用英寸数来表示。针筒直径是从针槽底部测量的外径尺寸为基准的数值，虽然针筒的实际尺寸并不一定是整数，但筒径一般用英寸的整数值来表示，如30″表示针筒的直径为30英寸。

5. 总针数

指在针筒上排列的织针总数，常用N表示。总针数是针织物设计花型高度的主要参数。总针数与针筒直径、机号的关系如下式所示：

$$N=\pi DE \tag{3-2-1}$$

式中：D为针筒直径（英寸）；E为大圆机的机号（针/英寸）。

注：总针数通常为偶数。

6. 路数

大圆机的路数指三角进纱编织成圈数，又称为成圈系统数、模数等。路数通常是针筒直径的2～4倍。如30英寸的大圆机为3.2路/英寸，则该台大圆机共有96个成圈系统，即该机器转一转可以编织96根纱线。路数越多,机器一转能编织的横列数则越多,产量也会越高。路数也是设计花型高度的主要参数。

三、主要上机工艺参数

大圆机主要上机工艺参数有成圈相对位置、针盘高度（仅限于双面大圆机）、弯纱深度、给纱张力、牵拉卷取张力等。

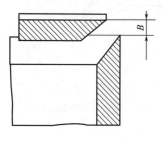

图3-2-10 针盘高度

大圆机上机参数的合理科学是关键,不同种类的大圆机工艺参数不同。双面大圆机比单面大圆机复杂,提花大圆机比双面大圆机复杂。

1. 针盘高度

指针盘织针针背与针筒筒口线之间的距离,即筒口距,如图3-2-10所示的B,B值的大小一般随着针距（机号）、原料和组织结构的不同而不同。

针盘高度与机号的近似关系:

$$B=\frac{1}{G} \tag{3-2-2}$$

式中：B为针盘高度（筒口距）（mm）；E为大圆机的机号。

计算得到的数值与实际生产中调节的高度值十分接近。对于常规针织物,针盘高度调节参考范围见表3-2-1。

表3-2-1 针盘高度的调节范围参考值

机号E/（针/25.4mm）	计算高度B/mm	实际高度/mm
16	1.59	1.3 ~ 1.8
18	1.40	1.1 ~ 1.6
20	1.27	1.0 ~ 1.4
22	1.15	0.9 ~ 1.3
24	1.06	0.8 ~ 1.2
26	0.98	0.7 ~ 1.1
28	0.91	0.6 ~ 1.0
32	0.79	0.5 ~ 1.0
36	0.71	0.4 ~ 0.8
40	0.64	0.2 ~ 0.6

2. 弯纱深度

弯纱阶段,纱线被弯曲的深度称为弯纱深度（也叫压针深度）。弯纱深度是三角设计的必要参数,是大圆机的核心设计。编织时弯纱深度要随针织物的品种不同而进行调节。

3. 张力

大圆机编织时的张力包括给纱纱线张力和牵拉卷取坯布张力,这是两个相互影响的重要的上机参数。牵拉卷取张力直接关系到编织能否正常进行。牵拉力太大，织物会被拉得太紧，甚至会磨断纱线造成破洞；牵拉力太小，织物会在针筒口上浮，不能正常编织。采用积极给纱机构，通过调整送纱量和给纱张力，可以调控织物线圈长度。

4．机号、筒径与织针总数的关系

针织大圆机筒径固定时，机号越大，针筒容纳的织针越多，存在整数对应关系。例如，$E32$，14英寸对应针数1404针；$E22$，24英寸对应针数1800针。常规针织大圆机机号、筒径与织针总数的关系见表3-2-2。

表3-2-2 大圆机机号与总针数的关系

筒径/英寸	机号E						
	20	22	24	26	28	30	32
14	878	984	1044	1140	1224	1320	1404
16	1006	1104	1200	1308	1392	1500	1620
18	1130	1260	1356	1464	1584	1680	1800
20	1256	1380	1500	1632	1752	1896	2016
22	1382	1512	1680	1800	1920	2052	2220
24	1508	1680	1800	1956	2100	2256	2412
26	1632	1800	1956	2124	2280	2448	2696
28	1758	1920	2100	2280	2460	2640	2808
30	1884	2052	2256	2448	2640	2820	3012
32	2010	2220	2412	2592	2796	3012	3216
34	2136	2352	2556	2780	2976	3204	3408
36	2260	2472	2700	2940	3156	3384	3612
38	2386	2626	2864	3102	3340	3580	3818
40	2512	2764	3014	3266	3516	3768	4020
44	2764	3040	3316	3592	3868	4144	4422

第二篇　应会

本篇阐述大圆机操作应会的全面技能和全操作流程，这些技能包括综合操作方法、单项操作方法、织物质量保障和生产管理基础（包括工艺流程）。培训时，根据操作的机型和生产的主要品种选择重点培训项目和培训内容，操作的关键要落实到坯布的最终质量和生产的劳动效率上，可以从生产坯布的质量追溯操作的质量。随着设备先进性的提升，操作就更加急迫地要求理论知识与操作技能相结合，两者并进才能体现技能培训的效果和效率，才能防止培训中的"水桶"制约。

第四章 综合操作方法

　　大圆机的综合操作就是维护机台基本运转、保障生产工艺执行、确保最低质量（防止瑕疵布和不符合工艺要求的织物发生）要求的基础操作，主要环节包括交接班、巡回检查、大圆机的基础操作、大圆机的生产调试、机台清洁、机件识别等环节。

　　综合操作是进行一个完整的操作与认知体系，企业制订综合操作规程可以根据生产实际组成体系，也可以制订针对某些生产的针对性综合操作流程。大圆机的综合操作涉及机台运转操作工、保全工、辅助工。

第一节　大圆机运转交接班

　　交接班是衔接生产、沟通信息、使生产顺利进行、保证机器正常运转、保持整洁的工作环境、互通情报、分清责任、保证产品质量的重要环节，交接班具体规程可根据企业实际制定。交接班中最重要的是挡车工交接班和保全工交接班。

一、挡车工交接班
（一）挡车工交班

（1）做好编织等区域的清洁；保持机台周围环境整洁。

（2）处理完停台，如不能完全处理好要留记录，并交下一班继续处理。

（3）小纱要接好备用纱；机上备用纱要符合规定要求。

（4）不够落布转数的机台布面上做好交班记号（对于细薄品种，为了减少停机横路，也可以规定不停机交班，只记录交班转数）。

（5）填写生产记录本，内容包括：每台机上坯布转数、疵点数、机台的总转数、机器运转异常情况、该机台挡台过程中需要注意的事项、原料使用情况、坯布货号、匹重、工艺、品种、纱线厂家及批号等。

（6）将工具、织针等收好，放到指定位置。

（二）挡车工接班

（1）提前进入工作岗位，做好接班前的准备工作。

（2）穿戴好劳保用品如工作服、工作帽等，拿工具、备用针等。

（3）查看自己准备接班机台的交班记录，了解上班机器运转、工艺变动、品种更改、原料使用等情况，如出现与交班记录不符合的，及时向主管反馈。

（4）检查机器运转情况，机台配件是否完整，断纱自停装置是否正常，穿纱路线是否正确。

（5）检查机上原料规格、批号是否符合工艺；原料筒底颜色是否一致。

（6）逐台停车检查布面质量，布面是否符合质量标准。对于提花等特殊布种，还要核对布面效果。

（三）挡车工交接班注意事项

1. **准备工作**

（1）纱线通道检查。

这类检查因大圆机供给系统而异，以下可检查的环节基本涵盖常见机型。

①查看纱架上的纱筒有无摆正，纱筒方向是否一致，纱线有无被压住。

②纱线是否被夹在张力器的两盘之间，并检查导纱磁眼是否损坏或磨损。

③纱线是否缠绕在上部导纱钩上。

④纱线是否正常地穿过割纱刀、张力夹片和输纱器。

⑤纱线是否正确地穿入喂纱棒，喂纱棒是否磨损，并检查出纱线位置是否正确。

⑥输纱器上的绕纱圈数是否符合要求。

⑦牙带是否在正确的位置。

（2）自动停车器装置检查。检查各部分的自停装置是否正常，如有装探针时，须注意其位置是否正确。

（3）卷取装置检查。检查卷取罗拉及卷布辊有无异物，周围有无杂物堆放，以防卷取不顺或机件的损坏。

（4）喂纱情形检查。检查纱线是否正确地穿入喂纱嘴，以慢车开动机台，查看针舌是否全开，喂纱嘴与织针之间是否在安全距离内，以及吃纱情形。

（5）工作环境检查。包括可能影响生产的机台运转前最后检查，如检查针筒运转附近是否有纱屑、布头或其他杂物，及时清除，以防开车后卷入；检查针筒底面、撑布架等是否有油滴。

2. **开动机台**

（1）按下停止（红色）按钮，确定离合器已然脱开（V.S电动机才要此工序，变频电动机则无）。

（2）按下点动（黄色）按钮，慢车启动机台。

（3）无异常后，压下主动（绿色）按钮，使机台转动。

3. **监察机台运转**

（1）随时低头查看机台下侧的布面，注意是否有瑕疵或异常。

（2）观察卷布是否正常，防止布没有卷好而卷入机底。

（3）观察布面张力是否正常，防止卷布太松造成浮布。

4. **停止机台运转**

（1）压下停止（红色）按钮，机台即停止运转，刹车停止时间的长短，机器出厂前已设定好。

（2）如为长时间停车，则需将日光灯、电动机以及电源开关关掉。

二、保全工交接班

为规范操作，保全工交接应当填写交接表，式样见表4-1-1。

（一）保全工交班

（1）做好机台的清洁，保持机台周围环境整洁。

（2）整理好不需要用的零配件，做入仓处理。

（3）要处理完好一整个步骤才能交班。

（4）填写交班内容，包括所处理机台的进度，完成情况，还有哪些需要接班继续处理；在处理机台过程中遇到的问题，采取了哪些方法；需要注意的事项，原料使用情况等。

（5）整理好自己的个人工具，如果有公用工具，要收拾好放回指定位置。

（6）将调机单交回相关管理人员。

（二）保全工接班

（1）提前进入工作岗位，做好接班前的准备工作。

（2）查看交班记录，了解上班机器运转、调试情况，了解各机台工艺变动、品种更改、原料使用等情况；对当班车间工作的整体情况有一定的了解。

（3）接到具体的调机单后，要认真审核调机单内容，如果机台是上班未完成留下来的，则要更加留意该机台的交班信息。

（4）检查机台型号规格、品种、工艺是否和调机单相符。

（5）检查机上原料规格、批号是否与调机单相符。

（6）检查机台上调试完成的情况是否和交班记录相符。

表4-1-1 保全工交接班记录表

日期	机台号	调机内容	已完成情况	交班人签名	备注	接班人签名
2021.9.1	25	清理针筒	针筒已清理，织针已排好，可穿纱、上机、试运转	张辉		赵好
2021.10.8	36	改织物组织	组织已改好，开好，破洞没有调好	李明	食位、压针调过，没有效果	唐佳
……						

第二节 大圆机运转巡回检查

一、巡回检查内容

（一）巡回要求

做到三勤：勤看、勤摸、勤检查，能及时发现问题，及时解决问题。在巡回过程中发现布面质量问题要及时处理，产生问题时根据可能产生的原因先易后难逐一排除处理。

（二）巡回内容

（1）机件。听机器有无异响，能判断原因，及时处理。看机器主要部件位置是否正确。

（2）布面。以眼看手摸的方法，查看布面上有无疵点，必要时停车检查，避免长疵点发生。

（3）纱支。看纱支线路是否畅通符合标准，纱管是否该换。

（4）工艺。看是机台型号规格是否相符，正反转转型，布种及三角织针排列是否正确。

（5）油气。看是否够气压，是否缺针织乳化油、大盘齿轮油。

（6）安全。看色纱隔离情况、备用纱情况，电动机、电器变频器是否飞花堆集，消防器材是否完好就位。

二、巡回检查分类

挡车工巡回检查分为一般性巡回检查和重点巡回检查两种。

（一）一般性巡回检查

1. 时间安排与要求

一般性巡回检查主要是防止比较明显的长疵点，为了不使长疵点超过规定长度，操作人员需要每间隔5~10min巡回一次。

2. 巡回方法

按照巡回路线，以眼看、耳听、手摸等方法，在不停机台情况下，检查布面上比较明显的疵点以及设备有没有异响等不正常现象。巡回中，发现问题停机处理，要根据"三先三后"的原则，即"先近后远，先易后难，先急后缓"，在确保面料品质的前提下，合理安排，妥善解决。

（二）重点巡回检查

1. 时间安排与要求

重点巡回检查必须以一般性巡回检查为基础。重点巡回检查的具体内容为：接班后重点检查、落布后重点检查、转单转机后重点检查、处理问题后重点检查、更换原料后重点检查。每匹布中途停机重点检查1~2次，由于重点检查时间比较长，要求操作人员在保证一般巡回检查的前提下，可以分批进行。

2. 巡回方法

按照巡回路线，以眼看、耳听、手摸等方法进行重点检查。以检查布面为主，从暗面向亮面看布面，仔细查看墙板处布面，还应该用手拨看布面有没有横直条针路、长坏针、长漏针、长花针、各种散疵点以及布面张力等情况，然后检查用纱情况、纱线线密度、纱尾接头、接纱位置等。

三、巡回检查周期和时间

巡回间隙时间主要用于交接班时处理停台、落布、接纱等单项操作工作与清洁工作，必须合理安排，做到不仅忙闲平衡，而且巡回不脱班，始终掌握生产主动权。对操作人员的具体要求如下。

（1）如果发生的停台需要较长时间处理，在一次布面巡回检查间隙时间里来不及处理完时，应该停止处理停台，先进行一次布面巡回检查工作后，再处理停台，防止布面出现长疵。每次处理单台停机的时间不要超过一般巡回要求的最长时间。

（2）要根据生产实际情况，把接纱、落布、清洁工作这些固定的"必做"操作，有计划地分别在各个间隙时间里完成，以消除忙乱现象，避免恶性循环，按规定巡回周期进行巡回。

四、巡回检查路线

欲使巡回操作有条不紊，必须遵循一定的巡回路线进行巡回，以节省时间、减小劳动强度，提高效率。巡回检查路线一般根据机台排列情况合理安排，方便操作，不走重复路线。针织企业一般采用直线走，看两边；另外是按照"U"字形，进行单边看来进行巡回检查。图4-2-1为一种常用的巡回检查路线图，①③区域两排机器中间距离较近，可采用直线走、看两边的方法进行巡回；②④区域两排机器中间距离比较大，可采用U字形、单边看的方法进行巡回。

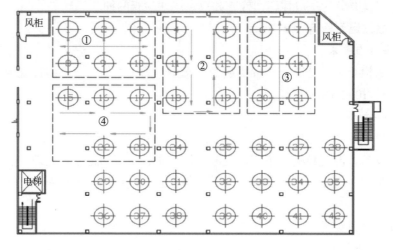

图4-2-1　巡回检查路线图

第三节　大圆机基础操作

一、大圆机基础操作的技术要求

基础操作是衡量操作工对于操作基础要求的规范掌握和熟练程度的一个判断标准。每一个操作工要做到技术精益求精，才能真正熟练地掌握每一个步骤，才能提前采取措施避免疵点的发生。大圆机基础操作通常要求做到一牢（接纱牢）、二准（调节张力准，换坏针准）、三快（处理问题快、接纱快、落布快）。

二、正式运转前的工作

（一）运转前的检查

（1）纱架上的纱筒是否摆正放稳，防止被压。

（2）喂纱嘴是否安装正确，特别是适合一纱路与喂纱方向。

（3）检查纱线是否正确穿过走纱线路，不要被夹在任何部件的缝隙内，也不要缠绕在任何部件上，纱线中途不能交叉，以免开机后造成断纱或紧纱。

（4）检查针筒运转附近是否有纱屑、布条和其他杂物，必须立即清除，以免开机后造成损坏机件等故障。

（5）以慢车速或点动开机，查看喂纱嘴（导纱器、钢梭子）与织针之间距离是否得当，针舌是否能够全部打开，吃纱是否正常，有不正常的立即纠正，以免造成损坏织针等故障。

（6）检查卷布装置部件旁边有无异物，以免造成卷布不顺利，防止机件损坏。

（7）检查各自停装置部件是否完整，各探针的位置是否正确，工作是否正常。

（二）启动、试运行

（1）启动。由电气专业人员接好设备上电气线路，启动设备，慢速运转5～10min。慢启动是一种磨合设备的方式，同时是判定设备是否可以试运行的方式。

（2）试运行。确认正常后先低速（5～10r/min）运行10min，再确认供油装置供油等是否有效，然后进行设备试运行。如果是新设备，试运行时应坚持由慢到快的原则，如可以应以正常速度的50%运转7～10h，然后再提高设备运转速度，进行正常运转。

三、大圆机基础操作的内容

大圆机基础操作内容包括上纱接纱、开启机台、巡回检查、落布。

（一）上纱接纱

根据生产要求，领取对应的纱线原料。按品种排列组合，核对无误后将纱上到纱架，按照接纱单项操作的要求接好纱线，准备开机。

在设备运转时，随时检查纱支、批号，发现与工艺要求不符时及时更换。

（二）开启机台

（1）开机时，起动要慢，然后转为正常运转，并打开断纱自停装置开关。

（2）开机后，查看布面质量，应用左手摸布，不得右手摸布，防止伤手。

（3）机器正常运转时，注意布面有无疵点，如发现问题，及时停车处理；注意观察机器运转是否正常，有无异响，如发现及时通知保全工。

（4）机器运转时，必须确保安全门关闭。

（5）当机器出现故障或处理布面织疵时，要先并排打亮两个纱灯进行警示，然后再进行处理。处理停台时要根据判断问题的难易程度，先易后难。

（三）巡回检查

1. **准备**

（1）纱线检查。查看纱架上的纱筒是否安放端正，出纱是否流畅；检查导纱磁眼是否完好；检查纱线在穿过张力器及自停器时是否正常；检查纱线是否正常穿过喂纱圈，及喂纱口位置是否正确。

（2）自停装置检查。检查所有自停装置及指示灯，检查探针器能否正常工作。

（3）喂纱情况检查。以"慢速"点动机器，查看针舌是否全部打开，喂纱口与织针是否保持适当间隙，以及喂纱情况是否良好。

（4）卷取装置检查。清除卷布机周围杂物，检查卷布机运转是否正常，卷布机各变速挡是否已作适当调校。

（5）工作环境检查。检查机器台面、四周及每处运转部位是否清洁，如有集蓄棉纱或摆放杂物，必须立即清除，以免发生意外，引发故障。

（6）安全装置检查。检查所有安全装置无失效。检查各处按钮无失效。

2. 开机

按"慢速"点动机器运转数圈无异常后，按下"启动"按钮，使机器运转。调整机台转速，以便达到所需的机器运转速度。接通自动停车装置的电源，开启机台上的照明灯，以便监控布面编织情况，发现坏针等问题要停机处理。

3. 布面查看

随时低头观察机器下布面，注意是否有瑕疵或其他异常现象产生。观察编织物卷取张力是否正常，中间夹痕是否正常，是否有纬斜弓斜，坯布卷取成形是否良好。随时将传动系统及机器表面和四周的油污和棉絮清理干净，保持工作环境的清洁、安全。出现需要重点巡回查看的情况时，要停机仔细查看布面，并做透光检查，观察编织物两面是否有瑕疵产生。

四、大圆机基础操作的基本要求

大圆机基础操作贯彻操作全过程，从全流程操作看可提出常规的基本要求。

（1）大圆机基本操作的熟练程度相当程度上决定车间生产效率，操作工的操作水平是车间管理统筹的关键因素。

（2）大圆机基本操作要求把安全生产放在首位，无论是人身安全，还是机械设备安全都不可忽视，在整个生产操作过程中要时刻绷紧安全这根弦。

（3）大圆机基本操作要求强化质量意识，生产二等布或废布的忙碌基本上是在做无用功。

（4）大圆机基本操作鼓励纬编操作工钻研操作技能，根据机台的具体情况，改良提高操作水平，开拓创新操作手法。

第四节　大圆机运转调试流程

大圆机的机台调试一般由保全工完成。保全工要熟悉所负责大圆机的性能，熟练掌握机台的基础调试，了解机台所有配件、可加装配件的用途。了解机台能生产的组织结构和能做到的工艺参数，了解坯布的质量标准和一般质量问题的处理方法。

一、排产单与机台调试相关的内容

纬编生产排产单（图4-4-1）的主要内容有生产单号、机台号、机台针寸数、生产数量、原料规格批号、工艺组织、工艺各参数、对应排纱方式、进纱方式、对应纱长、密度、匹重、客户、完成时间等。核对工艺单时，每一项都要确保无误。工艺组织一般包含排针、对针（双面）、排三角等。

二、机台运转调试流程

根据排产单的要求，按照以下流程对机台进行调试。

1. 确认机台的筒径、机号和总针数

机台的筒径一般不会改变，但针筒的机号可能不同，因此，收到排产单后要核对机上的筒

径和机号是否和排产单一致。核对筒径时，可以查看针筒里面或针盘上面的标识（图4-4-2、图4-4-3），针筒标识一般有针筒的筒径、机号、总针数、针筒编号，有些还有生产企业名称或代号、生产时间等。如果该数据与排产单相符，则进行下一步，否则要先更换和排产单相同的针筒。

****纺织有限公司

纬编车间生产排产单				生产单号		W2108043
产品代码	D-PN5628S	机台号	D308	数量/kg		25
客户		订单单号		标准匹重/圈数/kg		32
机台寸数/英寸	34	机台针数	28G	总针数/针		2976
布面种类	六模夹层布	染色种类		要求完成时间		
机速/(r/min)	13	效率/%	90	产量/(kg/24h)		

原料参数								
	纱线种类	原料信息	批号	路数	纱长/(mm/50针)	纱比/%	备注	
1	涤/棉复合丝	40旦/36F半光	IS43SK1	48	120	56		
2	涤纶长丝	30旦/1F半光	11	24	190	34		
3	氨纶	20旦普通氨纶	98A	48	45	10		
4								

成品参数要求	幅宽/cm	0	克重/(g/m²)		CPC		WPC	
坯布参数要求	幅宽/cm	165	克重/(g/m²)		CPC	30(76)	WPC	
实测坯布参数	幅宽/cm		克重/(g/m²)		CPC		WPC	
坯布卷布张力要求			纱线张力要求		实测纱线张力			
实测纱长/(mm/50针)			实际卷布张力		实开机速/(r/min)			

织物结构编织图	成品布样

排针：上针盘1、2 下针筒2、1
−∨−∪∨−
∪∨−−∨−
∩−∧−−∧
−∧∩−∧

含：30旦/1F涤，上下单边：40旦/36F涤/棉复合丝+200氨纶

图4-4-1 排产单示例

图4-4-2 针筒标识

图4-4-3 针盘标识

2. 确认机台的用针和机上组织

查看机台上原来的组织结构，再核对排产单上的组织，确认所使用的织针种类是否相同，织针的排法是否相同，组织是否相同，根据具体情况决定是否重新排针改组织等。如果改机比较麻烦时，可以根据自己掌握的车间情况，有其他更合适的机台生产该布种时，可以建议排产员更改机台生产。

3. 确定机器配置

根据排产单确定的织物组织结构，检查机台的辅助装置是否能够生产该品种，如氨纶装置是否合适、送纱装置是否合适、纱嘴型号是否合适、三角型号是否合适等，必要时进行调整。

4. 确定原料上机

确定原料的规格批号，根据排产单的原料规格和批号，核对送过来的原料，无误后才可以根据排产单进行上机，有多种原料时，要根据机台的组织结构，确定每种原料的上纱位置，不能对应错误。

5. 机台初始调试

按照排产单的工艺要求，更改组织，调好纱长，是双面织物时，要注意织针的对位。然后将布面调到符合坯布的质量要求。

6. 检查坯布的参数

调好布面后，检查坯布的幅宽和坯布的密度，一定要在规定的范围之内。要检查纱线的张力，达到规定的要求。在调试布面质量时，要用正常的机速进行调试，不能用慢速调试，避免正式生产由于车速变化影响布面质量，需要重复调试。

7. 确认坯布质量

完成上述工作后，剪一块坯布，在验布机下检查坯布是否有质量问题，如果有在机上没有发现的质量问题，要重新进行调试。确认没有编织质量问题及潜在的质量问题，则将坯布交确认人员再次检查确认是否符合生产排产单的要求；坯布质量是否合格，有时还需要核对布面风格是否符合要求，提花织物还要核对花型，色纱要核对颜色，花灰纱和双色效果的布种要核对花灰和上色效果等。对于特殊布种，有时需要通过试染才能确认坯布质量。

8. 正式开机生产

坯布质量确认无误后，设置好落布码表，安排正试生产。

第五节　大圆机机件识别

不同类型、不同机台大圆机的机构、配件有所差异，同一机台也可能由于不同的要求需要配不同的配件，同一配件也需要根据品种的需求有不同的型号。有时机件之间的差异非常小，使用时要特别注意，不能混用；在起板时如果用到了特殊的配件，对配件有特殊调法时，一定要记录清楚，否则很容易走弯路，导致大货无法生产。大圆机的机件包括需要使用的常用机件以及操作大圆机时需要使用的工具，以及大圆机正常运转时需要使用的压缩空气、针织乳化油等。

一、大圆机主要机件

1. 机架部分

主要包括：三角脚，大盘台面，底盘座，安全门，机台上固定组，上段半圆形框架，上段支撑臂（柱）。

2. 给纱部分

主要包括：纱架，挂纱钩，纱架连接扣，纱圈托架，导纱件，送纱铝盘，储纱器，储纱器（辘仔），弹性储纱器（飞机架），压纱器，冲孔带，牙带，皮带调整架，皮带导轮。

3. 编织部分

主要包括：针筒，针盘，沉降片圆环，三角，三角座，织针，沉降片，沉降片三角，导纱器（纱嘴）。

4. 传动部分

主要包括：电动机，同步带，三角带，大盘齿轮，送纱齿轮，主动轴齿轮塑胶齿轮，同步轮，轴承，副传动组。

5. 牵拉卷取

主要包括：撑布架，传动臂，卷布架，调节齿轮箱，四联布架臂。

6. 辅助机构一

主要为探测控制类，包括：自停装置——探针，探针笔电线，探针座，报警器，卷布自停，门控，停车器（上，中段）。

7. 辅助机构二

主要为润滑除尘类，包括：油泵，油嘴，油管，雷达风扇，电动机风扇，压缩空气风嘴，针织乳化油，白矿油，齿轮油，机油。

8. 辅助机构三

主要为电气控制类，包括：电气控制面板，变频器，电控箱，开关键，电路板及各种电线，导线。

9. 工具类

主要包括：六角尺，百分表，张力表，厚薄塞尺，针槽刷（针梳），穿纱（钩纱）器，风炮，喷枪，千斤顶，密度镜，钳子，呆扳手，套筒扳手，活动扳手，半圆扳手，试电笔，一字刀，十字刀，卷尺，直尺，剪刀，勾纱刀，黄油笔，切重取样器，纱长测长仪，通常根据实际生产组合。

10. 压缩空气设备

主要包括：压缩机，储器罐，干燥机，吸附器，缩水阀，气压表，气枪，气管等。

二、主要机件识别

1. 三角座

三角座的主要作用是固定三角，辅助形成织针运动轨迹，如图4-5-1所示。

2. 送纱铝盘

送纱铝盘的主要作用是决定纱长，辅助调节送纱速度和纱线张力，如图4-5-2所示。

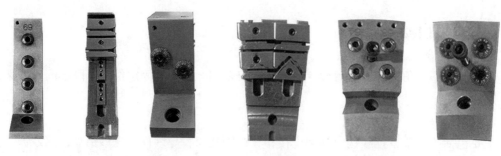

图4-5-1 三角座

图4-5-2 送纱铝盘

3. 储纱器

储纱器的主要作用是均匀送纱，根据纱线实际需求送出纱线以保障编织的顺利进行，确保布面的工艺效果，如图4-5-3所示。

图4-5-3 储纱器

4. 氨纶储纱器

氨纶储纱器的主要作用是完成氨纶送纱，调节纱线张力及纱线的喂入，实现均匀送纱，如图4-5-4所示。

图4-5-4 氨纶储纱器

5. 针筒

针筒的主要作用是承载织针编织位置，辅助织针运行，如图4-5-5所示。

(a) 单面机针筒   (b) 双面机针筒

图4-5-5 针筒

6. 织针

织针的主要作用是完成线圈成圈的整个过程，如图4-5-6所示。

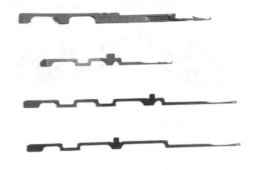

图4-5-6 织针（舌针）

7. 沉降片

沉降片的主要作用是辅助退圈，完成完整线圈，如图4-5-7所示。

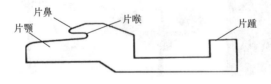

图4-5-7 沉降片

8. 纱嘴

纱嘴的主要作用是固定纱线喂入织针的位置、最后的通道，如图4-5-8所示。

图4-5-8

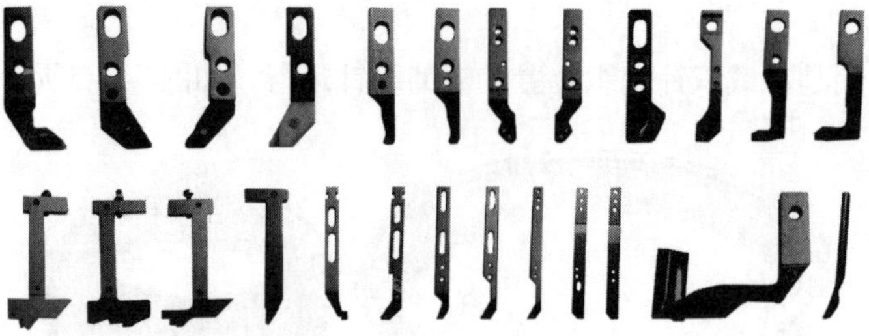

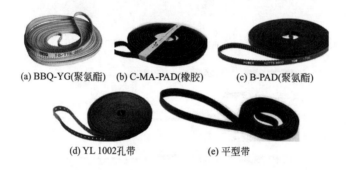

图4-5-8　各种纱嘴

9. 皮带

皮带的主要作用是动力和编织运动力的传递，如图4-5-9所示。

(a) BBQ-YG(聚氨酯)　　(b) C-MA-PAD(橡胶)　　(c) B-PAD(聚氨酯)

(d) YL 1002孔带　　　　(e) 平型带

图4-5-9　各类皮带

10. 油泵和风扇

油泵和风扇的主要作用是辅助针织乳化油的应用和去除飞花，如图4-5-10所示。

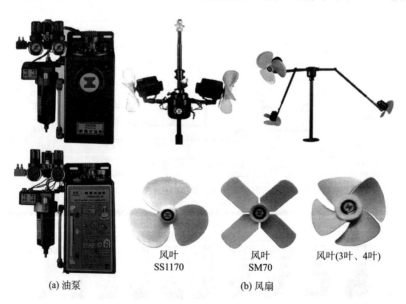

风叶　　　　　　　风叶　　　　　　风叶(3叶、4叶)
SS1170　　　　　　SM70

(a) 油泵　　　　　　　　(b) 风扇

图4-5-10　油泵和风扇

11. 针织乳化油、枪水

针织乳化油、枪水的主要作用是机件润滑，降温，防锈，除垢，减少噪声；去除布面油污，如图4-5-11所示。

(a) 布面清洁剂(喷枪水)

(b) 去污喷枪

图4-5-11　针织乳化油、枪水

12. 压缩空气机件

压缩空气机件的主要作用是提供油泵动力，用于机台清洁除尘，如图4-5-12所示。

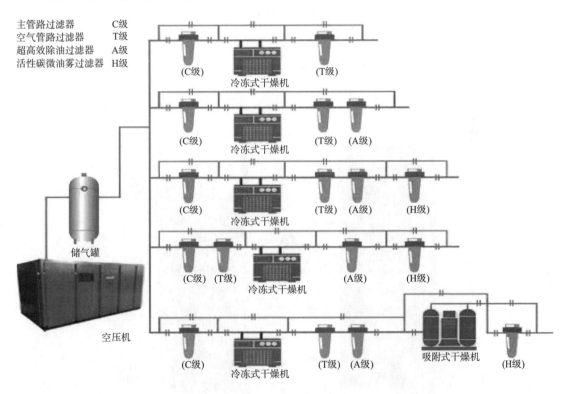

主管路过滤器　C级
空气管路过滤器　T级
超高效除油过滤器　A级
活性碳微油雾过滤器　H级

储气罐

空压机

图4-5-12　压缩空气机件

13. 控制板面

控制板面是工艺和机台运行指挥系统操作台，如图4-5-13所示。

图4-5-13 控制板面

14. 卷布架和传动臂

卷布架和传动臂的主要作用是牵拉和卷取编织坯布，如图4-5-14所示。

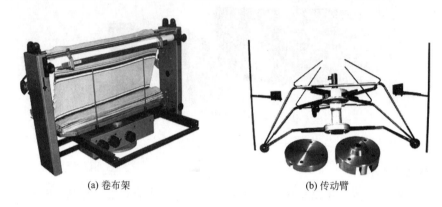

(a) 卷布架   (b) 传动臂

图4-5-14 卷布架和传动臂

15. 齿轮箱

齿轮箱的主要作用是调节卷布速度，如图4-5-15所示。

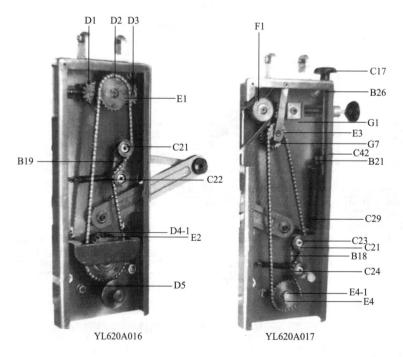

YL620A016   YL620A017

图4-5-15 齿轮箱

16. 百分表

百分表的主要作用是测试圆周和水平度，如图5-5-16所示。图4-5-17所示为使用百分表的操作示意。

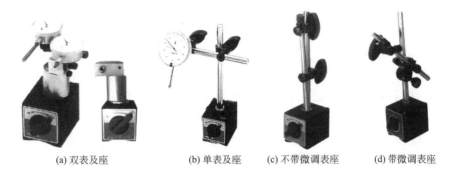

(a) 双表及座　　　(b) 单表及座　　(c) 不带微调表座　　(d) 带微调表座

图4-5-16　百分表

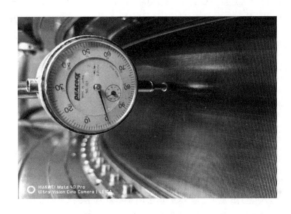

图4-5-17　百分表操作示意图

17. 张力表

张力表的主要作用是测试送纱张力，如图4-5-18所示。图4-5-19所示为张力表操作示意图。

图4-5-18　张力表

图4-5-19　张力表操作示意图

第六节　大圆机机台清洁

一、机台清洁的必要性

针织大圆机的清洁工作对生产面料品质影响很大。针织大圆机在运转过程中，由于纱线与机件的摩擦，使附着在纱线上的绒毛（短纤维，工厂里称花衣）、尘屑、杂质等脱落而产生的飞花积存在机器周围，这些飞花随时会被带进编织部件，织入织物内造成飞花疵点，残留在针槽叶床会导致织针和沉降片运行不畅，造成针叶路疵点，所以清除飞花、杂质是操作人员日常工作的主要内容。大圆机的针筒内外受热不均，外部经常会有水汽，加上与大盘相近，容易有带污渍的水油混合物顺针筒外围滴落在坯布上，造成坯布的污渍疵点，因此，也要对针筒的外围经常擦拭清洁。

针织大圆机的清洁工作对生产现场管理的影响很大。首先是影响车间的整洁；其次是车间纺织原料大多是易燃物，飞毛长时间堆集存在安全隐患，机台动力主要是用电，飞花与电器接触有造成火灾的风险，棉絮粉尘的聚积有爆炸的风险，所以机台及周边的清洁直接关乎车间的防火或防爆安全；及时做好清洁工作，减少棉屑粉尘的含量也是预防尘肺病等职业病的重要工作。

二、机台清洁的分类

1. 停机清洁

清洁工作大部分都是在停机状态下进行的，在做清洁工作前必要的准备工作主要有：关闭电源，开启压缩空气开关，准备风管及风枪，移动开机台周边的原料、布匹，机上待落的布够转数可以先落布，清洁后再落布的最好用废布等遮盖；操作工做好自身职业防护，重点是戴好口罩，检查自身头发防护，清理机台及地面杂物；如果需要加油的特别留心先清洁再加油，防止压缩空气吹机时触到油品，造成油品溢出，污染布匹、原料和车间环境。

2. 开机清洁

开机清洁是停机清洁的有益补充，占次要地位，主要是运用压缩空气，针对停机清洁后的棉屑、针槽沉降片槽和三角座缝隙残留的棉屑、针织乳化油及机件磨损铁屑混合污物，清洁的部位也只局限于导纱钩、夹纱片、储纱器间隔缝、针筒针槽、沉降片槽及上下三角座缝隙，只能在慢机状态下进行，不得影响正常送纱及正常编织。千万不可在开机状态下用压缩空气吹电动机、电控箱、针筒里面，避免形成电路短路等事故以及工伤事故。

三、机台清洁的内容

（1）清除纱架上的飞花，通常在落布时或交接班时进行。

（2）清除编织系统周围的飞花，通常在落布前进行。

（3）清除储纱器、除尘装置（电扇）上的飞花，每周一次。

（4）擦拭针筒外围水油混合污渍，每交班前一次或落布前进行。

（5）清洁传动电动机周围的飞花，尤其是散热风扇外罩，通常在交班前进行。

（6）清洁变频器周围的飞花，通常在交班前进行。

（7）清洁预备纱的包装，通常在拆包装完后进行。

（8）清洁时，要按从上到下，从外到里的顺序进行，最后清洁地面。

图4-6-1～图4-6-5分别为清洁电动机、纱架、纱嘴、储纱器、氨纶架的情形。

图4-6-1　清洁电动机

图4-6-2　清洁纱架

图4-6-3　清洁纱嘴

图4-6-4　清洁储纱器

图4-6-5　清洁氨纶架

四、机台清洁的具体方法

1. 用压缩空气吹机

纬编工采用压缩空气吹机，首先找到连接软管的开关，打开开关，理顺送风软管，解除圈结让送风顺畅；其次是右手握紧风枪，左手辅助对准清洁标的物吹风，吹纱架周围时宜垂直进行，吹针筒沉降片时宜先45°进行，再90°复吹；吹电动机时向里向外要重复几次，直到无飞花瓢出为止；吹除尘风扇时重点是风扇叶、风扇叶与电动机的空隙处，还要辅佐擦拭风扇叶片。

2. 用废布、擦机布擦拭

主要是针对针筒背面，擦机布要求用废布以棉类或含棉较高的坯布或成品布，重量最好不超过1公斤，擦机顺序为先机门（布带油擦拭会腐蚀金属烤漆），再机台面，后针筒、电动机，最后油泵，擦机布最好不落地。擦拭时先上下来回擦，再左右来回擦多次，以擦干净为准。

3. 专用清洁剂喷洒

主要针对清洁电控柜和板面计算机，采用非水剂非油性清洁剂对准喷射，辅佐用压缩空气吹净，要在关闭电源情况下进行。

五、机台清洁的基本要求

（1）每台大圆机按约定周期清洁，且每次总体清洁耗时最好在30min内完成。

（2）严格按照操作规程的清洁标的和顺序先后进行，不可私自改变。

（3）压缩空气和专用喷洒剂不可对人吹风和喷射。

（4）清洁机台时要注意人身安全和用电安全，清理除尘风扇登高要有专用梯，除了关闭电源也要打亮至少2个纱灯，机门打开。

（5）不可偷工减料，用剪刀等锐利东西辅佐清洁，需要使用的应单独作业，比如清理缠绕在储纱器缝隙、布辊上的纱线，清理缠绕在卷布底座的纱线杂物等。

六、不可忽视的中段清洁

在大圆机的清洁工作中，中段往往是个死角，也是出现火警频率较高的部位，很多针织厂的清洁检查会忽略这一点，图4-6-6所示的棉屑堆积现象大量存在，只在保全工转筒时才清洁。所以要特别注意，每天交班前剪开撑布架上方，清洁一次，大量的棉屑从剪口掏出，少量的让棉屑经过卷布辊落布，再在布头上将棉屑清理出来，切不可落布检查后再清理。

在中段的清理中，要特别留心，如果堆积较多，先手工清理棉屑，再用压缩空气吹，防止大量的棉屑飞起，上升到编织部分的织针和沉降片之间，造成开机后撞针撞叶，导致大量坏针坏沉降片，同时也防止棉屑对机台周边造成二次棉屑污染。尤其是单面机要特别关注，清洁频率比罗纹双面机要勤。

图4-6-6　棉屑堆积

第五章 单项操作方法

纬编工单项操作技能是大圆机的操作基础，只有熟练掌握各项操作技能，才能在生产中得心应手，操作自如。单项操作与综合操作是相对的，穿纱、套布、落布、换针、排针（包括三角）、机台的完好保障、工艺参数的输入及常规排产等单项操作是综合操作中点的体现，单项操作贵在操作的质量、熟练、准确，使生产有序进行。

第一节 纱线操作

纱是针织的原料，编织的对象，纱线操作包括换纱、接纱和穿纱等纱线输送环节的一切操作。

一、换纱

换纱是指将需要用的纱线上到纱架，将纱架上不用的纱线或织空的筒底换下来的操作过程。换纱工作法是典型的工作法，其他原料的操作方法类似，有特殊要求的原料，应根据原料厂商的指引去做。纱架的样式有很多，其中落地式纱架是典型纱架。

（1）将备用纱提前2~3h上到纱架备用位置，上纱时要保持双手干净，上纱过程中注意不要弄脏纱线，同时要注意检查纱线的筒口是否光滑，纱线成形是否良好，有无坏纱脏纱等。注意纱筒勿歪斜插放，纱线也不可被压在纱管底部，两个纱筒之间要有一定的间隙，不能挤在一起，以免造成断纱。若纱架上部过高，可站于凳子上操作，不得攀拉纱架，以免造成损坏或纱架侧翻。

（2）一般应提前1h左右接好纱线。首先将旧纱筒上的纱尾找出来，对于无纱尾的纱筒，可用织针在近筒底处勾一条出来，剪断，取与退绕方向相反的那条留接纱用。

（3）左手握住旧纱头的纱尾，右手握住新纱筒的纱头，将之打结，结尾线长留0.3~0.5cm为佳。纱尾过短容易拉滑，造成断头。纱尾过长，在成圈过程中不容易脱圈，造成织疵。图5-1-1为纱线套结过程示意图。

（4）将接好的纱线理顺，如果过松，则将之卷入新纱筒。

（5）过纱尾时断纱的机会偏多，因此，每当换纱后，须选用慢车转动机台，查看结头是否坚固，纱线是否纠结或被机件缠住，待一切正常后可由慢而快开动机台。

（6）每一次换纱线时，应检查纱线的规格、批号是否相同，纱线日期是否接近，以防不同规格的纱线混入造成不必要的损失，或由于生产时间差异过大造成布面的质量问题。

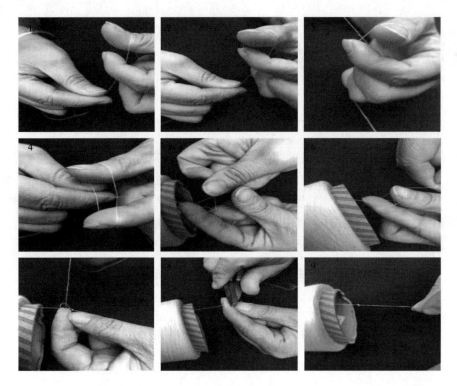

图5-1-1　纱线套结过程示意图

二、接纱

1. 接纱过程

（1）当纱线断掉时，设备会自动停机。找到断纱的纱筒，将纱头按照穿纱路线将纱线穿好到断头处（注意棉纱要在储纱器上缠绕20～30圈，化纤纱可以缠绕10～15圈，可以根据机台的速度来规定），把它们接在一起，就可以开机。

（2）对于不能接纱尾的原料，当一个纱筒上的纱线用完后，因张力消失，设备也会自动停机（或者发现纱线即将用完，可以人工停机，取下旧纱筒把纱线拉断），将新纱筒插放在纱架上，注意要放稳，且不要压住纱线，两手各拉住新旧纱线头，将其打结，穿好纱，并使纱线张力恢复正常。

（3）接完纱线断头以后，应该先用慢车查看结头是否牢固，纱线是否纠结或被机件缠绕，待一切正常后，再进行正常生产。

（4）接纱要求打十字结或者打套结，结头要小（纱尾不超过0.5cm）、牢（不脱结）、快（速度），备用纱对准导纱钩。一般每只纱筒直径在5cm以下就可以接备用纱，以保持纱尾清洁以及纱筒间一定的距离。接纱要合理安排时间，分批在巡回间隙时间里完成，以保证巡回检查工作正常按时。

（5）接纱在设备正常运转中进行，也可以在停台时吹清纱架上堆积的飞花后开机接纱。

（6）发现有疵病的纱筒不能直接上纱架，如果是表面脏污或乱，可以清除表面一层再上，如果是侧面损坏，则留车间处理。过完筒低后，应该及时把空筒取下，收好放到指定位置。

十字结接纱是常用的接纱方法，图5-1-2为十字结法接纱过程示意图。

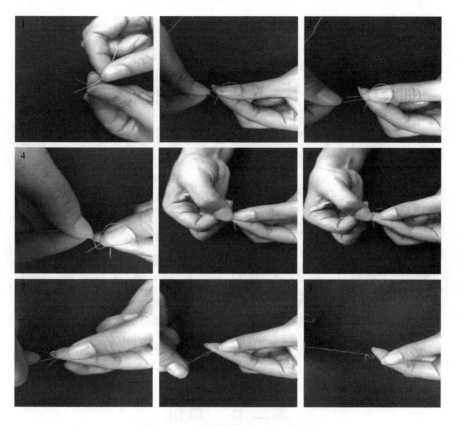

图5-1-2 十字结接纱过程示意图

2. **接纱标准**

（1）检查纱支规格是否符合工艺要求，核对纱线批号，检查纱线有无脏污，纱筒成型是否完好。

（2）长丝类手拿筒管两端，避免手碰丝的端面产生毛丝。

（3）接纱按规定要求接十字结或套结，纱尾不超过5mm，不得以捻纱代结。

（4）接纱后，检查纱支线路是否畅通，符合要求。

（5）空筒管、废纱放在规定位置。

三、穿纱

（1）把筒子装上纱架，找出纱头并穿过导纱磁眼。

（2）将纱线穿过纱架张力器装置后，上引并穿过纱架上部导纱勾。再牵伸穿过机台顶部导纱勾。

（3）然后下引依次穿过输纱器上的瓷眼、割纱刀、张力夹片、上段自停装置，再在输纱轮上缠绕到规定圈数，再穿过输纱器下段自停装置。

（4）然后将纱线穿过喂纱圈瓷眼和喂纱嘴上的瓷眼，再穿过喂纱嘴上的纱孔，将纱头拉出导入针勾内。

（5）其他各喂纱口可照此方法顺次完成。

穿纱主要过程如图5-1-3所示。

图5-1-3　穿纱主要过程示意图

第二节　套布

处理套布是纬编操作工的基本技能。通常大圆机的套布主要有两种形式：一种是洗机换针筒后由于机上完全没有布，需要整体套布，常称开布头；另一种是在生产过程中由于断纱走纱等原因引起的已成圈的布部分或全部布脱离了织针，常称脱套。这两种形式的套布由于机上的状态不同，处理的方法也不同，一般来说，罗纹双面机的套布比单面机要复杂得多，带氨纶的罗纹组织短纤布种难度最大。

一、单面机开布头

1. 准备工作

（1）将积极送纱装置退出工作。

（2）打开闭合的针舌。

（3）清除所有松浮纱头，使织针沉降片完全清爽。

2. 开布头操作

（1）将纱线顺序穿入各个导纱口，把纱线引入针勾，并拉至针筒中央。

（2）将引入针钩的纱线分成几束，在感觉每条纱线的张力均匀的前提下，将纱束打结，每束用筒底或其他重物绑好，附放在针筒内（也可以把结头穿过卷取罗拉，绑紧在卷布辊上）。

（3）检查沉降环位置，不能太分吃；将积极送纱装置调好，以慢车转动机台，并检查所有针舌是否打开，以及纱线喂入情形是否正常，必要时以毛刷刷开针舌协助其吃纱。

（4）用慢车将布开下，待织物够长后，拿掉坠纱筒底，并将织物平均地穿入卷布罗拉，再以较快车速开机。

（5）根据调机单调整纱长，加氨纶等，并调整卷布张力和坯布密度，确定每一条纱张力都正常，全部符合要求后即可开始运转。

（6）注意开布头时所选用的原料粗细要适应机台的规格，太粗容易坏针，太细容易断纱；开布头时的纱长也要合适，太密脱圈困难，很难开下，还易坏针，太疏容易走纱。

二、双面机开布头

双面机没有沉降片，编织脱圈全靠卷取装置的张力牵拉完成。因此一般情况下机器并不能直接穿纱开布，必须将一段已完成的坯布挂在针勾上，将坯布通过卷取、牵拉才能开布，这一过程称为套布工作。

1. 准备工作

使积极送纱退出作用；先不要装上下三角座，打开所有织针的针舌；清除松浮纱头，使织针完全清爽；抬高针盘，使筒口距离稍大；找出一段与本机组织相似的织物作为套布用（要求组织略松弛一些为佳，有单面氨纶平纹布更好，长度要超过针筒口到卷布辊的距离）。

2. 套布工作

将事先准备好的套机布穿套在撑布架外侧，由相对的两端开始套入，使布均匀地分布下针筒周围；一只手轻握布头，由下针筒内侧向上送，另一只手持勾纱针，自上针盘与下针筒的缝隙中将布钩住拉出，并挂在下针筒的针勾上；一般挂一种织针上即可；布拉出针筒口1~2cm即可。先在针筒周围均匀挂上几个点，然后再顺序均匀挂满针筒。将挂处多余的布，依反方向折回针筒的内侧压下，压下的布必须折到针背，以免织针上升时会重新穿到坯布，造成坏针。调整筒高，先上好上针三角座，再上好下针三角座，穿好纱线，将纱线挂入到针钩内。注意此时的针舌必须是打开并灵活的。将积极送纱装置调好。将套机布下端穿过卷布辊，然后调整卷取张力，把套机布调到偏紧状态。检查每一喂纱口吃纱是否正常，并适当调整喂纱口的位置。用"慢速"点动机器，检查所有织针针舌是否打开、纱线喂入情况是否正常，必要时以毛刷刷动针舌协助吃纱；在机器能正常编织时，调整卷布机的拉力，并在织针上喷加少量针油，至此可以加快速度运转。图5-2-1为双面机套布步骤图。

这种方法操作速度稍慢，但操作较稳定，不易坏针。

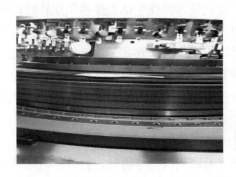

图5-2-1

图5-2-1 双面机套布步骤图

3. 注意事项

拉出布口的布不宜太短，太短布口很难翻到针背，容易坏针，太长很难压回针筒口；为了更安全，套好布后，可以在针门处上一个出针三角，穿一根纱线，慢慢点动机器，先用一路将布头开下几圈，再上三角；对于高针数机台来说，建议这样处理更好。开布头时一定要时时检查四周，防止断纱脱套，如果开了强迫按钮，一定要及时关闭强迫按钮。

针对不同的织物品种、不同的情况，可以采用不同的套布方法，以提高生产效率。如针号较低时，也可以用较细的化纤丝参考单面机开布头的方法，对双面机进行开布头；在机上已经上好了上下三角座的情况下，可以采用上钩式套布。洗机后改提花组织时，一般要开好布头再改组织。

三、单面机脱套

当正常生产的某一路由于断纱没吃到纱线时，就会形成小脱套；处理时先把脱套处的纱线穿进纱嘴，一边摇车，一边在脱套的第一路用开针器打开针舌，并逐渐把处于最后一路的纱线喂进针钩，摇车，等脱套处的布完全好后才可慢速启动机器。

四、双面机脱套

双面机产生脱套时，可采用勾布法、辅助纱线法、上勾法等进行处理。

1. 勾布法

先将脱套处的浮纱清理干净，再用开针器、毛刷或汽枪等将针舌打开，然后将所有脱套处的纱线穿好放入针钩内，摇动机器3~4个三角位，在此过程中要保证所有针舌打开，再用钩针（钩针一般由两枚较低机号旧织针中间用橡皮筋等弹性物体相连接）从针筒内部在两个三角之间处将浮在脱套处的纱线勾住，再稍用力将钩针的另一端挂在布上，全部勾好后再摇机，如果还有浮在针筒口的纱线（布），则再用相同的方法将布勾入针筒口，摇机，直到没有布浮在针筒口上面为止。然后可以开机将布开下，将坏针换掉。在钩针将卷入卷布辊前将钩针取下，并用布条绑好破洞，将布卷紧，防止浮布，检查布面正常后才能开机。此种方法速度较慢，但钩针可以提前准备好，操作要求相对较低。

2. 辅助纱线法

先将脱套处的浮纱清理干净，再用开针器、毛刷或汽枪等将针舌打开，然后将所有脱套处的纱线穿好放入针钩内，摇动一个三角左右的距离，然后在脱套的第一路用钩针从针筒内部在两个三角之间处勾住辅助纱线的一端（根据脱套的多少准备相应长度的辅助纱线，一般为氨纶等弹性纱线），钩针的另一端勾在布上，一只手将辅助纱线从上针的针背处拉紧，在脱套的第二路再用钩针勾好，同样地，在第三路、第四路直到最后一路勾好；然后边点动机器边打开针舌，由于辅助纱线有弹性，很容易将脱套处的布拉下去，当布完全拉下去后，可以开机将布开下，将坏针换掉。在钩针将卷入卷布辊前将钩针取下，并用布条绑好破洞，将布卷紧，防止浮布，检查布面正常后才能开机。此种方法速度较快，适应范围大，但准备的辅助纱线粗细要适当，在勾取辅助纱线时有一定的技巧。

3. 上钩法

先将脱套处的浮纱清理干净，再用开针器、毛刷或汽枪等将针舌打开，然后将所有脱套处的纱线穿好放入针钩内，放松卷布张力，一只手在针筒底抓住脱套处的布往上送，一只手拿钩针从每两路三角之间的针筒口往里面勾住往上送的脱套布口，将布口的布套在针筒的织针上，勾的布不能太多，否则很难勾回到织针上，勾到了也容易坏针，勾时布尽量往上送，不能用太大力勾布，否则容易勾散布口。将脱套处全部勾好后，摇紧卷布张力，摇动2cm左右机器，再重复勾一次，根据布种的难易，决定勾布的密度。勾完后点动机器，将未打开的针舌全部打开，将布开下。该方法操作简单，所需工具少，开下布头后不用取钩针、绑布口，速度快，但勾布时要有比较高的技巧，否则容易坏针。另外，对比较容易脱散的布不适宜用此方法。

五、套布标准

（1）当机台脱套时，首先查明原因，如是机器原因立即通知保全工修理。

（2）将针上乱纱处理干净，坏针换下，套布边剪齐，放松罗拉辊，松紧调好，做好套布前准备。

（3）检查喂纱情况，将每路纱支做好喂纱准备。

（4）调整罗拉辊，卷布松紧合适。

（5）慢行1~2圈检查成圈部位有无坏针，针舌是否全打开。

（6）开车织20cm左右坏布后停车检查布面质量，无疵点布面合格后正常开车。

六、套布注意事项

（1）在针织厂的实际生产中，会出现各种各样的情况，要根据机台的型号规格、品种等选择合适的方法进行套布，也可以综合以上方法进行，根据现场的工具对以上方法进行改良，原则是方便快捷，不损坏织针。

（2）在处理脱套前，要先查明脱套原因，防止脱套重复出现。

（3）在套布过程中，要遵守各种型号机台的安全操作规程，严格按照安全操作规程操作，保证人和机器的安全。

第三节 换针/沉降片

在设备运转过程中，会出现各种坏针，在布的表面形成疵点。根据疵点原因，找出坏针。换下来的坏针要统一放在规定的地方。

一、认定坏针

（一）坏针类型、形成原因及可能产生的疵点

（1）断针钩或针钩拉开。织针针钩断掉或针钩尖向上翘起。产生原因可能是：不合适的针杆截面在特定的转速下造成振动断裂；由于针舌出现问题后针钩断裂；由于纱结或飞花堆积造成针钩超负荷；在编织过程中出现的超负荷；纱线选择不合适；编织的组织结构造成针钩超负荷。在布面会出现长漏针或稀路。图5-3-1、图5-3-2分别为断针钩、针钩拉开的情形。

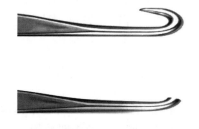

图5-3-1 断针勾　　　　　　图5-3-2 针钩拉开

（2）针钩后仰。针头向针背方向弯曲。产生的原因可能是：挂纱过程中超负荷，织针脱圈时超负荷。布面容易出现稀路花针等。图5-3-3为针钩后仰的情形。

（3）断针舌。针舌断裂或舌尖磨损。产生的原因可能是：导纱嘴设定有误；导纱嘴磨损或损伤，针舌或沉降片间隙过大；针筒和沉降片环对位不正确。布面容易出现花针、破洞。图5-3-4为断针舌的情形。

（4）歪针舌、针舌跑入针钩。针舌闭合时不在正常位置或跑入针钩内。产生的原因可能是：在喂纱嘴处断纱；织物脱圈问题；导纱嘴设定不合理。由于磨损造成的针舌松动。布面容易出现花针、破洞。图5-3-5为歪针舌的情形。

（5）针颊断裂。针颊处断裂或破损。产生的原因可能是：三角损坏；卷布张力太高；织针和导纱嘴相撞。布面容易出现花针、破洞。图5-3-6为针颊断裂情形。

（6）针钩外部磨损。产生的原因可能是：针筒弹簧损坏或磨损；针槽内有脏物；导纱嘴设定有误；导纱嘴磨损或损伤；针筒针和针盘针有机械接触。布面容易出现稀路。图5-3-7为针钩外部磨损情形。

（7）开口针。又称硬舌针，针舌不能正常关闭。产生的原因可能是：针舌槽内有脏物。布面容易出现花针。

（8）松销针。针舌销松动。产生的原因可能是：织针使用时间过长；三角轨迹设计不

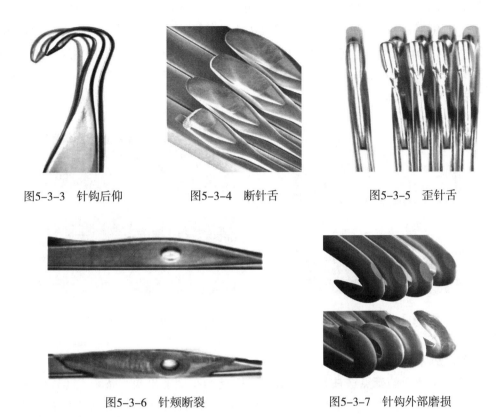

图5-3-3 针钩后仰　　　　　　图5-3-4 断针舌　　　　　　图5-3-5 歪针舌

图5-3-6 针颊断裂　　　　　　　图5-3-7 针钩外部磨损

合理。布面容易出现花针。

（9）针杆弯曲。产生的原因可能是：安装或拆卸织针时操作不正确。布面容易出现稀路。图5-3-8为针杆弯曲情形。

（10）针杆断裂。产生的原因可能是：三角损坏；三角松动；三角过度不好；三角内部没有形成一个封闭轨道。布面容易出现针路、花针。图5-3-9为针杆断裂情形。

（11）针脚磨损。产生的原因可能是：润滑不充分；三角损坏或磨损；三角松动。布面容易出现针路。图5-3-10为针脚磨损情形。

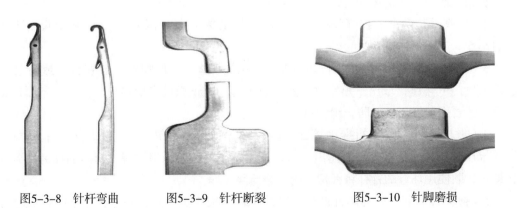

图5-3-8 针杆弯曲　　　　　图5-3-9 针杆断裂　　　　　图5-3-10 针脚磨损

（12）针脚断裂。产生的原因可能是：三角损坏；三角过度磨损；三角安装不正确；织针受力过大；三角轨道内有异物。布面容易出现花针、直条坏针。图5-3-11为针脚断裂情形。

（13）织针腐蚀生锈。产生的原因可能是：使用的针油不合适；现场湿度过高；停机时织针的保护措施不恰当；化学腐蚀。布面容易出现针路，影响织针寿命。图5-3-12为织针腐蚀生锈情形。

图5-3-11　针脚断裂

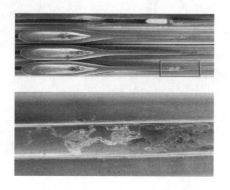

图5-3-12　织针腐蚀生锈

（二）识别坏针的方法

由于坏针所造成的疵点往往是直条形的，因此当布面上出现直条疵点（连续的或间断的），就要停机，对织针进行检查，对于较明显的坏针可以直接进行换针，但有的坏针就不容易查出，此时在疵点的一条线圈纵行上，用针勾住作为记号，然后在筒口处邻近疵点的任一纵行线圈及针槽上，用色笔做好记号后开机。待色笔记号开到台面下时停机，将勾在坯布上的针沿一条线圈纵行移至色笔记号处对数，看相邻几个线圈纵行，找出坏针，然后进行更换。如果是针舌坏，不能顺利脱圈时，可以先用硬物将坏针的针钩弄断，使线圈能顺利退圈，避免浮布造成撞针。

二、更换坏针

（1）找出坏针。根据布面判断坏针所在位置，用慢车将坏针处转到针门处，停止机台，根据布面情况，分析坏针是针筒针还是针盘针。

（2）打亮纱灯两个。在打开三角座以前，首先要并排打亮纱灯两个，确保设备不能点动或启动。

（3）取出三角座。用内六角打开相应三角座螺丝，拿出螺丝，放在台面或者规定地方，取出针门三角座；取出三角座时，要小心用力，防止织针出现移动。在坯布布面过紧的情况下，还要先放松坯布，防止织针窜动。

（4）取出坏针。用手指推动坏针针踵，将坏针推出针筒口约2cm，用右手食指向后（下）推压针头，使下端外翘而露出针槽，再用左手食、拇两指握持一露出的针脚部分往下抽拉即可，顺便用坏针的针杆将针槽内的污物清除干净。

（5）换新针。取一枚与坏针型号相同的织针，检查织针是否完好，将新织针顺着针槽插入，到达正确高度，并打开针舌，使针踵的高度与其他织针齐平。

（6）上三角座。拿起三角座，平稳放入，感觉是否放平，放平后上下前后推动三角座，使织针就位。用内六角拧紧螺丝。

（7）检查设备。如果有放松坏布，则先重新卷紧坏布，以慢车转动机台，使其到达喂纱口并吃入新纱。继续点动，观察新织针动作情况（针舌是否打开，动作是否灵活，坏针是否确认换下）。

（8）开机。将机台表面擦拭干净后，用慢车开动机台，注视换入新针之动作，看其针舌是否全部打开，动作是否灵活，全部确认无误后，改以快车运转。

三、更换沉降片

（1）打开相应处的沉降片三角座，用尖嘴钳住坏的沉降片向后拉出。

（2）清洁沉降片槽内的污垢，将同规格型号的沉降片插入，使之在槽内平整，运动滑爽、无阻，然后上好沉降片三角座。先开慢车，后开快车。

四、更换织针的注意事项

（1）更换织针拆卸三角座前必须并排打亮两个纱灯做警示，防止其他人误操作。

（2）更换织针时，如果发现织针是断针脚针杆时，必须要拆卸其他三角座，找到断裂的针脚针杆，找不到时，要拆卸所有三角座进行清洁，防止再次发生撞针事故。

（3）如果发现不明原因的连续坏针，要根据上面所列原因，对机器进行检查，找到原因进行处理。

（4）换针后要注意检查换针的效果，布面有无针路。

（5）对于高密品种更换织针时，建议在剖幅处取织针更换，新针上在剖副处，更能保证布面质量。

五、换针标准

（1）换针前，仔细核对机台所用针型号、规格，核对无误后进行操作，并备好需要的织针。

（2）将坏针处转到针门位置，打开针门，取出坏针，将针槽清理干净后换上好针，然后关闭针门，拧紧螺栓，检查针门是否完全关紧。

（3）换针时检查针的质量，把针擦干净后再换上，擦针时防止针钩伤手。

（4）换针后，点动机器，观察新针动作情况（针舌是否打开，动作是否灵活），换针处布面有无针路，确认无异常后，开机运转，织布20cm后停车检查布面质量，合格后正常开机。

（5）换下的旧针放在指定地点回收，不随便丢弃，防止坏针掉到坏布上引起勾丝或掉到地面上造成人身伤害。

图5-3-13为多针插入针槽前的准备情形。

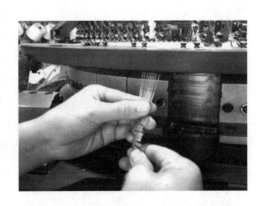

图5-3-13 换针（依次排好针准备插针槽）

第四节 落布

一、落布程序

当针织大圆机运转到设定转数后，坯布达到要求的重量，设备便会自动停机，操作工要进行落布工作。在落布前，要把编织结构上的飞花用气吹干净。落布时，不要把布放得过长或过短，一般为卷布机下70cm左右，用剪刀剪平齐（布头歪斜不超过10cm）。然后检查剪断布两头的内外布面，看是否有花针等疵病，防止疵病跨匹。落布时，要注意坯布不要被卷布机上的油污、地上的尘土沾污，以免造成油迹等疵点。落布后把填好的坯布记录卡塞入布卷内或将相关资料记录在布飞上面，将布飞绑在布尾。

二、落布操作法

（1）待预定的织物数量（如机台转数、重量或大小）被完成之后，在其中一喂纱口换上记号纱（不同颜色），再织入10圈左右。

（2）将记号纱换回原来的织纱，并将回转计数器归零。

（3）待有记号纱的布段到达卷取罗拉布面一圈左右时（卷入长度为从记号中间剪断布后所剩余布的长度能够重新卷到卷布辊面），将机台停止运转。

（4）打开安全护网，将布卷稍微向后退出，由记号纱布段中间剪断。

（5）用双手紧握卷布辊之两端，取出布卷，堆放到推布车上，并抽出卷布辊。注意：取布时不得碰撞机台或地面。

（6）将卷布辊放回机台，彻底检查并记录布头内外层的布面质量，如无问题将其卷上卷布辊，关上安全护网，开机运转。

三、落布具体操作步骤

（1）转动卷布机左边卷布辊头上的插销，使离合器从卷布辊内脱出。

（2）两手紧握卷布辊两头，把卷布辊和布卷起从安全门内拿出。

（3）把卷布辊从布卷内抽出，布卷妥善堆放，再把卷布辊放进卷布机，转动离合器，锁紧卷布辊。

（4）每一次落布后，都必须检查布面的质量情况，以防长疵跨匹。

（5）对于开幅机，为了防止卷布较紧时坯布反弹上去，造成布头克重相差大，可以用纸皮等物塞住卷布辊，防止卷布辊反转。

（6）开记号纱时，可以更好地观察布面是否有纬斜、弓斜等质量问题。

图5-4-1 大卷装落布

四、落布标准

落布的稳定操作体现在大卷装落布（图5-4-1）、

平幅落布（图5-4-2）及其他落布（图5-4-3）等情形中。

（1）达到规定下机重量时换上记号纱。

（2）打开安全护网门，由记号纱的布段中间剪断坯布。

（3）将坯布放在规定地方，用机头布将布包好，以免揩脏。

（4）在坯布规定位置做好标识，标识要清晰、准确。

（5）检查布面质量，发现问题及时处理。

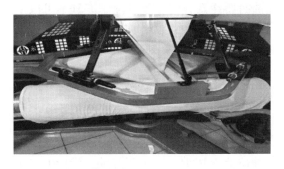
图5-4-2　平幅落布

图5-4-3　其他落布

第五节　加油

加油是减少机件磨损、使机件润滑、节约能源、保证针织机的正常运转、提高产品质量的关键环节，要求定位、按时、按量加油。加油周期一般分日常、周、月、季、年。

一、加针织乳化油

（1）日常机台加油。一般每条布落布做记号时都要进行加油。加油时要开快车，将小壶的油嘴对住针门附近的一根纱线，将油加在纱线上，让纱线将油带入针钩，对针钩针舌销进行润滑，一般加3圈左右；沉降片的油是加在沉降片环的缝隙，加一圈左右即可。原则上每一枚织针都需要加到，因此，如果机上的组织不是一路同时出针时，则可以根据组织，加多几路，每一路的量可以减少。图5-5-1为日常机台加针织油示意图。

图5-5-1　日常机台加针织油示意图

109

（2）日常油箱加油倒油。由于机台持续运转，油泵的持续供油，当油箱的油量低于油标安全红线时，需要在当班时间范围内加油，通常采用自动加油器（气压加油或脉冲加油），把油箱里的油加到规定量。机台较多时，根据油量的使用情况，安排一周进行1～3次的集中对油箱加油，同时对机台的废油进行收集，这样更加安全高效。

（3）对于针对针头或沉降片床的小油壶加油，一是不可以用废油，二是确保针织油无杂质，三是只能由小油壶细管出油，不可倾倒、造成油污。

（4）针织乳化油有多种品牌和多种型号，加油时要注意分清，不可混用。且不可以用清洁用的白矿油替代针织乳化油加入油箱，一旦误用要立即上报机修处理，需清洗整个泵油喷油系统，以免造成机件损坏和布匹油污疵点。

二、加齿轮油

图5-5-2　齿轮油

针织大圆机的齿轮油是大盘齿轮的专用油，油量指示一般在落布机门的正上方大盘中间位（图5-5-2），即大牙盘油位镜。应周期检查，若油位低于2/3时，要人工加油，用140～160机油。在半年保养时，如发现油渍沉淀物，应立即更换。

大鼎传动齿轮应每月检查一次，添加润滑脂。采用4号膨润土润滑脂（俗称雪油）。当齿轮油低于中间红线时需添加齿轮油，当齿轮油的颜色显示为深色甚至黑色时，要及时放掉废油，清洗大盘后再加入新的齿轮油。齿轮油属重油，一般的清洁剂难以完全清除，在加油、清理废油时别沾污布匹，也别溢出留在机台其他部件上，造成油污疵点风险。

三、加其他润滑用油

在半年保养时，检查各处传动轴承，添加润滑脂（俗称钙基脂黄油），采用耐高温润滑脂。要确实掌握各部分用油种类、润滑时间，使机器的每个指定部位都能在规定时间内得到规定类别及用量的润滑。

第六节　排针

排针是将不同针踵的织针按照工艺要求插入针筒或针盘的针槽。排针首先要识别织针，根据工艺选择合适的织针，然后在机上排好。大圆机使用的基本是舌针。

一、织针的基本参数和表示方法

（1）织针的基本参数。织针主要参数为长度、厚度、针踵的高度、针舌的长度、针舌的形状（棒状、勺状）、针头的形状、针杆的形状等。根据机器的型号规格，同一规格的机台各生产厂家使用的织针长度可能会有所不同，但织针厚度基本相同，根据组织的不同，可以选择同一长度和厚度，但针头形状不同，或者针舌形状不同，或者针杆形状不同的织针；

针舌长度的不同，一般三角设计的动程不同，相差较大时很难用在同一套三角中。

（2）织针的表示方法。以比较常用的格罗茨织针型号Vo LS 141.41 G001举例，Vo表示一极针踵（Wo表示两极针脚，有一极针踵专门用于压针）；LS表示节能针，针杆经过特殊加工，可以减少油量和提高车速；141表示织针长度是141mm；41表示织针厚度是0.41mm；G00表示针钩采用G00技术；1表示第一跑道针踵和针钩针舌形状长度。一般连续四个数字表示1~4跑道针踵，一种针钩针舌形状长度，不同组的数字表示的针钩针舌形状长度不同。

二、根据编织图确定织针的种类和排列顺序

（1）确定织针的种类。如图5-6-1所示，该编织图一共有4路，由a、b、c、d、e、f共6个纵行组成，可以将a纵行的织针编为A，然后查找后面纵行有没有和a纵行完全相同的，a纵行1~4路分别为成圈、成圈、成圈、浮线，而d纵行的线圈和a纵行完全相同，所以d纵行也标为A。同理，将b纵行的织针标为B，C纵行的织针标为C，后面与之相同的e纵行也标为C，最后余下的f纵行标为D。综上所述，该编织图最少需要由ABCD四种织针完成。

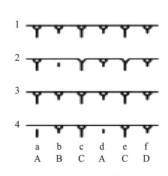

图5-6-1　编织图

（2）确定织针的排列顺序。将代表abcdef纵行的织针按顺序排列出来，即为ABCACD。当织机为顺时针转动时，排针时即将织针从左到右按ABCACD排列，当织机为逆时针转动时，则将织针从右到左按ABCACD排列。对于普通织物影响不大，但对于斜纹织物，必须要按此要求进行，否则，斜纹的斜向会相反。

三、领取并排列织针

（1）领取织针。根据编织图确定的织针种类和排列顺序，计算各种类织针需要的数量，然后领取织针。注意确定的只是织针的种类，即A踵织针可以是第一跑道织针，也可以是第二跑道织针。所以，在实际生产时，可以根据机台上的织针情况和库存织针数量灵活运用，确定哪种针为第一跑道织针，哪种针为第二跑道织针，哪种针为第三、第四跑道织针，这样可以提高生产效率，减少织针库存。

（2）挑选织针。将领用的织针进行挑选，将坏的织针挑出来，将质量稍差的织针也挑选出来，分开放好。

（3）排列织针。将挑选出来的织针拿到机台排列，排列时从剖幅处开始排列，按确定的织针种类和顺序，依次将织针插入针槽。将较差的织针排列在剖幅两边。

四、排针注意事项

（1）排针前要先清洁针筒针盘，保持针槽干净。

（2）领取织针时一定要看清楚织针型号规格，必须符合工艺要求；领新针时还要注意织针的批号，尽量避免混用批号。

（3）要用几个跑道的织针时，先了解机上三角是使用哪几个跑道，尽量用相同跑道的织针，减少后续调机的工作量。

（4）不管新针、旧针，排针前都要进行挑选，将有问题的织针挑选出来。

（5）排针时一般先从剖幅处开始排，稍差的织针或磨损程度不一的织针排在剖幅处。

（6）排新针时，要在针头加一点针织油，润滑针舌。

（7）一般先排高踵针，再排低踵针，这样方便操作，可以提高排针的速度。

（8）排针时注意排针的手势，不能弄弯针杆，损坏织针。

（9）排双面织针时，要注意针盘织针和针筒织针的对位，不能排错位置。

（10）排斜纹组织时，要注意斜纹组织的方向和针筒转向之间的关系。

（11）排提花组织时，要注意检查有没有错误，排完后的余数正不正确。

（12）排针的方向一般为逆针筒方向，这样可以在固定位置排针，提高排针的速度。

五、排针实例

图5-6-2为34英寸28E，72路双面机织的一个小提花布编织图，总针数为2976针，可根据编织图进行排针。

（1）根据编织图，可以确定是18针一个循环。

（2）根据编织图，确定织针的种类和顺序：上针排针为AB，2针一循环，下针为AABBBBBAABBBBAABBB共18针一循环。

（3）领取相应型号的织针，上盘织针各需2976/2=1488针，针筒织针A针需要2976×6/18=992针，B针需要2976×12/18=1984针。假设A针为高踵针，B针为低踵针。

（4）清洁干净针筒，选好织针，可以从剖幅处开始排针，由于罗纹对针，上下针筒排针时可以不对位。

（5）由于上针是2针一循环，排完时应该刚好，下针是18针一循环，2796/18=165.333，不是整数，165×18=2970，2976-2970=6，排完后余数为6，如果排完后余数不是6，则肯定排错，要检查重排。余数的6根针可以按循环排，也可以根据破幅的要求排。

路数 编织图

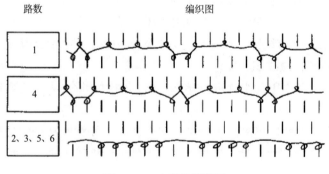

图5-6-2　小提花编织图

第七节　排三角

排三角是将出针、含针、平针三角按照工艺要求排到三角座上的操作。

一、排三角基本要求

（1）清洁及编好三角顺序，看清及理解生产单上的工艺要求，计算各三角所需要的数量，到仓库领取所需型号和数量的三角。

（2）每换一只三角都要将三角的底和面污渍抹干净，才可装上。

（3）三角换好后要用手触摸来检查三角与三角之间是否平整，螺丝是否松动。检查所有的三角是否有磨损，轨道是否干净平滑。

（4）重复对照排产单上的工艺要求，检查三角是否换错。

（5）按号码顺序安装三角座，并检查是否安装平整。

（6）最后把三角座螺丝打紧，并检查一遍。

（7）将换下的三角清洁干净，分好类，点好数量，交回仓库。

二、排三角注意事项

（1）排三角前一定要注意三角座的顺序，防止漏排错排。

（2）如果三角组织的循环数不是机台成圈系统的公约数，则要关闭部分成圈系统，关闭时要注意分散均匀关闭，不能集中在一起关闭。

（3）排三角时要注意实际使用的织针种类，三角要和实际使用的各跑道织针相配合。为了防止出错，可以根据实际的织针排列和编织图，画出三角排列图，再根据三角图拆装三角。

（4）拆三角时要注意分类拆下，分类整理好，避免全部混在一起，后续要花时间重新整理。

（5）有些三角同一种类有多种型号，要注意分清各型号的区别，仔细核对三角编号，防止用错。

（6）锁紧三角螺丝时的力度要适当，太紧容易造成滑丝，太松三角容易松边，会出现撞针。

图5-7-1为改三角示意图。

图5-7-1　改三角

三、排三角实例

根据编织图5-6-2排针后，可继续排三角。

（1）根据排针，可先画出三角图，针盘针第1路为A浮线，用"—"表示，B针成圈，用"∨"表示，针筒针第2路A针成圈，用"∧"表示，B针浮线，用"—"表示。第2、3、5、6路是一样的，针盘A、B针都是浮线，用"—"表示；针筒A针是浮线，用"—"表示，B针是成圈，用"∧"表示，第4路针盘A针成圈，用"∨"表示，B针浮线，用"—"表示；针筒A针成圈，用"∧"表示，B针浮线，用"—"表示；然后根据分析绘制成图5-7-2。根据操作习惯，一般针盘的高针踵三角和针筒的高针踵三角接近，分界线相当于针筒口。

上盘排针：AB

下盘排针：AABBBBBAABBBBAABBB

成圈系统序号（路数）	1	2	3	4	5	6
针盘三角低（B针跑道）	V	—	—	—	—	—
针盘三角高（A针跑道）	—	—	—	V	—	—
针筒三角高（A针跑道）	∧	—	—	∧	—	—
针筒三角低（B针跑道）	—	∧	∧	—	∧	∧

图5-7-2　小提花上机工艺图

（2）因为机台总路数为72路，刚好是6的倍数，总共可以开72/6=12个循环。如果不是循环数时，要确定采用的路数和位置。

（3）将三角座排好顺序，确定三角座上原来的三角型号，再计算需要领取的三角种类和数量。

（4）根据三角图，将正确的三角换上三角座，并检查三角的平整度和螺丝的松紧度。

（5）将换下来的三角分类整理入仓。

第八节　调校针筒、沉降环

单面大圆机针筒的水平度、圆度调校，沉降环的间隙、水平度、圆度和沉降片进出位置调校，双面大圆机的针筒水平度、圆度、同心度调校，是大圆机的最基本操作，调校得好坏，对坯布质量有非常大的影响。

一、单面大圆机针筒、沉降环调校
（一）针筒水平度、圆度调校
1．针筒水平度调校

将针筒底部和底座清洁干净，将垫片在每个螺丝位垫好，检查每个位置的垫片厚度是否一致，然后将固定针筒螺丝对角锁紧。把百分表固定在沉降环上，把百分表的表头换成平表头，将表头垂直压在沉降片床上，锁紧固定好，上下拨动表头，百分表的数值不变。转动机器，观察百分表指针变化，变化在0.05mm内为正常，在0.03mm内更加好。如果超出要求范围，则记录每个螺丝位置百分表数值，根据记录数据调整相应螺丝位的垫片厚度。然后重新测量，直到达到标准范围。图5-8-1为针筒水平度调校时的装表方法。

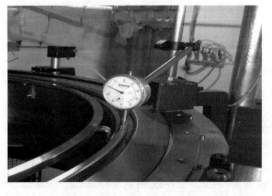

图5-8-1　测量单面针筒水平度

2. 针筒圆度调校

水平度调好后，松开针筒锁紧螺丝，然后用手再拧紧螺丝，使针筒能够用力推动，螺丝又不是太松。然后将百分表安装好，表头垂直于针筒表面（对于浮针筒，要找一个基准面）。然后转动机器，使用针筒圆度调节螺丝或者胶锤，将针筒圆度调整到0.05mm以内。将针筒锁紧螺丝按对角锁紧，然后再次检查圆度是否有变化。图5-8-2为测量针筒圆度时的装表方法。

图5-8-2　测量单面针筒圆度

（二）沉降环间隙、水平度、圆度、沉降片进出位置调校

1. 沉降环间隙和水平度调校

将沉降环的固定螺丝锁紧，在固定螺丝处安装好沉降片三角，然后用塞尺测量沉降片三角底部到沉降片床的间隙，一般根据针筒和产品的不同，将间隙通过加减固定螺丝处的垫片（或升降螺丝），调整为0.15～0.40mm。再拆掉沉降片三角，以此点为沉降环的基点，用百分表测量沉降环的水平度，将其余各固定螺丝处的水平度调整到0.05mm之内。由于沉降环的水平度要求没有针筒高，因此固定螺丝之间的水平度可以稍大，整体的水平度可以在0.08mm之内，但最低处的间隙一定要大于针筒要求的最低间隙，否则会磨损针筒，或者容易产生油针。图5-8-3为测量沉降环间隙的方法，图5-8-4为测量沉降环水平度的装表方法。

图5-8-3　测量沉降环间隙

图5-8-4　测量沉降环水平度

2. 沉降环圆度调节

调好沉降环的间隙和水平度后，松开各固定螺丝，然后将百分表固定在针筒上，将表头对准锁沉降片三角的基座内圆，通过调整圆度定位块，将沉降环的对角位置调整到0.05mm之内。调整定位块时，不能硬顶，调好圆度后要能左右比较容易移动环的位置，而环的圆度不变。再对角锁紧固定螺丝，对圆度进行检测。图5-8-5为测量沉降环圆度的装表方法。

3. 沉降片进出位置的调整

将沉降片三角全部安装锁紧，将百分表安装在针筒内，将表头尽量水平对准一片沉降片顶端（可以将影响表头的其余沉降片先拆下），然后摇动机器，将沉降片摇到最初的一个台阶位置，根据品种要求，调整其进出位置，以此为标准，依次调整每个沉降片三角的进出位置，使之相差在0.05mm之内。图5-8-6为测量沉降片进出位置（同心度）的装表方法。

图5-8-5　测量沉降环圆度

图5-8-6　测量沉降片进出位置

二、双面大圆机针筒、针盘调校

1. 针筒、针盘水平度和圆度调校

针筒的水平度和圆度调校按照单面机针筒的调整即可。针盘的水平度调校同样是先清洁干净针盘和上针盘座之间的接触面，对称锁紧螺丝，将百分表固定在机台面，表头垂直对准针盘表面，进行检查，一般针盘固定螺丝旁边有两个专门调节水平度的螺丝，将针盘水平度调到0.05mm之内。针盘圆度调整时，将百分表固定在机台面，表头水平对准针盘外边沿。松开针盘固定螺丝，将圆度调整在0.05mm之内。图5-8-7为测量双面机针筒圆度情形，图5-8-8为测量双面机针筒水平度情形，图5-8-9为测量双面机针盘水平度情形，图5-8-10为针盘水平度调节螺丝，图5-8-11为测量双面机针盘圆度情形。

2. 同平度调整

将百分表座固定在针筒上，表头垂直对准针盘面。转动机器，如果数值超过0.05mm，则通过调整大鼎紧固螺丝之间的垫片厚度进行调整，使同平度在0.05mm之内。图5-8-12和图5-8-13分别为测量和调节同平度情形。

3. 同心度调整

将百分表座固定在针筒上，表头水平对准针盘口，在没有拆三角的情况下，也可以将表座固定在针盘底面，表头垂直对准针筒里面。转动机器，观察表针变化，如果超过0.05mm，则松开所有大鼎固定螺丝，记录三条大鼎支撑立柱和其对面三处三个点共6个点的数值，选

图5-8-7　测量双面机针筒圆度

图5-8-8　测量双面机针筒水平度

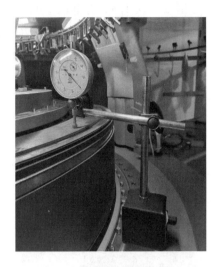

图5-8-9 测量双面机针盘水平度

固定螺丝

调节螺丝

图5-8-10 调节针盘水平度的螺丝

图5-8-11 测量双面机针盘圆度

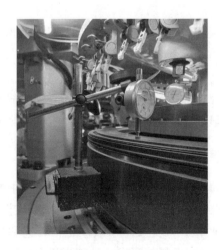

图5-8-12 测量同平度

图5-8-13 调节同平度

择数值相差最大的对应点，在对应点上调节同心度螺丝（没有调节螺丝的可用胶锤敲击大鼎），使表针数值到差值的中间值，6个点之间轮回操作，使整体的同心度达到要求范围内。然后对称锁紧螺丝，再次检查，使之在要求范围之内。图5-8-14为测量双面机同心度情形，图5-8-15为大鼎调节同心度螺丝。

 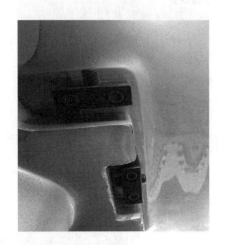

图5-8-14　测量同心度　　　　　　图5-8-15　大鼎调节同心度螺丝

第九节　参数调整与辅助装置调节

大圆机生产过程中需要对一些机器参数进行设置与调整（包括落布转数、机速快慢等，大提花机还包括花型的输入、零点调试等），主要涉及操作面板的设置；辅助装置主要包括加油量的设置、喷油泵装置、变频器（有时需要简单调整）等。

一、操作面板

操作面板是生产工艺参数设置与调整的输入装置，图5-9-1为操作面板外观实例。

（一）操作面板的基本功能

各生产厂家操作面板的形状和功能各式各样，基本包含以下内容。

（1）故障显示。如上下断纱自停显示、探针异常显示、破洞异常显示、氨纶异常显示、喷油机异常显示、安全门异常显示、变频器异常显示、设置转数到达显示、气压异常显示等。

（2）运转基本操作。电源开关，点动按钮、运转按钮、停止按钮，上下灯照明开关，风扇开关，强制开关，转数复位按钮，清车按钮。

（3）设置区。①设置机台转速：按速度加减按钮调整机台转速，看状态栏中的转速显示，达到要求后按确认按钮，有些面板需要开锁或要输入密码才能调整。调整转速因为显示会有一定的延时，因此按键不要太快，要逐步调整，以免发生事故。正常转速和慢车（点动）转数要分别设定。②落布转数调整：先根据落布重量的要求，计算出机台的落布圈数，在面板上按加减键到所需数值后，再按确认键确定。

（4）状态显示区。一般会显示机台的转速、机台的已运转的转数（或到设置转数的转数）、机台的总转数，停机时的故障显示。

（二）操作面板的附加功能

随着科技的发展，对大圆机的控制要求越来越高，功能要求也越来越多，有的厂家增加了很多智能化的功能，具体如下。

1. 纱长监测和调整功能

纱长的监测需要另外附加特殊的输纱器，里面有速度传感器，可以测定输纱器转速，输入一定的参数如输纱器直径或输纱器品牌型号，校正值，允许的误差范围后，在面板上就可以查看实时纱长，纱长超出范围时，机台会发出警报停机。可以减少由于输纱盘飞花堆积、松动、牙带等问题带来的纱长不正确造成的质量问题。如果加上调整纱长的伺服电动机，则可以直接在面板输入需要纱长，自动调整机台纱长，大幅减少调机时间，节约调机用布，增加纱长的准确度，更好地控制坯布质量。

2. 自动清车功能

可以设置落布前多少转开始清车，清车时是否开汽、加油等，清洁完成后是否停车等。

3. 牵拉卷取的调节

带有伺服电动机的牵拉卷取装置，可以在面板调节上、中、下三段的牵拉张力大小，无极调整，更加方便快捷。

4. 管理功能

增加员工上下班刷卡，可以增加很多管理功能，如员工每条布的落布转数、时间、交接班布的转数、故障原因、停机时间、机台效率、保全的调机时间等，车间可以据此对员工进行考核，更加公平合理。也可以增加订单管理，更加方便地控制原料的使用、订单的货期管理，方便产量的实时统计。

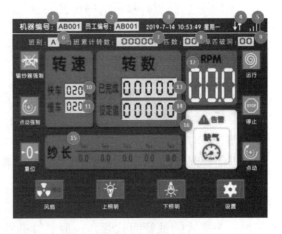

图5-9-1　操作面板

5. 其他功能

输纱器的灵敏度调节，机台刹车速度调节，故障代码查询，故障记录查询，运行时间查询等。

二、加油机

1. 加油机的类型和特点

一般采用加油机对大圆机运转时进行加油润滑。加油机主要有两种，喷雾式加油机和电子喷射式加油机。喷雾式加油机的优点是价格便宜，对织针是持续润滑，润滑的范围比较大。缺点是对压缩空气的要求比较高，气压要稳定，空气要干燥；油雾比较大，对环境有一定的影响，用油量比较大，不能精准控制每个加油点的油量；容易产生积油。电子喷射式加油机的优点是不需要高压空气，每个润滑点的油量可以单独精准控制，不会产生油雾，比较节省油。缺点是价格较高，设置油量不当时容易产生油针。

2．加油机的安装

（1）加油机的主机应固定在机台下方一个稳定的位置，一般安装在一个机脚内部下端。

（2）针筒针盘的每个针道都要根据加油机的类型安装适量的喷嘴；喷嘴有不同的型号、有针筒的、有针盘的、有喷针头的、有喷气的、有清洗用的，要根据机台的要求，安装位置的不同，选用相应的喷嘴。

（3）每个喷嘴都要固定好，喷嘴的端部不超出三角轨迹底部，以防碰撞织针。

（4）从喷油机的每个喷口用油管按一定顺序连接到喷嘴，并在加油机和喷嘴处加上标识编号，方便今后检查；接油管时要注意区分喷油口和喷气口，分别连接对应喷嘴。

（5）按油箱说明接好电源，使机台运转时，加油机工作；机台停止时，加油机停止工作。

（6）接好气管，使机台的进气压力达到加油的说明要求，一般要大于$4 \times 10^5 Pa$（4bar）。有些加油机是根据机台转一圈来进行加油的，因此还要连接机台转数传感器，或独立安装机台转数传感器。

（7）加入适当针织油，运转机器，检查加油机的工作状态是否正常，过滤装置是否正常。

3．加油机的设置

（1）气压高置。喷雾式的过滤装置气压一般大于$4 \times 10^5 Pa$（4bar），可以根据工厂气压情况设置，可以通过气压调节阀解锁后左右旋转调节气压的大小。电子式的供油主要靠电，供气主要是喷针头用，因此，电子式的气压一般在$3 \times 10^5 Pa$（3bar）左右，不能太高，以防损坏里面的电子设备。

（2）油量调节。喷雾式加油机先通过调节阀调节加油指针到指定颜色区域，使用轻质油时指针在绿色区域，重质油时指针在蓝色区域。机器工作时，使用六角工具，调节油滴调节旋钮，顺时针增加油滴速度，逆时针减少油滴速度，调到所需要的油滴速度。电子式的可以根据需要调节每条油管的油量大小。可以根据油量需要，分配到每条油管。

4．加油机注意事项

（1）安装加油机的位置要低于供油点，加油的管道最长不要超过3m，多余的管道可以剪掉；喷雾式的油管为软管，一般油管选黄色，气管选红色，喷射式的为硬管；一般为白色；为了保证最佳的喷油效果，油管的切口要平，最好用专用工具进行裁剪；油管只能螺旋上升，以油嘴为最高点。

（2）喷油嘴一般针筒为直型，针盘为弯形。安装时每一针道的喷油嘴要均匀分布，喷油嘴的前端要低于三角平面，用定位螺丝锁紧。针油喷出后要直接对准针踵或沉降片踵。

（3）要经常检查喷油嘴是否堵塞，检查方法为在加油机工作状态下，取出油管，观察喷油状态，喷雾式的为直向雾状散开，电子式的为直向束向有力喷出为正常，如果喷出距离较短或出现滴油，则要清洁油嘴，损坏的要更换；电子式如果油管供油不正常，也会出现报警信号。

（4）加油机的油箱工作气压在$3 \times 10^5 Pa$（3bar）以上时可以正常工作，由于喷雾式的加油量气压高时加油量会变大，气压低时加油量会变小或不加油，因此，一定要保证油箱气压的稳定，因此，经过过滤装置后的分气管不要太多，以免影响进入油箱气压的稳定。

（5）要根据生产的品种和原料实时对加油量进行调整，棉纱等天然纤维纱线的加油量必须高于涤纶等化纤长丝的加油量。根据厂家的具体要求进行设置，原则是保证润滑充分的情况下布面又不会产生针油路的最小油量。

（6）一般每个针道最少要保证一个加油点；以保证对织机的润滑。加油机的第一号油管一般不能关闭。

（7）针织油的油量要保持在标示范围内，不够时要及时加油；喷雾式加油机加油时一定要停机，否则容易产生安全事故，加完油后要拧紧加油螺丝才能开机。

（8）要根据机型和品种的要求，参考加油机的说明选择合适黏度的针织油。

（9）不同品牌的针织油不能混用，更换不同品牌的针织油时要先清洁油箱。

（10）压缩空气必须保持干燥，如果有水混入针织油里面，会影响润滑效果，严重的会造成撞针，使针生锈等。

三、变频器

大圆机的操作大多数都和变频器的设定相关，由于变频器的参数比较多，一般机台出厂时厂家都设定好参数，生产运转时不可调节变频器。在生产过程中如果需要调整起动力矩、刹车时间等和变频器相关的参数时，要找电工等专业人士参考说明书配合进行调整。

图5-9-2为富士变频器，调整刹车时间方法为：按$\dfrac{PRG}{RESET}$键从运转模式进入程序模式→按$\dfrac{FUNC}{DATA}$键进入快速设定显示F00时→按∧键调到显示F08→按$\dfrac{FUNC}{DATA}$→显示闪烁的数字如为02.00，表示当前的刹车时间是2S→按>>可以选调整的位数，按

图5-9-2　富士变频器

∧∨键可以调整数字的大小，调到需要的数值时，按住$\dfrac{FUNC}{DATA}$，当显示SAVE时，保存成功，再按$\dfrac{FUNC}{DATA}$退出。

第六章　产品质量保障

产品质量保障对于纬编操作而言，核心就是针对织疵的防御与处理提高操作质量。针对产品质量的操作必须依据针织品的核心标准：GB/T 5708—2001《纺织品　针织物　术语》、GB/T 22847—2009《针织坯布》、GB/T 22848—2009《针织成品布》、GB/T 22846—2009《针织布（四分制）外观检验》、GB 18401—2010《国家纺织产品基本安全技术规范》和GB/T 24117—2009《针织物　疵点的描述　术语》。

第一节　纬编毛坯布的质量保障

纬编针织坯布，俗称毛坯，属于针织品的半成品。通过对坯布疵点成因分析、提出处理办法及毛坯检验等质量管控措施，可以从源头减少或消除布面疵点，提高成品合格率。各地区各企业的坯布种类和疵点名称有所不同，应尽量采用传统名称。

一、纬编针织坯布疵点

根据企业生产实践汇总纬编针织坯布常见疵点，见表6-1-1。

表6-1-1　纬编针织坯布疵点

序号	疵点名称	疵点照片	疵点描述
1	粗细纱		织物中某一根纱，其中一段或者几段纱较细或较粗，织物表面出现横向线圈有疏密之分，这类疵点称为粗细纱
2	条干不匀		同一根纱线，在织物中时粗时细，粗细变化无规律且频繁出现，这类疵点称为条干不匀

122

序号	疵点名称	疵点照片	疵点描述
3	粗/细节		长度小于1cm（可根据实际确定）的粗细纱即为粗幼节
4	纱结		纱线的接头较为明显，就是纱结疵点。原则上纱支数较小需打十字结，纱支数较大则可接打拳头结，且打结后须剪掉接尾，一般纱结多至无法编织均发生在珠地等类织物上，这是由织物的结构决定的。如果结头多且纱尾未经修剪，则容易在布身出现纱结，这种纱结都可能显示在织物表面，对最终面料造成影响
5	污纱		沾上污渍的纱线织入布中，使布面出现污点或污斑，这些点斑可大可小，可集中可分散于布面。油污的产生包括机台机件或纱线通路上的各种油污对纱线的沾污，包括加油产生的油污
6	花针		在成圈过程中，不应出现的集圈称为花针。在一根或数根针上断断续续形成长花针，有如满天星无规则分布，这类疵点称为散花针。牵拉不足或针钩歪斜，针舌闭口不灵活等因素，导致退圈时旧线圈未脱出针钩，同时又垫上新纱线，形成新线圈，新旧线圈重合在一起
7	针路		编织时，由于织针在三角轨道运行不畅，纱线张力不均匀或织针变形等原因，导致针舌开闭不正常，使针织出的线圈异于其他正常工作的织针织出的线圈，布面出现一条连贯的直向条纹的疵点称为针路。针路具有透光性，严重影响织物表面的均匀、严整性

序号	疵点名称	疵点照片	疵点描述
8	断纱		在编织过程中任何一路纱线断裂后,织针不能吃到纱线进行成圈,造成该区域线圈中止,在布面形成一定长度的疵点,即断纱疵点
9	破洞		成圈过程中,有一根或几根纱线被成圈机件割断或轧破,线圈脱散形成的洞眼。洞眼形成可以在编织过程中即时产生,也可以在编织区域之外或编织生产之后,由于潜在的纱线断裂或线圈脱散而产生
10	漏针		在成圈过程中织针没有勾到新纱,而把旧线圈脱去,上下线圈之间失去串套形成的疵点,称为漏针疵点。漏针疵点按漏针长短分,可分为长漏针和小漏针,如可规定3cm以内称为小漏针,3cm以上称为长漏针。按织针形成方式可分为里漏针和外漏针。由针盘织针形成的漏针叫里漏针,由针筒织针形成的漏针叫外漏针
11	毛针		在编织过程中,由于织针或针筒等原因造成部分纤维断裂擦伤在织物表面形成带毛的针路,这类疵点称为毛针。纤维被擦伤的程度与机器运转速度、稳定性等因素有关,与编织的品种有关,更与纱线本身的性质有关

序号	疵点名称	疵点照片	疵点描述
12	稀密路		某些纵行的线圈形态有异，使布面整体看出现稀密不匀的条纹，这类疵点称为稀密路。主要原因是由于针头大小不一、长短不齐、针头前俯后仰或针筒口磨损等原因造成弯纱长度不一，个别线圈纵行密度变稀而形成明暗条纹
13	横条		连续几个横列出现形态有异的线圈，在布面有规则地出现，形成横向条纹，又称横路。主要原因是由于上下针筒口不正或同心度不准，针筒摇晃，编织时弯纱量不匀等原因，在织物的若干横列中线圈由大到小，再由小到大发生周期性变化，呈现稀密不匀的横向隐条或较明显条纹
14	吊针		在一枚针上连续多次成圈不脱出旧线圈，使多个线圈集中在针钩下形成的疵点，这类疵点称为吊针。吊针是花针的一种较为严重的织疵类型
15	云斑		由于纱线条干不匀或针筒不圆，造成织物条干不清、疏密不匀的云彩，这类疵点称为云斑

序号	疵点名称	疵点照片	疵点描述
16	三角眼（线圈形状异常）		成圈过程中，线圈受力不匀，使个别线圈形状不正常，总体或局部呈现布面不平整、不均匀现象，这类疵点称为三角眼。主要原因是纱线张力突变、成圈机件运行不畅等会直接或间接影响线圈两个相邻的线圈紧靠会形成的三角孔状的三角眼
17	纱拉紧		编织过程中，由于某根纱线张力过大所造成的针织物线圈拉紧现象，称为纱拉紧
18	勾丝		纱线或纱线中的纤维被从织物中勾出来形成一个或多个长的纱套或纤维套，这类疵点称为勾丝。勾丝的产生与纱线张力松与波动及成圈机件损伤纱线等因素有关
19	氨纶横疵		含氨纶织物编织中，由于氨纶张力不同造成织物横条，这类疵点称为氨纶横疵

序号	疵点名称	疵点照片	疵点描述
20	错纱		在编织过程中有一路或若干路误喂入不同品种或规格的纱线,形成的疵点称为错纱。错纱呈现横条状,可能很长,可能在织物表现为周期性横条
21	单纱		同一横列线圈中有两根以上纱线参与编织,当其中一根纱线断裂不参与编织时形成单纱,这类疵点称为单纱
22	横断纱		棉毛布(双罗纹)及其提花双面针织物,编织时其中一路发生断纱,形成的疵点称为横断纱
23	翻丝		添纱针织物的地纱线圈出现在织物的正面,这类疵点称为翻丝

序号	疵点名称	疵点照片	疵点描述
24	纱线扭结		一段小辫子形状的纱线外露在织物表面,影响织物外观,这类疵点称为纱线扭结
25	花衣		飞絮粘在纱线上,这一根纱线被织入织物中形成的疵点,称为花衣。飞絮通常带有油污或其他污物,花衣疵点不易清除
26	异形纤维		在织物上出现一个横列点状或条状的其他纤维,这种疵点称为异形纤维
27	脱布		编织过程不能连续进行,造成坏布脱挂的现象,形成的疵点称为脱布疵点。脱布疵点可大可小,通常是无规则的洞眼

序号	疵点名称	疵点照片	疵点描述
28	坏针		编织时织针损坏造成的直条疵点，称为坏针疵点。针损坏程度不同，或针工作状态不良的程度不同，产生的直条疵点的严重性不同
29	油针		加油或换针时在织针上沾染油污造成织物呈现纵向黄黑油污。织物沾染油污的疵点可以是沿着线圈的条状，也可以是分布无规律的块状
30	油渍		已织成的毛坯布有被机油或其他油类污染的现象，一般呈点状或块状
31	油土污		一般指织物下机过程或下机后受外界其他油迹污染，有时也指编织中织物沾上污物

序号	疵点名称	疵点照片	疵点描述
32	氨纶翻丝		指在单面氨纶组织中，氨纶丝没有被主纱线覆盖，露在织物表面中形成明显的横条

二、纬编针织坯布疵点的产生原因和处理方法

纬编针织坯布疵点产生原因及处理方法是多方面的，见表6-1-2。

表6-1-2　纬编针织坯布疵点的产生原因与处理方法

序号	疵点名称	产生原因	处理方法
1	漏针	喂纱纵角太小，无法有效阻挡针舌反拨而产生漏针；纵角太大或横角太大，勾不到纱线出现漏针；双面织物，吃纱位置不当；导纱异常；在勾纱时，针舌没有打开或针钩变形断裂；针舌长短不一；张力过小或纱线张力波动太大，特别是无规律抽针；成圈过长；卷布张力不匀或过松；采用纱线护针的方式，纱线无法有效挡住针舌反拨等	1. 调节喂纱嘴角度 2. 检查织针针舌和针钩 3. 检查和调节喂纱张力 4. 检查和调节卷布张力
2	花针	部分织针的针钩、针舌、针踵有轻微变形，少数织针的针舌、针踵运动不规则，织物牵拉力不足，挺针高度不足或压针深度太浅等原因使织针不足以脱圈；特殊组织结构中，线圈高度比值悬殊，部分线圈较松弛，织针脱圈后起针时，重新套入旧线圈；冷机启动或油路润滑不良，造成织针运行阻力较大时也容易产生花针	1. 检查织针针舌和针钩，更换有问题的织针 2. 检查和调节卷布张力 3. 冷机启动时先慢开热机，再逐步提高转速至正常运作状态
3	横条	各路纱线张力不一致；纱线粗细不一致；三角压针深度不一致；原料批号混用或错用；异常纱：脏污纱、霉烂纱、黄白纱、僵丝、色纱内外层差、倍捻或并捻纱的捻度异常；针筒的圆和平调校不精准；卷布机故障，卷布有间歇性等	1. 用彩色粉笔找出横条位置 2. 检查该路纱线张力是否一致 3. 检查纱线是否存在混批或错纱 4. 如果横条不只是一条纱，检查针筒的圆和平调校精准度 5. 检查卷布机故障
4	稀密针	针槽中有异物，导致织针间距不一，织针或沉降片翘起；新旧织针或沉降片混用；织针有轻微变形；针头大小不一；局部针槽松紧不一；针筒口有磨损；设备严重缺油时，整机布面不佳等	1. 个别稀密针时，检查该织针和沉降片是否需要调换，该针槽是否有异物 2. 如果稀密针数量较多，建议清洗针筒，挑选和更换部分织针，情况严重的，需要更换整盘织针或沉降片

续表

序号	疵点名称	产生原因	处理方法
5	云斑	纱线条干不匀；三角曲线加工精度误差；储纱器齿或牙磨损不一等	1. 检查纱线条干 2. 调换部分固定云斑位置的三角 3. 检查储纱器齿或牙磨损情况
6	破洞	纱线粗节及接头；纱线强力低；坏针；弯纱张力过大；织物牵拉张力太大或不匀；部分纱线对温湿度较敏感，不合适的温湿度会造成织布破洞（如人造棉纱受潮）；多针多列的成圈或集圈，会造成部分线圈承受的牵拉力较大，不恰当的工艺造成织布破洞；织针或沉降片对位太"对吃"；织物太紧密；针筒的圆和平调校不精准等	1. 检查纱线的张力是否过紧 2. 检查卷布架张力是否过紧 3. 调整织物密度
7	油针	织针、针槽、沉降片不干净有油污；加油量控制不当；机台检修油残留；针槽紧，摩擦起油污；针筒和三角表面的间隙太小，摩擦起油污；双面氨纶类织物，卷布张力太大，造成织针下半段和三角表面摩擦增大，起油污等	1. 检查和清洗油针位置的织针、针槽、沉降片上的油污 2. 调小加油机的加油量 3. 检查织针在针槽的松紧度 4. 检查清洗机台残留油污
8	毛针	织针毛刺或沉降片、针舌的轻微损坏，针舌不灵活等使部分纤维从纱线中钩挂出来；长纤织物太紧密时，针头直径和纱线弹性、线圈长度的配合超出范围，造成部分纤维断裂；喂纱嘴和织针距离太近，纱线在织针和喂纱嘴中间夹缝中被擦伤等	1. 检查毛针部位的指针和沉降片是否有轻微损坏，针舌是否不灵活 2. 检查压针是否太深 3. 检查喂纱嘴和织针距离
9	坏针	飞花；纱粗节及接头；织物密度过大；织针质量或使用期限问题；设备调校不精密，织针和纱嘴相碰等	1. 检查和更换坏针 2. 适当调疏织物密度 3. 检查织针和纱嘴之间的位置，避免相碰 4. 纱线重新络筒和过蜡
10	断纱	纱线强力低；筒纱成形不良；纱线粗节及接头，无法通过送纱系统；输纱系统异常；纱线张力过大或卷布装置力度过大等	1. 检查和调整纱线张力 2. 检查和调整卷布架张力 3. 纱线重新络筒和过蜡
11	单纱	断纱自停装置失灵，通常指双纱组织	1. 检查断纱位置的储纱器感应器是否灵敏 2. 检查纱嘴导纱孔是否被纱毛塞住
12	纱拉紧	喂纱嘴被飞花堵塞引起的纱线张力过大；输纱器绕纱太少；化纤长丝不正常缠绕；输纱器局部排列太密，皮带传动不良等	1. 检查和清理喂纱嘴导纱孔上的飞花 2. 检查储纱器上纱线缠绕圈数，一般20~30圈，根据纱线摩擦力进行调整 3. 检查输纱器局部排列，确保每个牙或齿轮不打滑
13	纱线扭结	纱线捻度过大；张力不均匀	1. 检查纱线张力是否太松引起打结 2. 检查纱线捻度是否过大，可以通过蒸纱定形或者在纱筒上加退捻盖等方法解决纱线捻度过大问题
14	勾丝	坯布中掉入坏的织针或者尖锐的物品，撑布架有毛刺，主要是化纤类织物易出现勾丝现象	1. 检查卷布架上是否有锋利或尖锐的物品 2. 检查是否有坏织针掉入坯布中

序号	疵点名称	产生原因	处理方法
15	翻丝	面纱与底纱张力不稳定；垫纱角度不合适	1. 检查面纱与底纱的张力是否匹配 2. 检查和调整垫纱喂入角度
16	异型纤维	棉花在采摘、摊晒、交售、打包、运输加工等过程中，由于方法和管理不善，导致三丝等非棉类纤维和有色纤维混入原棉，在纺纱过程中未被清除干净，残留在纱上，进入织物。有些异纤要染色后才发现	1. 白色和浅色采用"漂白纱"，减少色纤和杂质的影响 2. 个别明显的色纤采用人工挑除的办法，减少面料的浪费
17	脱布	纱线缠绕输线轮圈数过少或毛丝缠绕输线轮，或者纱线在纱嘴处断纱造成	1. 检查纱嘴导纱孔是否被纱毛堵塞 2. 检查纱嘴导纱孔处是否起槽 3. 检查储纱器缠绕在输线轮上的纱线圈数是否过少，一般为20~30圈
18	里子纱外露	沉降片的动程没有达到要求	调节沉降片与织针之间的相对位置
19	三角眼	织针不良；成圈机件位置不当、松动	检查三角眼是沿针路方向还是有规则的横向，如果是针路方向，检查和更换针织；如果是有规则的横向，检查和调节该路的三角和纱嘴等成圈机件，检查和调节纱嘴与三角之间的相对位置
20	花衣	机台上和周围的飞花清理不及时，飞花黏附在编织系统和纱路中，随运动的纱线织入坯布	1. 检查机台的自动清洁系统是否有效工作 2. 检查压缩空气压力是否正常 3. 检查储纱器和纱嘴等部件上是否有飞花积累 4. 及时清理地上飞花
21	油土污	挡车工接纱下布时手上沾有油土污；机台及机台周边清洁不好，使坯布蹭脏	1. 挡车工下布前检查和清洗手上的污迹 2. 定时检查和清理机台底板上的油污 3. 定期检查和清理机台周边地上的污迹
22	氨纶横疵	氨纶输纱器传动异常；氨纶混批；氨纶导轮转动不灵活或穿氨纶的瓷眼、沟槽有飞花堵塞；氨纶和纱线靠太近，氨纶被纱线的毛羽粘连并织在一起造成连续性的氨纶翻丝。氨纶的疵点在一些色织面料交界处不容易发现	1. 检查氨纶输纱器传动是否正常 2. 检查氨纶输纱器上的摩擦棒是否有缠丝 3. 检查氨纶输纱器上的导丝轮是否转动灵活，轴承上是否有缠丝和飞花 4. 检查喂纱嘴上的导丝轮是否转动灵活，轴承上是否有缠丝和飞花

三、针织毛坯布质量检验

1. 检验依据及相关标准

由于针织坯布属于半成品，是企业内部生产的中间管理环节，各企业都会根据实际情况制定一套检查和管理标准，一般会参考GB/T 22846—2009《针织布（四分制）外观检验》。

2. 检验方法和内容

毛坯布的质量检验范围包括外观质量和内在质量。外观质量指坯布表面疵点个数、布面质量等；内在质量指坯布门幅、匹重、密度、线圈长度等。

纬编毛坯布根据下机卷装方式分为圆筒卷装和开幅卷装，单面拉架平纹布（也叫氨纶汗布）目前大多采用开幅机织造，下机直接采用开幅卷装，也有采用圆筒机编织，下机后马上开幅卷装。开幅卷装的毛坯采用开幅验布机（图6-1-1）（与成品检验相同）检验，单面组织一般只需检查正面的质量。

其他大部分毛坯都是圆筒织造、圆筒卷布，圆筒卷布的毛坯现在多采用悬浮灯箱式验布机检验，一方面灯箱内有灯光，比较容易看清布面的瑕疵，另一方面，圆筒验布机的侧面有一面镜子，可以同时看到圆筒布两面的布面状况，提高验布效率。图6-1-2为圆筒验布机（悬浮灯箱式验布机）。

图6-1-1　开幅验布机

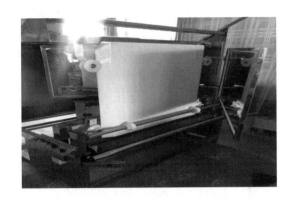

图6-1-2　圆筒验布机

不管是圆筒坯布还是开幅坯布，通常都采取全检的方式，每一匹坯布下机时都有一个"出生纸"，上面记录了订单号、机台号、序列号（货号）、挡车工姓名等信息，检验人员会对每一匹布进行检验，并出具检验报告，一方面将坯布质量信息第一时间反馈给挡车工，便于及时纠正织造过程中出现的问题，另一方面也便于针对坯布质量调整后整理方案，减少不必要的损失。

四、坯布检验常用方法和疵点计算方法

（1）验布记录一般采取疵项累积记录，即只记录整匹布疵点总次数/个数，不记录疵点分布位置和具体数量。特殊情况需要按码数分布记录和需要疵点个数的，则采用并举的方法，既记录次数又记录点数；另一种记录方法是每匹布按码数分布记录，在多少码内有何疵点，则在码数范围内记录，全匹查完再统计总次数或总个数/码数。

（2）疵点记法原则是：纵向疵项优先于横向疵项而记，如烂针同时有断纱，则记烂针。大的疵项优于小的疵项而记，严重的疵项优于平常的疵项而记，如断纱15.24cm（6英寸）且爆吼一个，则可只记断纱一次；爆吼一个，飞花三个，则可只记爆吼一个。如果出现纵向疵项可考虑避剪裁时，则纵向横向疵项均要记录下来。如离抽针7.62cm（3英寸）远烂针不需要剪，同时又爆吼一个，则可记烂针一次，爆吼一个（注明在烂针处）。

（3）验布记录遇到需要说明清楚或判定程度的，必须用记数方法加文字说明并举例进行记录，如起横属可接受的，必须注明起横种类，机横较纱横明显，则附加说明。需要留心变化或需要有关人员看布的，也要写清楚，以便界定责任。

（4）抽针两侧5.08cm（2英寸）范围内所有的疵项均可以接受。但必须在验布记录纸下注明其疵项和数量，油类疵项在范围内要尽量除油，以免出现连锁性疵项，同时要记录跟进

改善情况。

（5）记录疵项纵向的码数时，应从疵项开始点开始记数，到疵项完全消失或布头时止，计算总码数，需要剪布时，要注明剪布码数，尽量避免一匹布出现两个驳口。

（6）试纱或办布的验布记录要有侧重，比验大货的记录要详细、准确，一般采取计总方法记录，以方便判定纱质和布质。

（7）验布记录原则上要求同一机台一张纸，按布号顺序排列，同一张单一张纸，转单则换记录纸，要详细记录客户资料、验布时间、布类及用纱资料，以便查阅。

五、某针织厂毛坯检验方法和计算标准实例

1. 毛坯布计算疵点的方法

（1）零星疵点。是指少量出现的疵点，包括破洞、漏针、豁子（短）、单纱、油花衣（5枚针）、毛套、油污渍、浮疤等，有一个算一个，台车三角眼三个算一个，大肚纱汗布50cm以上、棉毛25cm及以上有一个算一个，以内不计。

（2）长疵点。长花针、长油针、长漏针、长坏针、长毛针、较明显横路、明显稀路针、变花纹及纱拉紧、错纱、粗细纱（横向汗布20cm，棉毛30cm），每30cm算一个，50cm算两个，连续超过2m降为二等，连续越过3m降为三等，连续超过4m降为等外。

（3）散布型疵点。指分布较密集的疵点，如正反面漏针、坏针连成的小洞等连续出现，成衣无法借疵的30cm算一个，50cm算两个，超过200cm降为等外。

（4）暗长疵。每50cm算一个，70cm算两个，连续超过3.5m降为二等，连续超过4.5m降为三等，连续超过5.5m降为等外。

2. 毛坯布的检验要求

（1）两面检验，破损性疵点有一个算一个，一、二等布2cm以上的破洞不得超过三个，超过者降为三等。

（2）粗细纱、油土污、花衣等视情况轻重计算。

（3）距布头两端10cm以内的疵点不计，距抽针缝两边各1cm以内的疵点不计，能修补的疵点必须修好，不得流入下工序，修补不合格者，算浮疤疵点计。

（4）因一处严重疵点要降为三等以上的布或一头好一头差的布可开剪拼匹，但此种情况应尽量避免，每匹布只能拼一次，即每匹布最多只能拼成二段布。并且拼匹时必须严格按同机台、同品种的坯布进行拼接，抽针布拼匹时必须把针缝对齐。

3. 毛坯检验方法

毛坯布质量检验的范围包括坯布表面疵点个数、坯布幅宽、匹重、密度、纱支。检验工对每匹纱布进行称重打印，须将重量、纱支、幅宽、日期、产地等内容打印在布头10cm以内。将纱布平放于验布机上，选择上、下灯光亮度进行检验，根据验布标准计算疵点，并做好验布记录。

4. 毛坯布内在质量要求

（1）针织坯布以匹为单位，按内在质量和外观质量最低一项评等，分为优等品、一等品、合格品。

（2）内在质量要求见表6-1-3，包括纤维含量、平方米干燥重量偏差、顶破强力三项，

按批以三项最低一项评等。

表6-1-3　内在质量要求

项目		优等品	一等品	合格品
纤维含量（净干含量）/ %		按FZ/T 01053规定		
平方米干燥重量偏差/ %		±4.0	±5.0	
顶破强力/N	单面、罗纹、绒织物	≥180		
	双面织物	≥240		

注　1. 镂空织物和氨纶织物不考核顶破强力。

2. 针织坯布以匹为单位，按内在质量和外观质量最低一项评等，分为优等品、一等品、合格品。

3. 内在质量要求包括纤维含量、平方米干燥重量偏差、顶破强力三项，按批以三项最低一项评等。

5. 外观质量要求

（1）外观质量以匹为单位，允许疵点评分见表6-1-4。

表6-1-4　外观质量要求

单位：分/100m²

优等品	一等品	合格品
≤16	≤20	≤24

（2）散布性疵点、接缝和长度大于60cm的局部性疵点，每匹超过3个4分者，顺降一等。

（3）抽样。外观质量按GB/T 22846抽样，内在质量按交货批分品种、规格随机抽取至少300mm全幅一块。

6. 检验方法

（1）纤维含量试验按GB/T 2910、GB/T 2911、FZ/T 01026、FZ/T 01057、FZ/T 01095执行。

（2）平方米干燥重量按FZ/T 70010执行。

（3）顶破强力试验按GB/T 19976执行，球的直径为（38±0.02）mm。

（4）外观质量检验按GB/T 22846执行，纹路歪斜和色差除外。

（5）数值修约按GB/T 8170执行。

7. 检验规则

（1）外观质量。外观质量分品种、规格按下式计算不符品等率，不符品等率在5%及以内，判该批产品外观质量合格；超过者，判该批产品外观质量不合格。

$$F = \frac{A}{B} \times 100 \qquad\qquad (6-1-1)$$

式中：F为不符品等率（%）；A为不合格量（m）；B为样本量（m）。

（2）内在质量。纤维含量、平方米干燥重量偏差、顶破强力三项均合格，判该批内在质量合格。

8. 疵点评分

（1）疵点扣分不分经纬向，依据表6-1-5中的疵点长度给予恰当扣分。较大的疵点（有破洞不计大小）每1码计4分。

表6-1-5　疵点长度及扣分

疵点长度	处罚分数
3英寸或以下	1分
超过3英寸但不超过6英寸	2分
超过6英寸但不超过9英寸	3分
超过9英寸	4分

（2）检查评定。除特别声明外，否则只需检查布面的疵点。另外，在布边1英寸以内的疵点可以不需理会。不论幅宽，每码布料的最高处罚分数为4分。特殊瑕疵如破洞、轧梭，一律扣4分。

（3）等级评估。不论检查布料的数量是多少，此检定制度须以一百平方码布料长度的评分总和为标准。若疵点评分超过40分，该匹布料则被评为次级及不合标准。

计算式为：

$$100平方码平均扣分数=\frac{总扣分\times100\times36}{检查总码数\times规格幅宽（英寸）}$$

除非面料的规格不对，否则表面不可见的疵点不计分数，小疵点不做记录。

在一码内不允许超过4分，任何连续性疵点均做4分评定，如尺寸不良、破洞扣4分。如横档、色差、狭幅、皱纹、斜路、织物不完整，均按4分/码计算。不必考虑长度破洞（纱被剪或断纱，或少了针迹），下面的情况做4分处理：有手臂长的油污迹，明显的抽纱或粗纱，纬纱不良，缺色，少经少纬。下面的疵点按照长度来决定：染色条，稀缝，裂缝水平或垂直方向的纹路，皱纹，轻重纱头，横档。

第二节　针织成品布的质量保障

成品布俗称"光坯"，是面料生产企业的最终产品，也是面料生产企业质量控制的最终目标。纬编针织成品布的质量由以下三方面组成，一是纱线质量造成的疵点，包括条干、异纤等；二是坯布编织过程中产生的疵点；三是染整过程中产生的疵点，包括物理因素和化学指标。通常布面质量需要全检，物理和化学指标采取抽检的方式。纬编针织成品布的检验必须将编织工序产生的疵点和染整过程中产生的问题全部检查，统一汇总每匹布和每个批次布的检验结果，形成质量检验报告。纬编成品布疵点判定依据是国家标准GB/T 24117—2009《针织物　疵点的描述　术语》。

一、针织成品布常见疵点的分析和处理方法

根据企业生产实际，表6-2-1汇总了针织成品布常见疵点的分析和处理方法。

表6-2-1 针织成品布常见疵点的分析和处理方法

序号	疵点名称	疵点照片	疵点说明及处理方法
1	洞眼		编织工序造成，采用避裁方法处理
2	油针		编织工序造成，采用避裁方法处理
3	长花针		编织工序造成，采用避裁方法处理
4	横条		编织工序中的原料造成，横条不是特别明显，可以采用降级方法，横条明显的要报废，或者将横条明显部分剪掉

序号	疵点名称	疵点照片	疵点说明及处理方法
5	稀密针		编织工序造成，采用避裁方法处理
6	翻丝		编织工序造成，翻丝部分报废处理
7	纱拉紧		编织工序造成，采用避裁方法处理
8	三角眼		编织工序造成，采用避裁方法处理

序号	疵点名称	疵点照片	疵点说明及处理方法
9	长坏针		编织工序造成，采用避裁方法处理
10	断面子纱		编织工序造成，断纱部分报废处理
11	断里子纱		编织工序造成，断纱部分报废处理
12	勾丝		染整工序造成，勾丝部位避裁处理

序号	疵点名称	疵点照片	疵点说明及处理方法
13	缺纱（单纱）		编织工序造成，单纱部分报废处理
14	粗纱		编织工序纱线因素造成，粗纱部分避裁，如果整匹布都是粗纱，则降级或报废处理
15	细纱		编织工序纱线因素造成，粗纱部分避裁，如果整匹布都是细纱，则降级或报废处理
16	长烂针		编织工序造成，采用避裁方法处理

序号	疵点名称	疵点照片	疵点说明及处理方法
17	长漏针		编织工序造成，采用避裁方法处理
18	油针		编织工序造成，尝试局部用喷枪喷洒专用去污剂清洗，或避裁处理
19	条干不匀		编织工序产生，降级处理
20	色点		编织工序产生，避裁处理，如果色点较多且分散，可以改染为深色使用

二、纬编针织物成品外观质量检验的主要方法（四分制）和相关标准

纬编针织物成品除了少数罗纹捆条和无缝内衣面料为圆筒卷装外，基本上都是开幅卷布，质量检验包括外观检验、物理指标检验和化学指标检验三部分，与纬编工操作相关的主要是外观部分，外观部分检验常用GB/T 22846—2009《针织布（四分制）外观检验》。

1. 术语和定义

（1）四分制：无论疵点大小和数量多少，直向1m全幅范围内最多计4分。

（2）线状疵点：一个针柱或一根纱线或宽度在1mm及以内的疵点。

（3）条块状疵点：超过线状疵点的疵点。

（4）破损性疵点：断掉一根及以上纱线或织物组织结构不完整的疵点。

（5）局部性疵点：在局部范围内，能明显观察到的疵点。

（6）散布性疵点：难以数清、不易量计的分散性疵点及通匹疵点。

（7）明显散布性疵点：明显影响外观效果的散布性疵点。

2. 检验工具

（1）验布机。台面与垂直线成45°，上下灯罩中分别安装6～8只40W日光灯，验布机速度为16～18m/min，带有测量长度的装置。

（2）验布台。宽度大于布幅，长度长于1m，台面平整，距台面80cm的40W日光灯或正常北光照射。

（3）直尺或卷尺。大于测量尺寸，最小刻度值为1mm。

（4）色卡。GB/T 250评定变色用灰色样卡。

3. 抽样要求

按交货批分品种、规格、色别随机抽样1%～3%，但不少于200m。交货批少于200m，全部检验。

4. 检验程序

（1）织物直向移动通过目测区域，保证1m长的可视范围进行检验。

（2）以织物使用面为准，以目光距布面70～90cm评定疵点。

（3）局部性疵点、线状疵点按疵点的长度计量，条块状疵点按疵点的最大长度或疵点的最大宽度计量，累计对照表6-2-2计分。

表6-2-2 疵点计分规定

疵点长度L/mm	计分
L≤75	1分
75<L≤152	2分
152<L≤230	3分
L>230	4分

（4）无论疵点大小和数量，直向1m全幅范围内最多计4分。

（5）破损性疵点，1m内无论疵点大小均计4分。

（6）明显散布性疵点，每米计4分。

（7）有效幅宽，按GB/T 4667测量，偏差超过±2.0%，每米计4分。

（8）纹路歪斜，按GB 14801测量，直向以1m为限，横向以幅宽为限，超过5.0%，每米计4分。有洗后扭曲测量要求的，纹路歪斜可由供需双方协商解决。

（9）与标样色差，用GB/T 250—2008评定，低于4级，每米计4分。

（10）同匹色差，用GB/T 250—2008评定，低于4~5级，全匹每米计4分。

（11）同批色差，用GB/T 250—2008评定，低于4级，两个对照匹每米计4分。

（12）每个接缝计4分。

（13）距布头30cm以内的疵点不计分。

（14）每匹布长度的测量按长度检测装置计量。

5. 结果计算

（1）每匹布的总分值以每百平方米计分或每百米（全幅）计算。计算式如下：

$$R_1 = \frac{10000 \times P}{W \times L} \qquad (6\text{-}2\text{-}1)$$

$$R_2 = \frac{100 \times P}{L} \qquad (6\text{-}2\text{-}2)$$

式中：R_1为每匹布每百平方米的平均分；R_2为每匹布每百米的平均分；P为每匹布总分；W为实测有效幅宽（cm）；L为实测长度（m）。

（2）结果按GB/T 8170修约至整数。

6. 检验报告

检验报告的内容包括：

（1）本标准的编号和年号。

（2）样品的名称和规格。

（3）使用验布机或验布台。

（4）抽样基数和抽样数量。

（5）每百平方米或每百米的平均分。

随着物联网和数字化技术在纬编针织产品的检验中得到了应用，智能验布机、客户远程验布等技术已经投入试用，并不断升级完善。

三、纬编针织物成品物理指标检验的主要方法和操作标准

纬编针织物成品物理指标主要包括幅宽、克重、缩率、扭度等，其中与编织有关的是幅宽测定和克重测定。幅宽与机器总针数、针距有关。

1. 幅宽测定（布封测定）

（1）把待测定布匹平铺于平台上，除去张力与折皱，以钢卷尺在布匹的上下两个不同部位测量布匹幅宽的两个数据，要求精确至0.1寸或0.1cm，取平均值，即为布匹幅宽的测定值。

（2）测量幅宽一般有三种情况：

圆筒织物幅宽=（双幅布边至边）测定值×2

单幅未拉幅定型织物幅宽（连边）=（幅宽至幅宽）测定值

拉幅定型织物幅宽（实用）=（针眼至针眼）测定值

专用天平　　　　　　　面料克重取样器

图6-2-1　　面料称重专用天平和克重取样器

2. 克重测定（布重测定）

将待测织物放平铺于胶板上，除去张力和折皱，用圆形取样器（直径为11.4cm）在离布边10cm以内不同位置切取两块圆，在专用天平上准备称重（精确至0.01g），取两个值的平均值，即为克重的测定值。使用仪器如图6-2-1所示。

取样器取样应注意压紧待测布，用力要均匀，争取一次取样块，样布要求圆，否则影响克重值的准确性。织物必须平铺在正常温度和湿度环境下12h以上，使织物的缩率和回潮率在正常状态下再取样，以减少测量误差。

四、针织坯布检验管理实例

1. 检验规程

（1）针织坯布的质量分为内在质量和外观质量两方面。内在质量主要包括纤维含量、单纱克重、含水率、扭度、爆破力、成分、原料和坯布微观外观效果、上色率、原料的功能整理效果等，由第三方检测机构进行检测。

（2）对大货原料的亏磅进行抽验，对大货原料的包装、破损程度进行监督管理，并按统一格式表格，按规定渠道反馈给发外生产部、采购部。

（3）对所有生产的坯布宏观外观质量进行检验，按一定长度坯布上的疵点数量或明显程度进行评级，采用美标四分制的接受标准进行仲裁（坯布与成品相同）。发外生产部跟单质量检验人员负责对公司所有发外的织坯质量进行监控、抽查、复核、处理追踪。

2. 检验方法

（1）坯布宏观外观质量。包括织造性疵点（简称织疵）和原料性疵点（简称纱疵）两类，坯布宏观外观质量分别按两类疵点的多少和明显程度进行评定，织疵及纱疵的多少和明显程度用于判定坯布是否合格，纱疵的多少和明显程度也作为向供应商投诉原料质量的重要依据。织疵和纱疵均可分为局部性疵点和散布性疵点两类。

①局部性疵点。包括点状、循环、直落三种形式，呈线状和条块状，主要为破损性或严重影响布面效果的非破损但外观手感明显的疵点，可计点数、只数、条数、长度。

②散布性疵点。为难以数清、不易量计的分散性疵点及通匹性疵点，根据其程度可分为轻微、明显、显著（或严重）三个等级。以坯布发外生产部确定的标准封板样（签章作实，一式两份，以3个月为最高使用时限）为参照物进行同类产品的质量标准判定。

（2）对特殊布种的特殊要求（如贴合布的零疵点要求）。由坯布发外生产部另行通知，严于此标准要求的以另行通知的为准，否则按此标准执行。对于同一布种，不同客户的不同要求的，因成品布工艺不同导致同样坯布不同成品布外观的质量问题投诉以此标准为准。难以界定的以本标准起草小组的合议协商为准。

（3）坯布常规外观质量要求（表6-2-3）。

表6-2-3　常规外观质量要求

疵点名称	AA级（优等品）	A级（一等品）	B级（合格品）
局部性疵点/（个/20m）	≤0.25	≤0.5	≤1
散布性疵点	不允许	轻微	
幅宽偏差/%	±2.0	±3.0	±4.0

注　1. 散布性疵点：难以数清、不易量计的分散性疵点及通匹性疵点。
　　2. 轻微散布性疵点：不影响总体效果的散布性疵点。

第三节　纬编针织物疵点分析和处理方法举例

影响纬编产品质量的因素很多，织物可能产生的疵点更是多种多样，与设备状况、工艺条件、原料匹配等因素有关，还与操作、环境等有关。一些主要疵点对织物外观质量影响较大，形成原因也较复杂，需要分析并提出处理的方法。

一、单面织物的扭曲变形

针织物形变较大，单面织物变形更大，达到一定程度就成为织疵，针织物的纬斜、扭曲是常见现象。

（一）纬斜

纬斜是指针织物线圈横列整体横向与整体纵向的不垂直程度，这种不垂直程度是评价针织毛坯、净坯布外观质量的重要指标。这种不垂直程度在一些普通单面结构和单面提花、单面集圈织物，以及色织彩横条产品中需要严格考核。

1. 产生的原因

（1）生产工艺。机器的路数多，机器转一周编织的横列数就多，横向纹路斜度就大。机器的旋转方向决定织物斜向，顺时针旋转产生的布面歪斜为左下向右上，逆时针与之相反。上机工艺参数对织物的斜度有一定的影响，例如，线圈长度越大，针织物越稀，织物松弛状态下的整体和局部歪斜可能性就越大。

（2）纱线性能。纱线捻度和捻向对纬斜有影响。加捻是给纱线一种扭转变形，这种变形包括弹性变形和塑性变形。弹性变形使纱线内纤维间存在内应力，导致纱线捻度的不稳定，编织成线圈的纱线力图解捻，引起线圈歪斜。这种歪斜随着使用和水洗会加剧，因为弹性变形回复需要时间，纱线浸润后膨胀，纤维间的内应力得到释放，加快变形回复。纬斜的方向随纱线的捻向不同而不同。采用Z捻纱，在织物表面形成自左下向右上的纹路歪斜；采用S捻时，线圈的歪斜方向与Z捻相反。捻度越大歪斜越明显。由于国内一般单纱与长丝的捻向为Z捻（也称右手或反手捻），股线的捻向为S捻（也称左手或顺手捻），所以单纱与长丝织物的纬斜为自左下向右上的，而股线织物的纬斜则与单纱织物相反。化纤长丝织物纬斜较不明显。

2. 改善措施

（1）消除由原料纱线捻度产生的斜度。尽量适当减小纱线捻度，采用捻度较为稳定的纱线，如经染整处理消除内应力的纱线；采用S捻和Z捻两种原料交织，可降低纬斜；采用股线降低纬斜，因为股线经过两次加捻，第一次单纱加捻为Z捻，第二次股线加捻为S捻，可以抵消一部分的内应力。

（2）采用与机器转动方向相配合的捻度。大圆机顺转与逆转所产生的编织纬斜方向相反，棉纱线也有两个不同捻向所产生的编织纬斜方向相反。对于Z捻纱，在机器顺转作用下产生结果是加捻，逆转结果是退捻，因此可以利用捻向和圆机转向的配合的办法来一定程度上降低纬斜：Z捻向纱线用逆转大圆机编织，S捻向纱线用顺转大圆机编织。顺转大圆机可通过换一套三角来改为逆转。

（3）采用减少路数的方法减小纬斜。如将96路大圆机减少为72路，纬斜就会明显减少。

（4）通过后整理工序消除歪斜。通过定型环节中的整纬装置来调整，利用进布两边速度的差量来调整横列间歪斜。还可使用光电整纬机进行整纬，但要求编织纬斜在一定范围内。

编织纬斜与捻度纬斜的关系见表6-3-1。

表6-3-1　编织纬斜与捻度纬斜关系

棉纱捻向	圆机转向	编织纬斜	捻度纬斜	结论
Z捻	顺转			叠加差
	逆转			抵消好
S捻	顺转			抵消好
	逆转			叠加差

（二）扭曲

针织物使用及洗涤后发生的纹路歪斜、扭曲的现象，统称扭曲，其程度称为扭度。扭度采用坯布经水洗后测量扭斜角等方法来表征。

1. 产生原因

针织物生产中各种残留的受力、产生的变形以及各种变形因素的叠加，都是扭曲产生的原因。如编织中织物斜度较大，后整理为纠正纬斜而需使用较多附加外力，会加大织物的扭度。在染整环节可以通过多种办法降低扭度，如染整过程中各松弛放置一定时间就是减少扭度的累计，如坯布经染整后必须松弛堆量24h以上才能裁剪以减少扭度产生。

2. 改善措施

单面纬编针织物的扭度可以控制在一定的范围内。由于斜度与扭度具有相关性和潜在的对立性，因此需要取舍：如织物定型前斜度越大，需要纠正斜度，需要加大扭度的代价就越大；反之，改善扭度有时可能以加大斜度为代价。纠正斜度或者扭度都会使织物的缩水率有一定上升。有时织物特性也决定扭度与纬斜的取舍，如色织条纹或提花织物侧重点是消除纬斜以便缝制时能对格对条。

二、横条

横条就是在织物表面或者两面出现横条状的织疵，根据显现程度分为隐横条和横路（也称横条、显横条）。隐横条是否出现、是否严重更多取决于设备的精度及总体运转状态，而横条主要与机器调试（更多是机件调试）和纱线状态等有关。

（一）隐横条

1. 产生原因

隐横条产生的主要原因之一是：进线总路数循环周期内，织物的高度方向线圈大小是呈渐变状态，这种渐变使横条在毛坯时不太清晰，染整后则显示出来。对于条干均匀、布纹清晰的化纤织物，隐形横条更容易发现。

（1）主要部件精度或者故障。如针筒、针盘水平度不足或者同心度偏差较大，编织时针筒摇晃，弯纱量稀密不一，容易产生在相近时段时规则而不同时段时不规则的隐横条；积极式给纱机构中，变速盘不圆等因素导致变速盘的圆周线速度差异，进而导致纱量不够恒定，变速盘传动的同步齿形带速度波动导致送纱量变化，最终导致布面出现隐横条。卷布张力不均匀，时松时紧，也会出现隐横条。

（2）纱线性能。如每路积极式送纱系统给纱量相同，但由于纱线弹性大，在编织中受拉伸而产生塑性变形，布面可能会产生隐横条。

2. 处理办法

送纱均匀，机械稳定平稳，防止顿挫，使卷布张力稳定。

（二）横路

在织物表面出现一个或者多个横列的线圈较其他横列线圈过大或过小，出现稀密不匀的现象，称为横路。

1. 产生原因

（1）纱线使用不当产生横路。

①纱线混杂引起横路。不同批号或不同细度、色泽、性能的纱线混入，引起横路。不同批号、同色的纱线（细度存在差异）的横路疵点在编织时不易发现，漂染后会显现出来。

②纱筒差异较大引起横路。纱筒在纱架上退绕时会产生气圈，退绕的纱线围绕纱筒的轴心线旋转运动产生离心力，纱筒越小退绕速度越快，所产生的离心力就越大，因此大小纱筒同时使用，可能由于纱线张力差异加大出现横路。

③纱线本身质量差异引起横路。纱线的质量有问题，导致坯布或染色后出现横路。再生化纤纱线更易出现。

（2）机件调整不当产生横路。

①压针三角进出位置不一致引起横路。压针三角过深，形成大线圈，反之形成小线圈。

②导纱轮位置调整不当引起横路。添加氨纶，极易出现横路疵点。垫纱横纵角度不当就会引起氨纶丝与导丝轮摩擦力的变化，收缩不匀。

③纱线在通道中出现缠绕，储纱器上绕纱数量太少，导致纱线张力变化。

2. 处理办法

（1）纱线使用正确。纱线批次等需严格一致，纱筒纱线应力应当较长时间有效。高弹纤维延伸性远大于普通纤维，必须正确调节导纱位置。试染测试纱线吸色性能。

（2）机件调整准确。压针三角进出位置准确一致，导纱轮位置调整准确，经常检查纱线通道纱线情况。

三、直条

直条疵织物由于线圈异常，导致明显的、非工艺要求的、沿着线圈纵向的条状疵点，线圈异常表现为歪斜、大小差异、形状变异。直条疵点通常经染整，包括碱减量、酶处理、刷毛等处理也难以纠正。

（一）常规直条

1. 产生原因

（1）成圈机件。如织针针型、规格、新旧存在差异，织针的针头、针钩、针舌不良（歪斜、不灵活），针身残缺、歪斜及磨损等；沉降片规格、新旧差异，沉降片歪斜或局部损坏。

（2）机台调试。如机上针距、位置不符合安装标准；针槽变形，针槽内有污，造成织针或沉降片运动受阻或运动不精确；机台润滑不足，造成编织部件运动不畅。

（3）其他。如卷布张力过大，直条会较明显；机停太久，原料柔软度下降，造成直条明显。

2. 处理办法

（1）织针管理。根据机台用针档案发放替换用针，建立机台档案，机台用针新旧程度分为1~4类，区分针的类型、新旧，以防混用；更换不良织针和沉降片；防止操作不当引起坏针。

（2）规范操作。加强布面质量巡查，规范机台操作，处理破洞、断纱、双纱打结结头要小；及时清洁机台。

（3）完善设备安装调试保养。

（二）工艺直条

指与织物品种、编织工艺有关的直条。

1. 产生原因

织物结构太疏松，造成直条明显，丝盖棉、氨纶汗布、丝光布、针织牛仔布等面料易出现工艺直条，条纹的显现与染色有关。

2. 处理办法

完善工艺设计，包括印染后整理。制订合理的织造工艺，包括按品种选择织针和沉降片，选用柔软度较好的纱线。成品制作中可以采取倒裁、小块面料使用方法，降低损失。

四、卷布中间痕（中央线，卷布折痕、压痕）

圆筒卷布过程中，布直向中间留下的折痕就是中间痕，筒径大的圆机在其中一边位置抽针（开幅），对面中间痕正好在布中央。在染色中折痕无法松弛，折痕无法回复，折痕对成衣缝制工序有影响。

1. 产生原因

圆筒牵拉对折卷布，折边位置纤维发生弯曲，外层拉伸，内层受压缩，产生中间折痕，外力去除折痕还是存在。中间痕的深度与卷布夹持力大小、卷取张力大小或卷布辊张紧度有关，与圆筒坯布存放时间有关，布边长期受压之下易产生折痕。折痕以含氨纶的弹性布、以工艺反面做面料正面的双珠地布和一些要求较高的薄型布显得较为突出。

2. 处理办法

（1）机械方面。

①调整卷布速度和织布速度。调好卷布输送盘，减少罗拉与布面相对摩擦，减轻布痕的压死程度，淡化折痕。

②变换落布方式。一般圆机落布方式将对折的针织布经过三根罗拉，在拉紧状态下呈形绕到卷布机上，落布过程中张力摩擦加深折痕。如果放为直落布，将织物经过牵拉辊后很快放松，直接落入下会大幅减小张力、减轻摩擦。

③改造撑布架的形状。圆机撑布架的形状以菱形架较多，其角部较尖，这种尖角常使织出的毛圈布折痕明显，甚至会把毛圈刮倒。可将菱形架改为椭圆形或者在菱形架的角部加一滚轮，已经有滚轮的可加大滚轮的厚度，滚轮表面可稍带圆弧，减少尖角对布面的刮压。

（2）技术控制。

①减小撑布架的宽度。在保证坯布不打折的情况下尽量收小撑布架。

②调节卷布罗拉。卷布罗拉两端的调节环要调节合理，保证织物的两边一直在卷布罗拉调节环的凹槽内经过。或将上卷布辊两端改为活络套式。

③改变坯布卷绕方式。某些产品可采取改变卷绕方式来减少，坯布在卷取过程中，布边受到机台的挤压十分轻微，下布后立即验布，使毛坯布完全处于松弛状态，这样毛坯布经染色后，压辊印已基本消除。

五、氨纶针织物编织注意事项

氨纶弹性针织物编织容易出现断纱、弹性不足或过大、布面横或纵向不平整等织疵。

1. 喂纱装置与垫纱角度（纵角、横角）

必须选用积极式氨纶送丝装置、氨纶张力装置及氨纶垫入滑轮装置。同时要求弹性纤维在进入舌针前的接触点必须与滑轮接触，目的是减少因阻力变化而产生的张力波动。

单面氨纶添纱针织物中，为保证氨纶纱仅出现在针织物的工艺反面，氨纶纱的垫纱纵角及横角，必须大于地纱的垫纱纵角及横角，并确保纱线在针钩内点相对位置在编织过程中不改变。双面织物中，如果氨纶纱仅需在上针垫纱，喂纱轮的位置保证下针吃不到氨纶丝前提下，垫纱横角和垫纱纵角能确保氨纶丝能顺利喂入上针针钩内。如果氨纶纱需在上下针垫纱，喂纱轮的位置要使垫纱横角和垫纱纵角能确保氨纶丝能顺利喂入上下针针钩内。

2. 送纱量

氨纶编织过程中存在纱线最佳弹性区域。送纱量增加，织物及纱线的弹性回复率都增加，织物的回复性能好。但是也存在合适区域，生产实际需要根据织物组织，选定适合的送纱量。防止因张力过大，造成编织时断丝、坏针。也要防止织物下机后，布幅缩小、平方米克重增加、尺寸不稳定、布面不平整、织物卷边等问题。送纱影响线圈长度，也影响悬垂性和手感。

3. 弯纱深度

含有氨纶丝的线圈长度明显长于不含氨纶丝的线圈长度，这是编织特殊弹性棉毛织物的工艺要求。

4. 对位要求

编织双面氨纶织物时，要考虑对位问题。如果只是上针加垫氨纶，则要用分吃对位，方便调节喂纱轮，使氨纶能避开下针，顺利喂入上盘织针中。如果是上下针都加垫氨纶，则要采用偏争吃对位，能使氨纶顺利喂入上下织针中。

5. 氨纶丝的存放

防止不同厂家、批号和规格的氨纶混用；裸丝放置时间过长，溶剂会进一步挥发，导致粘连现象，氨纶丝筒子应定期用完。

第七章　生产管理基础

本章从与产品制造直接相关、间接相关的流程与管理角度以及生产管理、机械管理、技术管理、物流管理、安全管理等常规管理角度，阐述作为纬编操作工需要掌握的基本理论知识和操作内容（核心是面料织造流程与车间管理），同时诠释了纬编工职业技能等级从初级工到高级工提升需要初步掌握的基本知识与技能，从高级工向技师、高级技师晋升需要进一步掌握的基本知识与技能。纬编生产管理在于流程管理，就是现场管理，涉及质量、工艺、设备、工具、能源、安全生产。标准化作业把复杂的管理和程序化的作业有机地融为一体，规范员工对生产现场的整理，实现生产中的优质、高效、低耗。

第一节　与织物织造直接相关的流程与管理

一、生产流程

随着针织品的不断优化、持续升级，针织面料生产流程通常较长，工艺差异较大，生产流程可分为织造环节和染整环节，这两个环节连续且互补。

（一）织造工艺流程（普遍流程）

针织面料的织造工艺流程根据产品的不同而不同。

1. 纬编针织面料织造基本工艺流程

原料准备（络纱）→ 上机编织→落布（下布）→检验、称重、打印→入库

2. 经编针织面料织造基本工艺流程

原料准备→整经→穿经→编排链条→编织→落布（下布）→检验、称重、打印→入库

（二）染整工艺流程（常规流程）

针织面料染整加工过程通常工艺繁杂，工序多，流程长，下面是一些针织面料的染整工艺流程。

（1）全棉罗纹色布普通整理。

毛坯面料准备→松布→染色（酶洗）→开幅机轧水洗毛→烘干→中检→定型→成品验布

（2）棉盖高弹丝罗纹色布普通整理。

毛坯面料准备→开幅→P头机过热水→定坯—过水→染涤→染色（酶洗）→开幅机轧水洗毛→烘干→BF批色→中检→定型→成品验布

（3）全棉单珠地色布普通整理。

毛坯面料准备→开幅→正面烧毛→染色（酶洗）→开幅机轧水洗毛→烘干→中检→定型→预缩→成品验布

（4）全棉双面色布水柔棉整理。

毛坯面料准备→开幅→双面烧毛→染色（酶洗）→开幅机轧水洗毛→烘干→中检→定型→轧光预缩→预缩→后检

（5）莫代尔平纹白布液氨整理。

毛坯面料准备→开幅→定坯—热水→正面烧毛→半漂（酶洗）→开幅机轧水洗毛→定型干布→中检→液氨整理→漂白→开幅机轧水洗毛→SANTEX烘干→BF批色→中检→定型→轧光预缩→成品检布

（6）莫代尔平纹色布液氨整理。

毛坯面料准备→开幅→定坯—热水→正面烧毛→染色（酶洗）→开幅机轧水洗毛→定型干布→中检→液氨整理→BF批色→洗水→开幅机轧水不冲水→SANTEX烘干→中检→定型→轧光预缩→成品检布

（7）莫代尔氨纶弹性平纹白布液氨整理。

毛坯面料准备→开幅→定坯—干定→半漂→开幅机轧水洗毛→定型干布→中检→液氨整理→正面烧毛→漂白→开幅机轧水洗毛→烘干→BF批色→中检→定型→轧光预缩→成品检布

（8）莫代尔氨纶弹性平纹色布液氨整理。

毛坯面料准备→开幅→定坯—干定→染色→开幅机轧水洗毛→定型干布→中检→液氨整理→正面烧毛→洗水→开幅机轧水洗毛→烘干→BF批色→中检→定型→轧光预缩→成品检布

（9）全棉双卫衣色布液氨整理。

毛坯面料准备→开幅→双面烧毛→染色（酶洗）→开幅机轧水洗毛→定型干布→中检→液氨整理→BF批色→洗水→开幅机轧水洗毛→烘干→中检→定型→成品验布

（10）全棉双卫衣色布抓毛。

毛坯面料准备→开幅→正面刷毛→染色→开幅机轧水洗毛→定型干布→中检→反面抓毛→定型→环烘→正面刷毛→反面梳毛→剪毛→中检→定型干飞→成品验布

（11）棉氨纶弹性罗纹浅色布底刷毛整理。

毛坯面料准备→松布→定坯—过水→染色→开幅机轧水洗毛→定型干布→中检→反面刷毛→中检→开幅机轧水洗毛→烘干→定型→成品验布

（12）棉氨纶弹性罗纹深色布底刷毛整理。

毛坯面料准备→松布→定坯—过水→反面刷毛→染色→开幅机轧水洗毛→烘干→中检→定型→成品验布

（13）棉/涤鱼鳞双卫衣色布抓毛整理。

毛坯面料准备→开幅→染涤→染色（酶洗）→开幅机轧水洗毛→定型干布→批色→中检→反面抓毛→中检→定型→成品验布

（14）棉织物冷染。

毛坯面料准备→开幅→CPB冷轧堆→染色→开幅机开幅轧水→烘干→中检→定型→成品验布

（15）40E涤双面空气层织物溢流染色。

毛坯面料准备→除油→预定型→配布→染色→脱水→后定型→成品验布

（16）40E锦纶双面经轴染色。

毛坯面料准备→除油→预定型→配布→打卷→染色→退卷→后定型→成品验布

（17）40E锦纶双面空气层织物数码印花。

毛坯面料准备→配布→定白→上浆→印花→蒸化→水洗→定型→成品验布

（18）涤纶空气层刷毛。

毛坯面料准备→除油→预定→配布→染色→脱水→后定型→刷毛→二次后定→成品验布

（19）涤纶双面刷毛转移印花。

毛坯面料准备→配布→除油→定白→复洗→定型→中检→刷毛→后定型→打花纸→压花→成品验布

（20）涤纶平纹氨纶弹性织物转移印花。

毛坯面料准备→配布→定白→复洗→后定型→中检→打花纸→压花→成品验布

具体生产时要根据面料的特点、染厂的设备、加工处理的要求、客户的需求等进行适当调整，以便节能、环保、高效地生产合格产品。

二、订单与生产计划

生产计划由销售部门、产品开发（技术）部门、生产车间、供应部门等协调实施。生产计划的职责是将销售部门接到的客户订单要求，合理地做好各相关部门的安排，及时组织、调整生产，不能拖延；综合判断生产能否满足客户的各方需求。订单分为新产品开发单、大货前的试样单、大货订单等，可分为普通订单、快销订单和补单。

（一）新产品开发

新产品开发是产品开发的初始与探索，形成的试样订单存在较大的不确定性。新产品开发需要多部门配合。

（1）产品开发部门根据产品开发计划，或者按照销售部门提供的新品开发要求，有时还需参照新产品布样，分析满足生产所需机型、工艺、原料等信息，并分析产品性能、货期等情况，核算产品的单价，做出开发评估，出具开发工艺单，向车间生产下达。

（2）车间（或者试制车间）根据开发工艺单，准备好相关的原材料，调试机台，组织新产品试制的机台实施。产品开发部门持续参与、跟进产品开发工作，随时修改完善开发工作。

（3）对基础开发得到的布样进行评估，与供应部门研究原材料供应，与销售等部门研究产品需求趋势，及时调整工艺，有效制订提升试制产品的措施，与生产车间配合，形成产品开发正式工艺。

（4）做好产品开发资料的留档。

（二）中样或大货前的试制

新产品开发时试制次数有限，试样数量通常较少，新产品工艺不一定能够完全适用于大货生产。因此，新产品在正式大批量生产前都要进行针对性试制。

（1）新产品拥有大批量订单时，必须充分了解试织试染情况，对该产品质量、规格和最终风格等情况进行评估，分析并提出生产可能存在的风险点，制订预防措施。

（2）生产过程中，特别是初始量产阶段，需要对产品进行相关测试，验证是否符合与客户签订的各项技术指标，一方面进一步验证工艺流程的合理性，另一方面及时完善工艺流程，确保产品一等品率。

（3）产品开发部及时建立工艺档案，及时与相关部门沟通工艺调整情况。

（4）中样确认后，可以正式安排大货生产。

（三）大货订单的实施

1. 下单前

正式下单前，企业管理、销售等部门要与生产部门进行沟通，对订单的货期、质量及特殊要求等进行确认工作，进行如下操作。

（1）查询仓库客户需要的产品的成品和坯布的库存情况，确定是否需要组织生产。

（2）查询产品的工艺档案，确定该产品所需要用到的原料、机器型号，以及后整理所需要用到的染辅料等，确定仓库所需要用到的原材使用情况能否满足订单的生产需求。

（3）如果原材料不足，要确定原材料的到货时间，并根据车间机台的生产情况，确定所能开的机台数量和时间，计算完成订单的时间能否满足客户的要求。

（4）货期不能满足要求时，及时反馈并和客户协商，能否调整货期。

（5）对于要求生产量较大或品种规格较多的订单，要制订分批交货计划。

（6）对于特殊品种或有特殊要求的订单，要再次和品管部门等进行确认。

（7）对于客户订单的货期不能调整时，要看车间能否调整生产，确实完成不了时，要建议取消订单。

2. 正式下单后

正式下单，意味着要立即组织生产。

（1）确定需要生产的坯布数量，向车间下达生产通知单。

（2）计算出各原材料的数量，向采购部门下达需求计划。确定原材料的回厂时间。

（3）数量较大时，要根据生产计划，制订原材料的分批回厂时间和分批交货计划。

（4）及时发现生产中存在的问题，组织相关部门和人员及时解决。

（5）发生不可预料的情况，导致不能按照计划完成生产时，要及时将相关情况和销售人员沟通，争取客户的理解。并对生产计划进行调整。

（6）对于生产过程中出现的质量问题，不能返修时，要及时下达补单计划。

（7）要注意与车间排产员、采购、销售、品控等部门密切配合，及时对订单变更信息、客户要求变化、车间生产变化、产品质量情况等信息进行沟通，及时发现问题，解决问题。

（四）生产计划中的注意事项

（1）生产计划的接收和下达必须有书面或电子信息确认，可供查询。紧急情况的口头通知、电话通知都需要书面重新确认。

（2）定期对订单进行整理归类、存档。

（3）及时和销售沟通，了解后续变化的情况，提前做好准备工作。

（4）平时收集有关原料的质量、货期信息、产品的质量信息等，了解各车间的生产情况，当有订单下来时，能够快速进行处理。

（5）与车间的排产员多进行沟通，将相关的信息及时准确地进行传递。

（6）当对一个订单的内容进行调整时，要考虑这一调整对其他订单的影响，并做好相应的协调工作。

（五）车间排产的注意事项

排产员接到计划员的生产通知单后，要根据生产通知单上面的产品数量和交期，根据车间的生产情况，决定产品上机的时间和上机的机台数量，尽量减少停机时间，提高转机的效率。

（2）根据生产通知单上面的产品信息，调用相关的生产工艺，并按照工艺指示算出相应的纱线数量，下达生产计划书，给仓库和生产车间。

（3）车间接到生产排产通知单，要根据生产工艺和生产计划，合理安排机台，提前做好相关准备工作。

（4）车间凭生产计划书，由专人凭领料单到仓库提纱。

（5）生产时要严格按照工艺指示书上机，进行产品质量确认。

（6）必须坚守首匹坯布鉴定制度，第一匹坯布下机后，工艺、质检等部门会同车间，检查坯布是否符合要求，确认符合要求后，在质检鉴定单上会签，车间可以开机生产。

三、技术、工艺与产品开发

产品开发一般分为来样开发和自主开发。来样开发一般是根据客户的来样或者客户的需求进行开发，因为有明确的要求，开发的目的性较强，成功率相对比较高，开发成功后一经采纳，马上就有订单，经济效益见效比较快。自主开发是根据市场流性趋势，结合本厂的实际生产能力开发的具有创新性的产品，由于对市场的把握或者客户的需求会有一定的差异，因此，开发的成本比较高，成功性相对来样开发要低，开发成功后，要经过一段推广阶段，客户接受后才能产生效益。由于是自主新开发的产品，有定价的主导权，相对利润较高。如果产品非常切合市场，产生的效益要远远高于来样开发。两者各有优缺点，一般工厂开发时都是两者兼顾。

（一）来样开发管理

（1）按照工艺分析的要求，确定来样的原料、织造工艺、后整理工艺等。初步确定产品的规格。

（2）了解客户来样开发的目的，开发面料的用途以及有无特殊的要求。在此基础上对来样的工艺进行调整，以满足客户的要求。

（3）根据确定的工艺，核算产品的成本，再交相关的领导对工艺的可行性，客户对价格是否接受等进行评估。

（4）根据评估的内容再次对工艺进行调整，以满足各方要求，经批准后可以进入下一步开发。

（5）将制订的工艺交计划部门下达生产通知单到车间，车间安排上机织造，开发要配合织造车间，针对织造过程中出现的问题进行指导或对工艺进行微调，以完成织造。

（6）坯布完成后，要配合后整理部门按照要求进行处理，记录后整理的操作流程和各流程的工艺要求。

（7）对出来的成品进行检验，并进行相关项目的测试，看各项技术指标是否达到客户的要求。

（8）对于成品的质量达不到客户要求或者测试要求达不到客户要求的，要查找产生问题的原因，并对工艺重新调整，再次试生产。

（9）整理符合客户要求的样板的操作流程，记录各流程的工艺并存档，送样给客户最终确认，并备注样板的注意事项、样布可能存在的质量问题、样布适合的用途、样布的主要优点等，方便销售推广时介绍。

（二）自主开发管理

（1）自主开发前要对市场进行调研，对于新材料的应用，要详细了解材料的特性、在整个生产流程中的注意事项、材料的质量稳定性和供货能力等。

（2）根据掌握的信息，如有开发前途，就撰写开发报告，报相关领导进行审批。

（3）根据开发预算，进行开发设计工作，将相关设计方案送相关领导审批。

（4）制订工艺流程，参考来样开发的流程，进行相关的开发工作。

（5）开发成功后，要将产品特性向销售进行介绍，由销售进行推广。

（6）对于独有产品，要注意知识产权的保护，能申请专利的，要申请专利。向客户推广时，也可以要求客户签保密协议。

（7）开发完成后，要写开发的总结报告，对各方面的情况进行总结。

（8）对于比较成功的开发，可以在原来的基础上，进行进一步的开发，形成产品系列，以适用不同客户和不同用途的需要。

（三）研发管理原则

1. 基本原则

（1）严格费用预算决算，将有限研发资金合理投入，尽量多出新品。

（2）鼓励原创技术、关键技术、专利技术的开发。

（3）遵照研制一批，应用一批，推动持续研发。

（4）注重产品新领域拓展和新产品的消费引领。

（5）采用新原料，开发新产品、精品。

2. 紧跟市场原则

广泛收集归纳市场预测流行趋势，开展服装服饰的流行预测，掌握新材料、新工艺、色彩等的最新应用，指导生产适销对路的产品。

（1）根据客户提供的订单样品分析原料成分、纱线细度、编织方法、染整工艺等，开发新产品。

（2）在畅销的产品基础上从原料成分、组织结构、染整工艺等方面进行变化和创新，形成第二代、第三代、第四代产品。

（3）参与国外交流，推出设计创新，开发可自主生产的有自主知识产权的产品。

（4）选择目前市场上最畅销的机织产品，用针织工艺开发可以接近或替代的针织产品。

（5）根据流行趋势分析的方向，开发相关的针织产品。

3. 研发队伍建设

优化人才队伍建设，以研发岗位为载体，培养技术型、复合型人才。

（1）面料分析人才。能对一块陌生的面料，分析其原料成分、纱线密度、编制方法、染整工艺等。

（2）市场调研人才。能深入客户、服装市场、面料市场等，收集和分析目前的市场信息，判断下一步的流行趋势等。

（3）编织工艺和花式设计人才。充分利用现有针织圆机的品种和规格，开发出更多变化的产品给客户参考，选择部分客户认可的产品投入批量生产。

（4）后整理设计研发人才。一个创新的后整理工艺可以大大提高针织产品附加值和产品销量。

四、智能化生产管理

采用大圆机为主要设备进行纬编织造的智能生产管理处于企业探索和行业研究之中。具体管理主要从设备智能化、生产数字化和流程可控制化的角度探索，实现管理科学，推进生产管理的高效。

（一）大圆机智能化运转主要环节

纬编智能化设备与数字化技术结合，实现各环节高效信息传递，实时监控生产，实时采集生产数据，进行智能调度，逐步实现车间无人化管理。就大圆机而言，智能化生产管理体现在以下三个方面。

1. 生产设备智能化

主要包括电子送纱、电子卷布及纱长监测、电子探针、探布等环节，以及机架自动开门、卷布机自动裁剪、自动换卷、自动推出坯布并与运布车自动衔接等机构，在坯布生产管理中必须设置相应的管控点。

2. 车间管理数字化

从得到生产任务开始，车间必须确定工艺流程、织造规程、设备参数及坯布质量控制措施，主要包括智能排产、运转状态监控、实际产能分析、产品质量控制、绩效随时统计，开展订单管理、工艺管理、现场管理、调度管理等，这些管控方法与传统管理方法相结合，提高管理效率。

3. 工艺流程可控化

接收机台运行信息，采用远程操作控制（包括分配生产任务），适配手机、平板计算机、穿戴等终端设备，做到数据同步传送；通过屏同步显示相关信息，控制中心进行数据深度分析，随时监测机台运行，及时改进工艺，改进生产流程。

智能化管理融合MES、ERP及调度系统等于一体，持续优化流程，逐步方便操作，总体降低生产成本。图7-1-1为后台管理网络系统示意图。

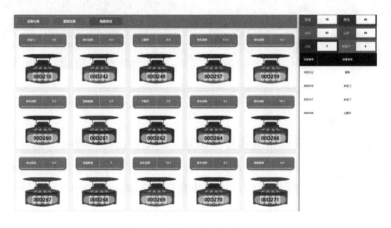

图7-1-1 后台管理网络系统

（二）智能生产技术环节示例

1. 产量统计监控

产量统计监控涉及工艺执行力、机台运转效率，关乎生产成本（人工、布匹耗损）。主要监控各类产品的产量（班产量、日产量及月产量）；对故障、空闲、运转的时间进行统计和分析，可以采取图表等形式（如饼图）等。图7-1-2为日产量统计、月产量统计示例。

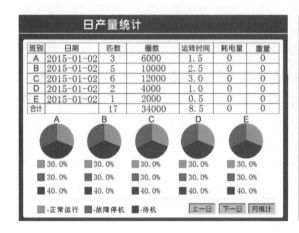

图7-1-2　日产量统计、月产量统计示例

2. 送纱控制

设备通常采用集中控制送纱量方法，精确控制纱长，例如采用电子式伺服送纱和伺服卷布等功能，一体控制送纱。内置无线Wi-Fi，连接终端设备及ERP系统，支持远程控制管理。图7-1-3为智能送纱控制显示屏及机台配置。

图7-1-3　智能送纱控制显示屏及机台配置

3. 自动牵拉和卷布

电子张力控制装置可实现卷布辊的自动调速，均衡精确控制卷布（防止机械式卷布容易出现悬空张力控制现象），可以控制布辊左中右、布头布尾平方米克重偏差在若干克以内，图7-1-4为电子卷布装置。同时自动卷布机完成自动落布后与运布车对接，图7-1-5为自动卷布机与运布车对接。

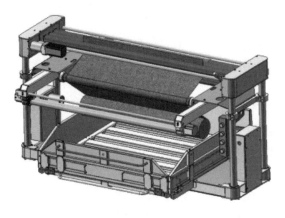

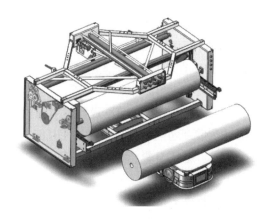

图7-1-4 电子卷布装置　　　　　　　　图7-1-5 自动卷布机与运布车对接

五、织造流程全面质量管理

1. 五要素

五要素指人（工人和管理人员）、机（工具、设备、设施）、料（原材料）、法（加工、检测方法）、环（环境）。

2. 坯布验收原则

（1）参照国际通用的四分制原则，比照针织坯布国家标准，兼顾公司客户的要求，制定本公司的坯布验收标准。

（2）检验坯布时，要仔细核对布飞上的机台号、布种名称、原料组合、批号等，发现问题，立即处理。

（3）要根据验收标准认真记录坯布的质量情况，准确评定坯布等级。

（4）发现的质量问题如果会继续影响下一条布的质量时，要马上通知挡车工或保全工处理。

（5）如果发现的疵点认为可能存在漏验时，要及时反馈，返查之前的坯布，防止疵点坯布流入下一道工序。

（6）验收的布匹较多时，要根据以下原则优先验收：转品种的第一条先验，有调过质量问题的先验，换原料批号的第一条先验，先落布的先验。

（7）发现是原料质量原因引起的坯布问题时，要留好原料疵点的样布，并及时通知停机并向厂长或跟单员反应。

（8）验收时除了检验坯布的质量外，还要检测坯布的幅宽和克重、密度是否合格，并记录。发现不合格时，及时通知处理。

（9）不同机型生产同一布种时，要注意比较坯布的风格是否有差异。

（10）检验提花布种时，要核对花型；检验间条布种时要注意核对间条宽度和排列是否正确。

（11）验收完成后，要在坯布上按规定做好相应标识，一般应包括机台号、布种、重量、坯布的卷号，以便后工序的操作和质量跟踪。

（12）要按品种、规格、机台号分类扫码入库。

六、成本控制

成本管理的有效方法在于从机台操作的角度分析影响生产成本的主要因素，一方面要从提高产出的环节入手把握优化的原则，另一方面要从影响操作质量的环节入手把握先进的理念。

1. 优化原则

（1）流程设计。流程设计是对原材料加工、零件加工、分装和总装活动在整个车间内的组织和物流工程进行合理设计，使其能方便地复制，使企业达到迅速、低成本扩张的目的。

（2）避免浪费。如制造过多的浪费、等待的浪费、搬运的浪费、加工过程中的浪费、库存的浪费、制造不良品的浪费。

2. 操作中把握理念

（1）生产效率。操作的效率及操作对于产品质量的影响等因素要综合评估，通常采取针对大类产品生产的评估，在一定生产单元、生产周期的评估。

（2）产品质量。产品质量是控制成本的基本保障，织造次品有可能使整匹布报废，或者需要降级或避裁处理，同时也增加了避裁部分后整理的成本。

（3）库存控制。形成一个快速组织生产的机制，以销定产，减少库存量，大量库存有可能成为滞销产品。

（4）机台成本。一台针织圆机可以使用10～15年，甚至更长时间，使用时间越长，机台折旧分摊到每吨布的成本就越低，应当了解机台保养投入与减少疵点、减少停机率及增加生产成本的关系。

（5）人工成本。熟练操作可以及时发现织造过程产生的问题，减少织造的疵点，减少织疵对产品质量的影响，进而降低生产成本。

七、定员与定额（参考，实际生产差异较大）

车间人员配置，因生产品种、工作模式、质量要求以及设备配置不同，人员的配备相差较大，纬编车间的工种一般分为车间管理人员、排产员、保全工、品控员、挡车工、指导工、坯布验收员、搬运工、清洁工及其他辅助人员。

主要人员定员（参考）如下：

排产员：50～100台机/人；保全工：10～30台机/人；品控员：50～100台机/人；挡车工：棉3～6台机/人班，化纤6～12台机/人班；指导工：50～100台机/人班；坯布验收员：根据验收比例不同而不同，通常为0.8～2吨布产量/（人·8小时）。

第二节　与织物织造间接相关的流程与管理

一、车间环境（空调、清洁）

针织大圆机编织的产品大多以天然纤维和化学纤维为主要原料，由于空气的温度和相对湿度会影响纤维的回潮率、强力和静电产生情况，尤其是采用化学纤维为原料时，影响更突出。温湿度不合适，容易产生坏针，使织疵增加，所以必须控制整个工艺过程的温湿度。一般温度控制在20～30℃，在一定时期内保持稳定，如夏天可保持在28℃左右，冬天可以在

22℃左右，可以根据环境的温度分季节进行调整。相对湿度在50%~80%，也是根据季节在一时期内保持稳定，以便节约能源，降低生产成本。

二、设备的安装调试和验收（包括辅助设备）

在设备到厂之前，要了解设备的安装要求，如机台的占地面积、高度等，要先根据厂房情况、计划安装设备的多少以及后期的设备计划等，对车间进行整体规划。对车间的地面、电源、照明、消防设施、消防通道、空调、空压机、除尘设备、加湿设备等进行统一设计，符合安装条件后，设备可以进厂进行安装和调试。新机器入厂后，一般先由厂家派人进行安装和调试，调试完成后，可以对机台按以下标准进行验收。

1．通用部分

（1）大圆机机架安装要求。

①机体副脚安装应到位、螺丝安装应紧固；

②机台应通过调节螺钉保证其水平；

③电动机至大盘、大鼎、齿轮各级传动应顺畅无异声；

④润滑部分的回油口应无漏油现象；

⑤护网钣金的安装应牢固、整齐合理。

（2）大圆机机架安装的允许偏差和检验方法（表7-2-1）。

表7-2-1 大圆机机架安装的允许偏差和检验方法

序号	项目	允许偏差/mm	检验方法
1	三台面水平度	0.03	用水平仪检测
2	大盘端面圆跳动	0.10	用百分表检测
3	大盘和齿轮定位配合间隙	0.02~0.03	用塞尺检测
4	大小传动齿轮侧隙	0.08~0.10	用塞尺检测
5	传动轴安装就位后顶端径向圆跳动	0.10	用百分表检测
6	针筒座安装面端面圆跳动	0.03	用千分表检测
7	针盘安装面端面圆跳动	0.03	用千分表检测
8	固定螺钉下沉量	0.25~0.50	用塞尺检测

（3）导纱器安装的允许偏差和检验方法（表7-2-2）。

表7-2-2 导纱器安装的允许偏差和检验方法

序号	项目	允许偏差/mm	检验方法
1	导纱器径向位置与针头水平距离	0.15	用塞尺检测
2	导纱器与织针间的距离	0.50	用钢直尺检测

（4）编织部件安装要求。

①织针、沉降片应运动灵活；

②针筒外观应无损伤、无毛刺；

③变速盘的扇形块应调节灵活，固定后不应松动；

④卷曲装置应平稳、可靠；

⑤除尘装置应灵敏、可靠；

⑥安全防护门的安装应对称、整齐、便于操作；

⑦门传感器应反应灵敏；

⑧坏针、断针及失张自停器应作用灵活、可靠；

⑨各指示灯自停装置的电压应不大于24V；

⑩各个信号灯指示应正常、无失灵现象，显示屏显示清晰、正确；

⑪各个按钮、按键工作应灵活、可靠；

⑫纱架部件的安装应稳固、可靠；

⑬圆形纬编机与纱架安装的允许偏差为0.5～1.0m，用卷尺检验；

⑭整机安全保护装置应齐全、可靠；

⑮整机启动应平稳、无异常声响；

⑯纬编机外表面应平整、光滑、接缝平齐、缝隙均匀一致，紧固件应经表面处理。

2. 单面大圆机

单面大圆机安装的允许偏差和检验方法应符合表7-2-3的规定。

表7-2-3　单面圆形纬编机安装的允许偏差和检验方法

序号	项目	允许偏差/mm	检验方法
1	下针筒外圆径向圆跳动	0.05	用千分表检测
2	下针筒上端面的端面圆跳动	0.05	用千分表检测
3	沉降片外环径向圆跳动	0.05	用千分表检测
4	沉降片三角与针筒间隙	0.15～0.20	用塞尺检测
5	针筒与沉降片三角径向圆跳动	0.07	用百分表检测
6	织针三角与针筒间隙	0.15～0.25	用塞尺检测
7	导纱器下边缘与沉降片间隙	0.30～1.00	用塞尺检测
8	喂纱圈高度	0.10	用百分表检测
9	卷布机安装面与圆形纬编机三叉平面间隙	0.20	用塞尺检测
10	卷布机底座与大齿轮的同轴度	$\phi0.05$	用千分表检测

3. 双面大圆机

双面大圆机安装的允许偏差和检验方法应符合表7-2-4的规定。

表7-2-4　双面大圆机安装的允许偏差和检验方法

序号	项目	允许偏差/mm	检验方法
1	下针筒外圆径向圆跳动	0.03	用千分表检测
2	下针筒上端面的端面圆跳动	0.05	用千分表检测
3	上针盘外圆径向圆跳动	0.05	用千分表检测
4	上针盘上端面的端面圆跳动	0.05	用千分表检测
5	针盘、针筒口面同一位置间隙运转一周内变动量	0.04	用千分表检测

序号	项目	允许偏差/mm	检验方法
6	针盘、针筒同轴度	$\phi 0.04$	用千分表检测
7	针盘、针筒同步允差	$0 \sim 0.08$	用百分表检测
8	针筒与三角间隙	$0.15 \sim 0.25$	用塞尺检测
9	针盘与三角间隙	$0.12 \sim 0.25$	用塞尺检测
10	上下挡针板与针的距离	$0.15 \sim 0.20$	用塞尺检测

三、设备维护与保养及零配件管理

设备的维护与保养是保持机台能长期正常运转、保证产品质量的基础，车间要落实设备管理职责，制订设备维护与保养计划，制订零配件的进出仓的管理制度。新设备在安装调试验收完成后，要对设备进行编号建立档案，对设备的随机配件进行登记入仓。如果设备移动之后，要及时修改档案，保持档案的连续有效。

设备的维护和保养一般由经验比较丰富的保全工负责。对于日常维护，也可以根据工厂的具体情况，安排挡车工或其他专门人员经上岗培训后负责。从事电气、压力容器焊接等工种人员必须有国家有关部门发放的资格证书。

责任分工：机修班长将设备保养工作具体责任到人，并张榜公布，由各责任人执行保养工作。检查项目有润滑状况、清洁状况、缺件情况、自停情况、系统动作情况、零配件安装不良情况，并根据检查记录对设备完好状态做出结论，对存在问题的机台提出整改方案。

（一）大圆机的保养内容和周期

1. 大圆机的日保养内容

大圆机的日保养一般由挡车工负责，由保全工进行监督检查。

（1）清除附着在纱架和设备上的棉花绒毛，保持编织机件和牵拉卷取装置的清洁。

（2）交接班时，要检查积极送纱装置，以防储纱器被花衣堵塞，转动不灵活。

（3）查自停装置和齿轮防护罩、安全门装置、油管油路是否工作正常。

（4）检查开关按钮是否正常，有异常即修复或更换。

2. 大圆机的周保养内容

（1）对送纱调速盘进行清洁工作，将盘内积存的花衣去掉。

（2）检查传动装置的皮带张力是否正常以及传动是否平稳。

（3）应仔细检查牵拉卷取机构的运转情况。

（4）对喷油机进行加油和倒废油（根据油量使用情况，每周一次或多次）。

3. 大圆机的月保养内容

（1）拆下上下三角座，清除积聚的棉花衣。

（2）检查除尘风扇所吹风向是否正确，并清除风扇上尘埃。

（3）清除所有电器附件内的花衣；复查所有电器附件的性能，包括自停系统、安全检测系统等。

4. 大圆机的半年保养内容

（1）将圆机上所有织针、叶片均彻底清洗，并检查织针和叶片，有损坏的立即进行更换。

（2）检查各油路是否畅通，清洁喷油装置。

（3）清洁并检查积极送纱机构是否灵活。

（4）清洁和检修电气系统。

（5）检查废油收集油路是否畅通。

（6）检查大鼎、大盘和卷布机齿轮箱的油量和油质，油质不合格时进行更换。

（二）零配件管理

大圆机的零配件有条件的要专人管理，进出仓都要进行检查和登记。对于易生锈的零件，要加油进行一定的防护。对于易损件，入仓时要分批存储，出仓时要分批次按先进先出的原则出仓。

（1）换下来的针盘和针筒，要清洗干净，涂上机油，并用油布包好，放入木箱，以免碰伤、变形；使用时，先用压缩空气把针盘针筒内的机油除去，安装好后，加入针油再使用。

（2）改品种换下来的三角，分类存放，用盆保存，并加入针油防锈。

（3）新的织针和叶片，没用完的，应放回原包装盒内；改品种换下来的织针和叶片，必须用针油洗干净，检查并挑出残损的，分类存在盒子里，加入针油防锈。

四、原材料

1. 原材料的储存

储存的总原则是原料的储存仓库应该防湿、防潮、防阳光直晒，通风良好，温度适宜；对于储存的原料应该根据品种和使用的基本要求分类分区存放，分批号存放，防止各批原料混用；对于原料的质量等级、数量、批号、捻向、强力、捻度、生产日期等参数要记录清楚。对原料的内在质量进行必要的抽检，判定是否符合采购要求。

（1）入库时，要检查外包装是否完好，有无水渍印等，按照生产单核对纱支、纱牌、纱名、色号、批号等。核对来料数量。在第一时间及时把来料单输入计算机系统里，以便于安排生产。

（2）纱线要放在专用的托盘上，做好标识，注意纱线不能落地。为了减少安全隐患，仓库的堆放要求要符合相关国家标准，堆放高度不要超过2m。

（3）放纱的同时要留好运纱通道，同时不得妨碍安全通道，不得占用消防器材的位置。

（4）放纱同时要把纱所放的位置的窗口关好，以免受到风雨等侵害而影响质量。

（5）车间要及时掌握纱线的使用情况，按照生产计划补充纱线存量，不可影响生产。

2. 原材料的使用

（1）车间生产用的纱线要提前根据生产计划单和生产进度，按照纱线品种规格，由专人拿领料单到仓库提取。

（2）车间每次领用原料，要控制好数量，领取量一般不能超过两天的生产量。

（3）根据原料领料单上的要求，将领用的原料及时送到指定机台或指定位置，不能再次随便堆放。

（4）一个批次的纱线要根据生产计划统筹使用，严禁不同批次纱线混用。

（5）为了避免织机工拿错纱、织错布的现象，可在有代表性的包装袋或包装箱上标注。

（6）剩余纱线尾料可按工艺要求优先安排使用，如无法及时使用可收集好，打好包装，重新标识好原料的品种规格、批次、生产时期、重量、个数等，开退仓单退回仓库。

（7）仓库应按照先进先出的原则进行发料，避免纱线过长时间存放。

五、安全与消防

大圆机车间安全知识及规范包括安全操作与消防安全两个方面。

1. 安全操作公共部分

（1）必须戴好劳动防护用品操作，车间员工、进入车间其他人员不准穿拖鞋、高跟鞋、裙子。严禁长发操作，戴好口罩等劳动防护用品。

（2）操作时要思想集中，加强巡回，发现异响、焦味、机件损坏等情况，应立即停机处理或者通知有关人员处理。

（3）开机时要注意周边情况，如是否有人在维修，布架周围有无杂物或其他东西。

（4）日常检查机台需要关注各种开关、安全装置是否完好有效，机门、防护罩是否关好，各传动部件上的防护罩必须齐全无损、罩好。

（5）车间不许吸烟，禁止火源，防止火灾，同时掌握一定消防知识，熟悉车间消防设施的使用，做好消防演练。

（6）厂区的消防设计要符合国家法律规定要求，厂区内消防器材严禁挪用，消防通道不得阻塞。对消防设施定期检测，防止损坏、失效、过期。

2. 安全操作机械部分

（1）进入机门内或拆三角座时，要并排打亮两个纱灯做警示；有自锁停止按钮的，要按下自锁停止按钮。

（2）机器运转时身体不得进入机门内，不得靠近卷布架，不得用手接触机器运转区域。

（3）落布时，抽卷布辊用力要稳，留出的机头布应适当，待布卷好后关上机门才可以开机。

（4）机器运转时不得用布擦机，不得用针挑纱嘴等处。

（5）落布吹机时要正确使用汽枪，防止气流伤人。

（6）使用运纱等小车子要防止撞人撞机，货物不得超出规定高度。

（7）剪刀等工具物件必须放置在指定位置。

（8）每次维护结束后，必须清点所有工具、零件，以防遗失和留在设备内部造成事故。

3. 安全操作电器部分

（1）一切电气装置保持完好，如有损坏应通知电气人员检修。

（2）做传动部分和卷布部分的清洁工作时，必须停机。

（3）停机、放假休息期间，必须切断电源。

（4）临时工作中断后，或每班开始工作前，都必须重新检查电源是否确已断开；任何电气设备未经验证，一律视为有电，避免用手触及。

（5）电气设备及其带动的机械部分需要修理时，不准在运转中拆卸、修理，必须在停车后切断设备电源，并挂维修指示牌，验明无电后，方可进行工作。

（6）由专门人员修理电气设备或者其机械部分时，要进行登记注明停电时间，完工后要共同检查确认无误后方可送电，并登记送电时间。

（7）电气设备的外壳必须接地（接零），接地线要符合标准。

（8）公用设施的电器需要指定专人负责开启和关闭以及维修保养，非指定人员不得随意打开。

4．安全生产应急预案

保护企业从业人员在生产经营活动中的身体健康和生命安全，保证在企业内部出现生产安全事故时，能够及时进行应急救援，最大限度地降低生产安全事故给企业和从业人员所造成的损失，特制订生产安全应急预案。

5．消防安全知识

（1）落实消防责任制，车间各工种、各班组都要有防火负责人。

（2）做好消防预案，每年都要对员工进行消防培训，最少做两次全员的消防演习。

（3）新员工入厂时，要做好三级安全教育才能上岗。

（4）发现火灾时，应按响消防警铃，立即报告，组织疏散，做好灭火工作。

（5）及时疏散火区附近的易燃物品，防止火势蔓延。

（6）熟悉车间消防器具的安放地点以及使用方法。

6．常用灭火方法

（1）冷却法。用水射到燃烧的物质上，以降低温度，火即可熄灭。

（2）窒息法。用二氧化碳、氮气、泡沫或石棉布、浸水的被子、麻袋以及沙子等不燃烧的物体覆盖在燃烧物上，使空气或其他氧化剂不与可燃物充分接触，使燃烧空气中的氧含量降低，火即可熄灭。

（3）隔离法。将着火物附近可以燃烧的物体，搬到安全地带，远离火源，把火灾控制在最小范围，使大势由大变小，逐渐熄灭。

第三节　视频拍摄

视频可以记录操作方法，通过拍摄视频就可以不断为行业重要工作积累操作经验。视频既根植于针织操作基础，又服务于针织操作的提升，也是行业交流以及操作方法提升的有效方法，有助于培养复合型人才。

图7-3-1　视频拍摄操作的规范性、正确性

一、针织操作视频的要求和用途

针织操作视频是指由操作工使用规范的工具，应用规范的方法，采用多种原料，根据行业多年形成的操作规程，在不同机型（包括单面、双面，提花与非提花）上进行纬编操作流程，特别是关键环节的操作演示，用视频的方式记录下来。操作视频的内容随着行业进步在实践中不断加以完善。图7-3-1为2014年职业技能竞赛中视频拍摄操作的规范性、正确性，图7-3-2为2017年职业技能竞赛中对优胜选手进行视频拍摄。纬编工

图7-3-2　职业技能竞赛中对优胜选手进行视频拍摄

操作视频的拍摄工作已基本成熟。

（一）基本要求

从局部视频到完整的行业性视频需要具备以下要求。

（1）规范性。展示正确且准确的方法，对多年形成的经验进行总结。

（2）科学性。操作方法有利于提高操作速度，适用各种机型和各类品种。

（3）完整性。一项操作的完整性、全部操作的完整性。

（4）可持续性。不断完善各机型的操作，指导行业规范操作。

（二）完善过程

近年来拍摄的纬编工视频是初级水平，或者初级向中级进展的水平，新的版本应突出操作的全流程，采取更先进的操作法。

（1）级别分类。分为初级、中级、高级。

（2）版别递进。如第1版、第2版。

（三）用途

视频应用应从部分企业内部培训向区域性企业培训、行业培训拓展，并在行业交流中进一步改进，形成更完善的视频教程。

（1）员工培训的教材。员工培训，特别是新员工培训，常用视频方式，是一种掌握规范操作的方法。

（2）行业交流的资料。企业之间与行业性操作技术交流采用视频模式是一种有益探讨，特别是在基础操作的规范性和先进操作法方面需要更多采用视频方式。

（3）职业院校的教材。针织专业学生拓展学习、规范学习和学习交流的一种科学性探讨，这是职业教育的一种探索。

（4）其他用途。针织操作视频是一种长期的探讨，包括拍摄内容、方法，拓展规范性、科学性操作的探讨。

二、机器视频的拍摄

对大圆机主要部件和机种机型进行介绍。

（一）大圆机主要部件介绍

各部件特写，部件名称字幕及普通话配音。

（1）纱架。包括长方形落地纱架（导纱勾）、三角形落地纱架（气流送纱）、顶式纱架（伞形纱架）。

（2）储纱器。普通储纱器（单层、双层、四层）、氨纶储纱器、电子间歇式储纱器。

（3）喂纱嘴。单孔喂纱嘴、双孔喂纱嘴、双孔带槽喂纱嘴。

（4）输线盘。包括单层、双层，演示绕在盘上的送纱皮带。

（5）针筒。单面针筒，作为单独一个零件拍摄特写；双面针筒，作为单独一个零件拍摄特写。

（6）织针。单独一个零件的特写。

（7）沉降片。单独一个零件的特写。

（8）三角。单独一个零件的特写，包括平针、半针、全针三角。

（9）雷达式除尘风扇。包括上段式（三片式）、中段式（两片式）。

（10）自动加油机。

（11）控制面板。需强化特写。

（12）卷布架。包括圆筒卷布架、开幅卷布架、松布（折叠式）卷布架。

（二）大圆机机种机型介绍

采取外观、成圈部位特写、布面效果特写组合方式介绍，机种包括普通单面机、单面电脑提花机、普通双面机、双面电脑提花机、普通罗纹机、罗纹电脑提花机、毛巾机、卫衣机、吊线机。

三、操作视频的拍摄

操作视频包括大圆机通用基本操作技能。

（一）挡车工交接班的基本工作

1. 交班

普通话按以下内容配音，画面配合相应的内容。

（1）交班前做好机台上主要编织部位的清洁工作，保持整洁的工作环境。

（2）停台要处理完好，如遇停台不能完全处理好的，要与接班人交代清楚，小纱要接好备用纱。

（3）在机台布面上做好交班记号。

（4）填写个人生产记录本，内容包括：每台机上坯布公斤数、机器运转情况、工艺变动、品种更换、纱线生产厂家及批号变化等。

（5）将工具、针盒收起保管好。

（6）当天工作情况交班者详细交代清楚后方可离开。

2. 接班

普通话按以下内容配音，画面配合相应的内容。

（1）提前进入工作岗位，做好接班前的准备（换好工作服、戴好工作帽、拿工具、备用针等）。

（2）主动了解上班机器运转、工艺变动、品种更改等情况，如出现与交班记录不符合的情况马上上报。

（3）检查机器运转、断纱及输线装置情况。

（4）检查纱支是否符合工艺要求，所用纱线批号是否正确。

（5）逐台停车检查布面质量，布面符合标准要求后开车。

（6）检查加油机的供油、供气状态。

（二）拆包和上纱、接纱尾

演示拆包的正确方法，并配音：不能将纱倒在地上拆胶袋，以免弄脏和弄伤纱球，如发现有表面弄伤或表面弄脏的纱球，先向主管反应，得到许可后，可将表面弄伤或弄脏部分剥掉，直至得到合格的纱球。

色纱需对色号和缸号，不同缸号不能混织；胚纱需对批号，不同批号不能混织。

演示上纱的正确方法，并配音：找出纱头和纱尾，上纱时不能碰到旁边的纱球和织造中的纱线。

演示接纱尾的正确方法，并配音：接纱尾时不能碰到旁边的纱球和织造中的纱线。

（三）接纱

基本接法为蚊子接，又叫十字接，接好后用剪刀将纱尾剪去，纱尾长度不能超过2mm（手法特写，慢动作，结合配音）。

接纱要注意以下问题

按以下配音，配合相应的动作。

（1）检查纱支是否符合工艺要求，核对纱线批号，检查纱线有无脏污，筒纱成型是否完好。

（2）长丝类。手拿筒管两端，避免手碰丝的端面产生毛丝。

（3）接纱按规定要求接蚊子结，纱尾不超过2mm，不得以捻纱代结。

（4）接纱后，检查纱支线路是否畅通，是否符合要求。

（5）将空筒管、废纱放在规定位置。

（四）穿纱和接纱

从纱球到储纱器再到纱嘴整个路线：包括落地纱架的穿纱过程（特写，慢动作）；气流送纱的穿纱过程（特写，慢动作）；伞形纱架的穿纱过程（特写，慢动作）；氨纶的穿纱过程（特写，慢动作）。分别验收用小叉子和弹两种方法。

（五）开机

按以下配音，配合相应的动作。

（1）开车时先开慢车，无异常后转为正常运转。

（2）开车后，查看布面质量，不得用手摸布，防止伤手。

（3）机器正常运转时，一是要注意布面有无疵点，如发现问题，及时关车处理；二是要注意观察机器运转是否正常，有无异响，如发现及时通知领班。

（4）机器运转时，必须关闭安全门，防止人身伤害。

（5）当机器出现故障或处理布面织疵时，处理停台应先易后难。

（六）布面问题的处理

1. 找错纱

操作步骤（按实际操作内容配音）：

（1）放松2路纱，保持该2路纱的储纱器亮灯，打开安全门检查布面，发现错纱（特写错纱的布面效果）。

（2）用粉笔或彩笔选对角的2路纱做标记（特写做标记动作）。

（3）关好安全门，开机，直至看到有颜色标记的布下来。

（4）放松2路纱，保持该2路纱的储纱器亮灯，打开安全门，数错纱路数与标记路数之间所相隔的路数（数路数的特写）。

（5）按错纱路数与标记路数之间所相隔的路数找出相对应的纱球，换上合格的纱球。

（6）关好安全门，开动机器，检查布面故障是否已经排除（合格布面效果的特写）。

2. **坏针查找和换针**

包括针路和油针的处理。

换针操作步骤：

（1）将坏针处开到针门位置，打亮2路纱的储纱器灯，打开安全门检查布面。

（2）沿着针路借用辅助工具（如没有针头的坏针、刮刀等）找出造成针路或烂针的坏针的准确位置。

（3）拆开针门的三角座，取下坏的织针。

（4）仔细核对机台用针型号、规格，备好同样规格的新织针，将新旧织针重合比对，确保无误，将针槽清理干净后换上新针或好针，打开新针针舌，装回针门，拧紧针门固定螺丝（换针时检查针的质量，把针擦干净后再换上，擦针时防止针钩伤手；换下的旧针放在指定地点回收，防止坏针掉到坏布上引起钩丝及掉到地面上造成人身伤害）。

（5）换针后，点动机器，观察新针动作情况（针舌是否打开、动作是否灵活），确认无异常情况后开机运转，织出20cm布停车检查布面，合格后正常开机。

油针处理操作步骤：

重复以上动作，取下油针位置的织针，用高压气枪吹干净油针位置的针槽，抹干净油针，装回针筒，开机检查布面质量，确定布面已消除油针后正常开机。

3. **单面机掉布**

操作步骤：

（1）单面机由于纱嘴处断纱或飞纱造成掉布（特写掉布处编织区域的情形）。

（2）用小毛刷打开针舌（也可以用锯条刮针筒通过震动打开针舌）。

（3）接好断掉的纱线，穿好纱嘴，并将纱头挂在打开针舌的针钩上，或放在编织区域。

（4）边手摇（或点动机器）边打开针舌，观察针舌是否已经全部打开。

（5）开动机器，观察布面是否正常。

4. **罗纹机掉布**

罗纹机由于纱嘴处断纱或飞纱等造成掉布（特写掉布区域情形），采用三种典型方法演示。

（1）将掉布勾上来套回下针处，再将新织物带下去，适用于掉布长度很短的情况。

（2）用旧织针和橡皮筋将新织物拉下去的处理方法，适用于各种情况。

操作步骤：把纱穿好，把浮纱往上挑脱针钩，然后向下勾，向下勾的力要匀称（不可用力过猛，以免橡皮筋断裂，针钩反弹伤手）；要拉直，不要斜着勾在布面上；摇动摇把，过三四个纱嘴往下勾一次（不要勾断纱，向下勾的地方要避开三角，避免打针）；勾下布后，先取下钩针，要即时接布，扯紧；最后开慢机，看一看布面是否有花针、针路、烂针等情况，如果有坏针，立即换上好针，再开机。

（3）用氨纶尾编织新的线圈，再用旧织针和橡皮筋将跟氨纶织在一起的新线圈带下去，适用于掉布长度较长的情况。

（七）控制面板的操作

演示突出转数设定和归零。

（1）控制面板特写，对面板上各个按钮的功能进行介绍（选择有代表性的控制面板）。

（2）转数的设定和归零的操作演示（特写和配音）。

（八）间布头、吹机和下布的演示

单面机和双面机分开演示，圆筒卷布架和开幅卷布架分开演示。

（1）每一匹布下布之前要先用色纱间布头，以作为生产工厂、机台、批次或品种等的机号，间布头线为6～8圈，下布时在记号纱的布段中间剪断坯布。

（2）每落一匹布要全面清洁机台，吹纱棚，在间布头后同时吹干净纱嘴、针筒、油喉、布架等，采取从上到下、从里向外的原则（要在间布头一码内吹机，以免将油渍及纱毛吹落在布面上），吹好以上部位后开机，将叶床及弹簧位置吹干净；然后一手开慢机，一手持风枪，固定一个三角座位置，将针筒里边纱毛及油渍吹出，约吹3圈，再吹皮带、储纱器、风扇输送盘、机顶、油箱及机门内外。

（3）单面机吹机的演示（重要部位特写和配音说明）。

（4）双面机吹机的演示（重要部位特写和配音说明）。

（5）打开安全门落布前要放松2路纱，保持该2路纱的储纱器亮灯，落布时要由抽针那边落地，不可弄脏布匹，落布后即时将机底纱毛及油渍用布抹干净，发现抹布上有明显油迹，或针筒底部抹干净后又有油渗出时，要即时通知领班处理。

（6）检查布面质量，发现问题及时处理。

（九）布头标记和生产记录

模拟操作特写，并配音。

（1）在坯布规定位置或者专用标签，按公司要求做好标识，标识要清晰、准确。

（2）按公司要求在生产记录表上做好生产记录以及布面异常的记录。

（十）巡回检查

结合以下内容演示和配音。

1. 巡回要求

勤检查，要及时发现问题，及时解决问题。

2. 巡回内容

（1）机件。听机器有无异响，能判断原因，及时处理。看机器主要部件位置是否正确。

（2）布面。查看布面上有无疵点，必要时停车检查，避免长疵点发生。

（3）纱支。看纱支线路是否畅通，是否符合标准，纱管是否该换。

（十一）加油机加油操作演示

（1）加油机特写，油量标尺特写，加油口特写。

（2）专用容器，指定油桶取油。

（3）打开加油口的盖子，加入专用润滑油。

（4）特写油量标尺，加到不超过标尺限位。

四、其他拍摄内容

（一）大圆机安全操作规范演示

（1）通电前检查演示。

（2）开机前检查演示。

（3）换针、勾布等编织部位停机操作前安全规范演示。

（4）下布和检查布面质量等，需要打开安全门前操作规范演示。

（二）大圆机操作竞赛冠军选手部分操作演示

拍摄视频主要原则如下。

（1）项目选定，竞赛项目是特定的操作，有一定代表性。

（2）在整体性前提下，突出局部，确保重点。

（3）重点是操作的精华部分。

（4）鼓励绝活。

第三篇　提升

本篇阐述大圆机操作提升（包括企业、区域、行业三个方面的提升）措施，这些措施主要包括：职业能力建设与职业能力拓展；以普及职业技能标准和先进操作法、开展群众性操作比武和技能竞赛为内容的技能人才培育探索；职业技能评价体系的改进与职业定级体系的完善。大圆机操作提升包括：操作工知识技能的拓展、综合能力的提升；企业操作规程的完善、管理办法的提升；行业人才队伍建设措施、相关管理体系的提升。通过提升，切实高效培养全能型人才，培育卓越技能人才和卓越工程技术人才。

第八章　职业能力拓展

纬编操作与纬编工艺设计与实现的工作息息相关。从大职业观来看，纬编是一个职业体系，这个体系包括纬编操作工、纬编技术与工艺工程技术人员、纬编面料与服饰设计人员、纬编生产与企业经营管理人员等。从行业发展角度来看，职业拓展与职业能力拓展是必然趋势。职业能力拓展包括知识与技能的拓展，培养全能型人才；培训方式的拓展，提升行业培训与企业培训的效率等。提高工艺开发与实际操作的结合能力是提升纬编工职业能力的典型拓展方式。

第一节　纬编针织物生产工艺参数的确定

一、总体工艺设计要点

确定编织工艺基本条件主要是根据市场需求确定织物的规格、性能要求，从而确定织造生产工艺参数。对于布样可以通过分析、计算得到基础工艺，如得到织物采用的纱线细度、织造参数以及染整指标等。

1. 确定坯布主要规格

设计坯布或者取得样布，确定或者通过测量等方法确定平方米克重 G（g/m²），确定或者计算横向密度 P_A、纵向密度 P_B（以10cm为标准），确定或者测量纱线长度 L（m/100针）。

2. 确定使用的纱线及细度

如果是棉型短纤，其细度一般用线密度Tt（单位为tex）表示，即1000m的纱线在公定回潮率时的质量克数；如果是化纤长丝，则一般用旦尼尔 N_D（单位为旦）表示，即9000m长的纱线在公定回潮率时的重量克数。可以直接用纱线长度和重量代入概念公式计算。

如换算英制支数，可用下式计算：棉英制支数=583/Tt；棉/涤混纺英制支数=587/Tt，纯涤英制支数=590.5/Tt。

3. 选择机器机型及主要配置与规格

通过样布可以分析得到织物编织所要求的三角排列及排针方式，而通过与纱线细度等参数的综合分析，可以通过经验得出织造所需基本圆机机型。

4. 确定织造主要工艺参数

在确定机型、纱长、上机工艺、匹重和转数后，可以通过计算得出织机的总转数、日产量等指标。

5. 兼顾染整工艺指标

平方米克重等是染整工艺设计的重要信息,成品的指标必须参照相关国家标准，还可按照客户的其他要求进行完善，主要包括最终面料的性能、外观风格等。常规针织面料分析方法基本上能够编织出符合客户要求的面料。

二、织物组织结构及上机工艺图的确定

（一）确定编织工艺的编织图表

编织工艺确定的前提是区分纬编与经编针织物，方法很多。如可通过图示来确定，如了解采取线圈走向与走针规律来确定。图8-1-1所示是经编、纬编针织线圈结构图。

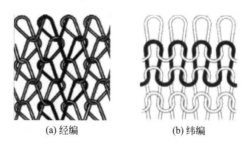

(a) 经编　　　　　　(b) 纬编

图8-1-1　针织线圈结构图

纬编基本线圈形态为成圈、集圈和浮线，纬编针织物均由这三种线圈形态组合变化得到。成圈、集圈、浮线线圈形态如图8-1-2所示。

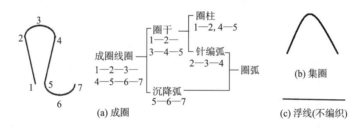

(a) 成圈　　　　　　(b) 集圈　　　　(c) 浮线(不编织)

图8-1-2　成圈、集圈、浮线的线圈形态

纬编工艺设计的基础工具是编织图表，单面纬编针织物线圈结构图与意匠图如图8-1-3所示，双面纬编针织物的线圈结构图与编织图如图8-1-4所示。

意匠图与织针排列、三角配置图的相互转换如图8-1-5所示。

针踵高度不同，可相应进入不同高度的三角轨道。某织针在某路系统的编织状态，由该路三角座上与织针针踵高度相同的三角轨道形状决定，这是一种可靠的、应用范围较广的直接选针方式。

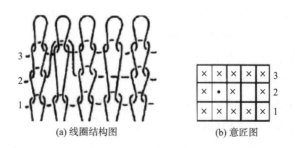

(a) 线圈结构图　　　　　(b) 意匠图

图8-1-3　单面纬编针织物线圈结构图与意匠图

☒—成圈　⊡—集圈　☐—浮线

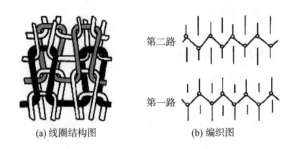

(a) 线圈结构图   (b) 编织图

图8-1-4　双面纬编针织物线圈结构图与编织图

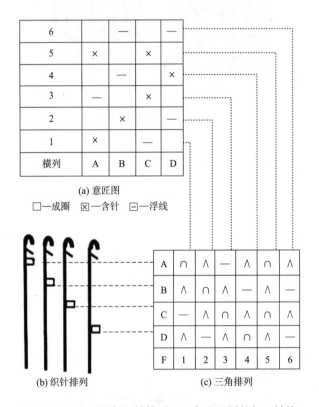

6		—		—
5	×		×	
4		—		×
3	—		×	
2		×		—
1	×		—	
横列	A	B	C	D

(a) 意匠图

□—成圈　☒—含针　⊟—浮线

A	∩	∧	—	∧	∩	∧
B	∧	∩	∧	—	∧	—
C	—	∧	∩	∧	∩	∧
D	∧	—	∧	∩	∧	—
F	1	2	3	4	5	6

(b) 织针排列　　　　(c) 三角排列

图8-1-5　意匠图与织针排列、三角配置图的相互转换

　　这种直接选针方式，适用于小花型常规织物。不同的轨道相对独立设置，三角轨道的形状与织针排列方式共同决定了织物的最终结构。其中，织针的排列可以按选针踵的高度从高到低用A、B、C、D表示。而三角配置图中的☒、∩、⊟则分别代表成圈、集圈、浮线（不编织）的轨道形状。通常，三角也被称为菱角。

（二）纬编针织物编织工艺的确定

1. 初步分析织物所需的染整工艺

　　确定织物染色类型及颜色名称。针织物的颜色千差万别，要综合两面的颜色来分析，最好比对标准色卡，以免引起不必要的误会。

　　观察织物的两面。如绒度不一，可能与磨毛、抓毛、剪毛、梳毛、摇粒、植绒等有关；软硬不一，可能与制软、树脂整理等有关；如光泽不一，可能与轧光、涂白胶等有关；如色泽不一，可能与洗水、气蒸等有关；如图案不一，可能与印花、压花、磨花等有关。

2. 确定织物种类

根据客户来样，区分是单面织物还是双面织物。普通织物较容易分辨，但大提花织物以及整理后的一些单面织物，如双卫衣和毛巾布抓毛后是难分辨的，要与结构分析相结合才能判定，与经验积累有关。

3. 区分织物的正反面

一般的平纹织物正面是"V"型纹，反面是"～"型纹；罗纹织物正面构成正面纵行"支"的两条"线"较密，反面纵行或沉降弧纵条"坑"的间距较大，反面较均匀，用力拉后，支坑间距明显；灯芯布则正反面有明显的毛羽差别；提花布则以花纹明快的一面为正面。

4. 区分编织方向

拆顺要分析的界面，平纹织物两个方向都可拆解织物；罗纹布类、含氨纶的织物、提花织物只有一个方向可拆解，找到拆解方向，通常可先拆的是后织的。尽可能在少的纵行数内拆顺（能明显地看清一半以上线圈）要分析的界面。

5. 拆散并分析织物结构

（1）标注分析及绘图的起始位置。在布样正面左边沿一条针路方向划一条基准线；此基准线在左边应与边缘有一定的距离，沿针路方向需用墨水浸透，尽量直。普通织物视情况可划1cm长；提花织物一定要划出整个花纹。

（2）观察线圈状态并准备记录方式和工具。由基准线开始，从左到右，观察每个线圈情况，判断其成圈、集圈（含针、含纱）、浮线状况；工艺图纸可根据情况选择编织图、结构图、意匠图表现，比较通用的选择是直观、易于修改的编织图花纸。

（3）分析直至完成整个循环。由第一条纱线开始，拆线圈并画图，在花纸上标号记录成圈、集圈、浮线情况，花纸上从上到下画；拆一路画一路纱线织法，直至纵向达到一个循环；拆板对于普通织物，循环一般在十路以内，提花织物则无限定，几十路甚至一两百路，必须画完整个花型循环。确定好编织循环后，从下到上标注上机序号。

画多少针以横向完全循环为止，且从第一路开始以下都一样多针数，不得随便增减。

6. 画出上机工艺图

（1）画出织针排列。根据画好的图，观察每一针在整个花型循环内不同路的编织状态，编织状态完全相同则记为同一字母，字母相同即配置相同高度针踵的织针；若字母不同，则必须使用不同针踵高度的织针。例如，假设某单面织物，横向循环针数有6针，整个循环内第1、第2、第4、第5针的编织状态都相同，则记为同字母A，采用同高度针踵，若第3、第6针的编织状态彼此不同，且与刚才几针都不同，则需要记为B、C，即织针排列可初步确定为AABAAC。

（2）画三角排列。在三角图中，横向标注路数，纵向左侧对应标注高低轨道序号，即A、B…在每一路的序号下面，根据编织图的编织状态和排针情况，对应画出该路每一高度针踵所对应的三角轨道形状，如在编织图中，第2路第3针B种针编织集圈，则在三角图中第2路下的B轨道位置画为∩。

大提花织物不画三角，需要画其他选针装置的配置。

（3）优化三角和织针排列，得出上机三角和织针排列。根据具体机台配件情况，可增加轨道设置。例如，假设排针为ABBB，本来只需采用两个轨道即可实现该组织结构的编织，但是也可以根据需要（比如减少某轨道磨损或运行稳定等原因）将第3针改为C，排针变为ABCB，在三角图中增加C轨道，因第3针C针编织状态本来与第2针B针相同，所以相应地，C轨道的三角设置也应与B轨道一样。

又如排针为AAA，只有1个轨道，可以改用两种针踵的织针AAB，用2个轨道实现上机编织。

三、纬编工艺参数计算

（一）主要工艺参数及其计算

1. 平方米克重

（1）间接计算。织物的平方米克重简称克重，指的是每平方米的公定重量，单位为g/m²，织物的平方米干重与公定重量的关系如下：

$$G=G_{干}（1+W）\qquad（8-1-1）$$

式中：G为平方米公定重量（g/m²）；$G_{干}$为平方米干重（g/m²）；W为纱线公定回潮率。

坯布的平方米克重也可以通过纱线的线密度、线圈长度以及坯布的横密、纵密计算，关系如下：

$$G_{干}=\frac{4 \times 10^{-4} \times l \times \mathrm{Tt} \times P_{A} \times P_{B}}{1+W}\qquad（8-1-2）$$

$$G=4 \times 10^{-4} \times l \times \mathrm{Tt} \times P_{A} \times P_{B}\qquad（8-1-3）$$

式中：$G_{干}$为织物单位面积干重（g/m²）；l为线圈长度（mm）；P_{A}为织物横密（纵行/5cm）；P_{B}为织物纵密（横列/5cm）；Tt为纱线线密度（tex）。

例：一平针织物，纱线细度为90旦，50针纱长为160mm，坯布的横密为100纵行/5cm，纵密为150横列/5cm，计算该织物的平方米克重。

$$G=4 \times 10^{-4} \times l \times \mathrm{Tt} \times P_{A} \times P_{B}=4 \times 10^{-4} \times 160 \div 50 \times 90 \div 9 \times 100 \times 150=192（g/m²）$$

注：1旦=1/9tex

若织物的横密、纵密采用英制单位，如线圈数/英寸，则按下式计算：

$$平方米克重=织物纵密 \times 织物横密 \times 纱长/2 \div 英制支数 \times 0.18367\qquad（8-1-4）$$

（2）直接测量。成品重通常由客户告知，也可将布样取1m²进行称重或者切成规则形状称重，用重量（克）除以面积（平方米）得到。

坯布重可由其与成品重的关系计算得到；即：

$$坯布重=成品重 \times 坯重系数\qquad（8-1-5）$$

常规布种的坯重系数是：罗纹为83%，灯芯布为87%，双珠地/双罗纹为88%，单/双卫衣为89%，弹性丝罗纹为91%，平纹/弹性丝灯芯布为92%，单珠地为93%，弹性丝平纹为100%，毛巾布为106%。

2. 线圈长度

（1）间接计算。实际开发过程中可以根据织物单位面积重量、横密、纵密还有纱线线密度计算出织物的线圈长度。

$$线圈长度 l=\frac{G_干（1+W）\times 10^{-4}}{4\times \mathrm{Tt}\times P_A\times P_B}\qquad（8-1-6）$$

例：一棉平纹织物，测其克重为200g/m²，横密为95纵行/5cm，纵密为120横列/5cm，纱线线密度为25tex，计算该织物的线圈长度。

解：$l=\dfrac{G\times 10^{-4}}{4\times \mathrm{Tt}\times P_A\times P_B}=\dfrac{200\times 10^{-4}}{4\times 25\times 95\times 120}=1.75$（mm）

（2）直接测量。线圈长度除以一个线圈的纱线长度表示以外，还可以表达为百针纱长，即100个线圈的纱线长度，单位记为cm/100G。

在实际测量时，可以在布样正面左边沿纵行方向划一"0"基准线（可以画在圈柱上，也可画在圈弧上），向右计数，直至数100个线圈，若布块不够大，可以靠近右侧数整数针，然后像左侧一样标记。若织物中存在只在反面呈现的纱线，则需要在反面相同位置也做标记。

拉出纱线，量两标记间100个线圈的伸直距离（不能伸长）即为100针的纱长，若测量时不够100针，则需要折算成100针的。比如，测得10个线圈长3.4cm，则纱长为34cm/100G，坯布和成品布的纱长基本一样。

如果是有花纹循环，则纱长表达以循环的整数倍且接近100针的纱长来表示。比如，花纹循环1R=6针，16R=96针，接近于100针，若测得8R纱线长度为18cm，则18÷8×16=36，纱长为36cm/16R（96G）。

3. **纱线细度**

（1）间接计算。

$$纱线线密度\mathrm{Tt}=\frac{G_干（1+W）\times 10^{-4}}{4\times l\times P_A\times P_B}\qquad（8-1-7）$$

例：一棉平纹织物，其干重为180g/m²，100针纱长为200mm，横密为100纵行/5cm，纵密为150横列/5cm，计算该纱线的线密度。

解：$\mathrm{Tt}=\dfrac{G_干（1+W）\times 10^{-4}}{4\times l\times P_A\times P_B}=\dfrac{180\times（1+8.5\%）\times 10^{-4}}{4\times 200\div 100\times 100\times 150}=16.3$（tex）

（2）直接测算。在测量纱长的基础上，沿两标记剪开口，口深约1cm，拆出几条纱线，计算其总长，折算成码（1码=0.9144m），称得重量（g），按照下式计算出纱线细度：

$$英制支数 N_m=0.54\div 所称克重\times 总码长\qquad（8-1-8）$$

或者用长度米数计算，

$$英制支数 N_m=0.5905\div 所称克重\times 总米数\qquad（8-1-9）$$
$$旦尼尔 N_D=克重\div 长度（m）\times 9000\qquad（8-1-10）$$

也可以在拆板过程中，采用将所拆的纱线取定长的方式确定单根纱线的长度。例如5cm，10cm/根等，拆出数根后，计算总长，再称重计算纱线细度。

4. **用纱比例**

由计算式转重 $G_Z=（l_1\times \mathrm{Tt}_1\times M_1+l_2\times \mathrm{Tt}_2\times M_2+\cdots+l_m\times \mathrm{Tt}_m\times M_m）\times N$ 可以看出，当坯布使用多种纱线编织时，机器每织一转的重量为每一种纱线织一转的重量之和。关系如下：

$$G_Z=G_{Z1}+G_{Z2}+\cdots+G_{Zm}\qquad（8-1-11）$$

$$G_{Z1}=l_1 \times Tt_1 \times M_1 \times N \qquad (8-1-12)$$

$$G_{Z2}=l_2 \times Tt_2 \times M_2 \times N \qquad (8-1-13)$$

$$G_{Zm}=l_m \times Tt_m \times M_m \times N \qquad (8-1-14)$$

式中，l_1、l_2、$\cdots$、l_m为一种纱线在一个完全组织中的线圈长度平均值（km）；Tt_1、Tt_2、$\cdots$、Tt_m为每一种纱线的线密度（tex）；M_1、M_2、$\cdots$、M_m为每一种纱线的穿纱根数；N为所使用的总针数。

由式（8-1-11）可以得出每一种纱线的原料重量占比：

$$\lambda_m=\frac{G_{Zm}}{G_{Z1}+G_{Z2}+\cdots+G_{Zm}} \qquad (8-1-15)$$

例：用70旦锦纶和55旦金线织平纹间条布，一个循环有两路锦纶一路金线，锦纶和金线纱长都为116mm/50线圈，机器总针数为3340针，总路数为102路，求机器织一转的织物重量和每种原料的占比。

解：机器总路数为102路，织物每个循环需要3路，机器织一圈可织34个循环，则：

70旦锦纶的总路数M_N为68路；55旦金线的总路数M_j为34路。则：

$$锦纶的线圈长度 l_N=116 \div 50=2.32（mm）$$

$$金线的线圈长度 l_j=116 \div 50=2.32（mm）$$

机器织一圈70旦锦纶的用纱量为：

$$G_{ZN}=l_N \times Tt_N \times M_N \times N=2.32 \times 10^{-6} \times 70 \div 9 \times 68 \times 3340=4.098（g）$$

机器织一圈55旦金线的用纱量为：

$$G_{Zj}=l_j \times Tt_j \times M_j \times N=2.32 \times 10^{-6} \times 55 \div 9 \times 34 \times 3340=1.610（g）$$

机器织一圈的转重为：

$$G_Z=G_{ZN}+G_{Zj}=4.098+1.610=5.708（g）$$

70旦锦纶的重量占比为：

$$\lambda_N=\frac{G_{ZN}}{G_Z}=\frac{4.098}{5.708} \times 100\%=71.79\%$$

55旦金线的重量占比：

$$\lambda_j=1-71.79\%=28.21\%$$

5. 机号

机号E是指针床上规定长度内所具有的织针针数。纬编大圆机的机号一般是指针床上一英寸长度内所具有的针数。机号E与针筒直径D和总针数N的关系如下：

$$E=\frac{N}{\pi D} \qquad (8-1-16)$$

例：已知单面大圆机针筒直径为38英寸，总针数为3336针，计算其机号是多少。

解：

$$E=\frac{N}{\pi D}=\frac{3336}{3.14 \times 38}=28$$

机号越高，允许加工的纱线就越细。在实际生产中，一般可根据织物的有关参数和经验来决定最适宜加工纱线的细度范围或者使用机号的范围。例如，可用以下机号理想值经验式估算适合某细度的纱线的机号。

$$机号=\sqrt{纱线英制支数\times20}$$ 　　　　　（8-1-17）

机号实际值在理想值左右选择，一般与理想值的差以不超过2为宜。

在生产中以及圆纬机的铭牌上，经常会出现类似"18G"的机号写法，而且经常与针筒直径一起标记，构成针筒的主要指标。如18G30英寸指针床上每英寸内可植入18枚针，针筒直径为30英寸。

6. 采用针筒直径

针筒直径是指圆机针筒安装织针部位的直径，常以英寸作为单位。利用下面的经验式，可以通过成品幅宽推算出相应的织机针筒直径。

$$针筒直径（英寸）=成品幅宽（英寸）（包括布边）\div2.09$$ 　　（8-1-18）

幅宽指包括布边在内的幅宽，布边通常加1英寸，2.09为实际生产的经验参数。

7. 总针数

总针数指圆机针筒上配置的织针总数，常用字母N表示。

$$总针数=成品幅宽（英寸）\times纵行数/英寸$$ 　　　（8-1-19）

或：

$$总针数=幅宽（英寸，连边）\div纱长（1针，cm）\times4.1\times2.54$$ 　（8-1-20）

其中4.1为生产实际的经验参数。

新生产工艺单所需总针数也可根据已有生产参数获得，如每英寸18针30英寸（1740针）可生产幅宽65英寸，那么若生产70英寸幅宽的织物，需用织机的总针数为：1740÷65×70=1873（针），可根据实际机型，选择与计算结果相近似的1860针，即每英寸20针30英寸（1860针）织机。

8. 幅宽

根据客户来样的横密、机号、总针数等参数可计算能生产的幅宽。坯布幅宽和成品幅宽均可通过此种方法进行估算，即用坯布横密估算坯布幅宽，用成品横密估算成品幅宽。如坯布幅宽的推算公式为：

$$坯布幅宽W=\frac{坯布总的线圈纵行数}{横密}=\frac{总针数}{横密}=\frac{5N}{P_A}$$ 　（8-1-21）

根据$W=\frac{5N}{P_A}$，还可以推算出坯布幅宽与机号和筒径的关系：

$$W=\frac{5N}{P_A}=\frac{5\pi DE}{P_A}$$ 　　　　（8-1-22）

例1：用32E34英寸的机台编织平针织物，横密为100纵行/5cm，坯布幅宽为：

$$W=\frac{5\pi DE}{P_A}=\frac{5\times\pi\times34\times32}{100}=171（cm）$$

例2：来样横向宽度为2.5英寸，77针，用每英寸22针30英寸，总针数2088针可生产的幅宽为：

2.5÷77×2088=67（英寸）或2088÷77×2.5=67（英寸）

例3：来样宽度为1.6875英寸，有65个纵行，即65针，那么，用每英寸28针30英寸2520针可生产的幅宽为：

$$1.6875 \div 65 \times 2520 = 65（英寸）$$

9. 间位路数

对于彩横条等织物，纵向循环的间位路数是重要的工艺参数，直接决定了能否实现横条的循环。间位路数是指编织形成间条（横条）织物的一个循环所需的路数。

$$每间位路数 = C.P.I \times 每间位的高度英寸数 \tag{8-1-23}$$

其中，C.P.I指织物沿纵行方向的密度（纵向密度），1英寸内的线圈横列数。

（二）工艺参数计算举例

某客户来样，测得坯布采用纱线20英支/1平纹布，成品克重170g/m²，客户要求实用幅宽为60英寸，百针纱长测得为34.3cm。

机号：$\sqrt{20 \times 20} = 20$针；针筒直径：（60英寸＋1英寸）$\div 2.09 = 29.2$（英寸）（布边通常1英寸）；总针数：（60英寸＋1英寸）$\div 0.343 \times 4.1 \times 2.54 = 1852$（针）；坯布纱长：34.3cm/100G；坯布克重：170g/m² × 92% = 156.4（g/m²）。

综合以上，可选每英寸20针30英寸（1860针/1896针）、每英寸18针34英寸（1920针/1860针）、每英寸22针26英寸（1860针）。

进一步分析得出，20英支纱线织平纹布，纬斜较大（约35%），而减少路数（模数）是减小纬斜的方法之一，可考虑总针数1896针和1920针，但是1920针对应的是每英寸18针34英寸，考虑缩水偏大，风险较大，每英寸22针26英寸（1860针）机种不常见，产量较低，也非理想选择，故最终可选择每英寸20针30英寸、1896针机来生产此单。

四、针织物生产工艺制订的步骤与方法

（一）主要内容及步骤

1. 工艺设计的常用内容及步骤

主要包括：①织物名称；②纱线细度情况；③客户要求（克重及幅宽）；④洗水方法（普洗、重洗、砂洗、碧纹洗、烫布、成晶、烘干等）；⑤分清颜色种类及其数量（深、中、浅）；⑥样板的其他分析资料；⑦备注的内容。

2. 工艺可行性的分析内容

主要包括：①客户要求规格（幅宽及克重）的合理性、可行性、选择使用的机器（针寸数）；②织物效果的达成性；③编织机种的机台数量、状态等；④先试样再织大货的必要性（需向上级及相关部门反映）；⑤使用的纱线细度及更换的必要性；⑥纱长的准确性，调整纱长的必要性；⑦工艺施行的合理性及调整的必要性；⑧参照的工艺单须是近段时间所做的，且工艺流程应相同；⑨须分析查明工艺坯洗情况；⑩染缸种类，大货与试样缸种的一致性；⑪用板缸做还是搭染大货，搭染织物及搭染数量；⑫工艺控制时间等要素的要求；⑬定型、染色回修的必要性及效果。

需要认真分析以上内容，做到后才可制订完整、合理的工艺，特别是机器的规格，工艺制订好后必须由部门负责人签名方可。

3. 新到加工单的注意事项

主要包括：①当日的新到加工单必须第一时间明确能否做到工艺要求（幅宽、克重及

布面效果），然后进一步跟进其他事项；②有无标准板，或参照某单开机，待板应该及时跟进；④300磅以上，须注明纱线细度，以便拟定合理的工艺；④注意备注内容（洗水方法、同类单或翻单、是否为补布，查明原因）。

以上完全没有疑问，方可制订工艺。

4．**工艺单的开具**

（1）认真核对。工艺单上的内容与加工单的内容（布类、纱线细度、客户要求、洗水要求、针寸数、颜色的具体浓度、机种和用针）是否一致。

（2）确认内容。①原来所做同类单的情况；②评估加工单上制订的工艺是否合理；③深、中、浅色与所制订的工艺参数是否相符；④现开纱线细度情况，以前有无做过该纱批。

（3）查找来板纱长资料以备查。

（4）试纱斜度，再次评估是否可做规格及斜度。

（5）对于特殊布种要求必须第一时间详细标注清楚。

5．**从初板到织大货应注意的细节**

（1）明白起板的意义与要达到的目的。

（2）在起板过程中应如何跟进进度与规格。

（3）初板如何对比其他的布类。

（4）布身的结构对布类规格的影响，一般情况下布种越密对布的规格的影响就越小。

（二）纱长与织物幅宽、克重等的关系

（1）机号越小（针越疏），纱长越长；反之，纱长越短。

（2）对于疏根弹性织物（二路棉纱加一路氨纶丝），一般来说氨纶丝调长织物变轻，棉调长织物变轻。

（3）对于密根弹性织物（一路棉纱加一路氨纶丝），一般来说氨纶丝调长织物变轻，幅宽变窄；棉调长织物变重，幅宽偏宽。

（4）对于普通卫衣织物，毛圈纱纱长调长织物变重，全成圈和集圈纱纱长调长则织物变轻。

（5）对于普通平纹、珠地双纱织物，纱长调长，坯布克重减轻，幅宽加宽；纱长调短，坯布克重变重，幅宽变窄。

（6）毛巾织物常用长丝作为地纱，一般来说，地纱长丝纱长调短，织物克重变轻。正包毛圈线圈纱长调短，织物变轻，毛圈线圈纱使用长丝调短则重；反包毛圈毛圈纱长调短，织物变重，毛圈线圈纱使用长丝调短则变轻。正包毛圈是指地纱显露在织物正面，并将毛圈线圈覆盖的一种形式；反包毛圈是指毛圈纱线显露在织物正面，将地纱线圈覆盖住，而织物反面仍是拉长沉降弧的毛圈。

（三）主要计算实例

1．**调整纱长的方法**

例：采用20英支/1原料织平纹布做坯洗36×215g/m²，生产条件：实测纱线细度19.85英支/1，采用30英寸24针大圆机，现坯洗为35.5×220g/m²，纱长32.5cm/100G，需要调节多少纱长才能使克重调整到215g/m²？（36、35.5为坯布洗后宽）

$$预调纱长=调轻预计克重÷现纱长的坯洗重×现纱长 \qquad (8-1-24)$$

$$调轻预计平方米克重=220-215=5（g/m^2）$$
$$预调纱长=5g/m^2 \div 220g/m^2 \times 32.5cm \approx 0.8cm$$

如20英支/1平纹布用每英寸17针30英寸编织，需要34cm/100G纱长才可以生产洗后200g/m² 的织物；而用24针30英寸生产，用32cm/100G纱长就可以。

2. 间位与路数的调整计算

例：某坯布含弹性丝，坯洗，每英寸24针34英寸，纱长11.8（弹性纱）/30.4cm（非弹性纱）/100G，坯洗后32.25英寸×281g/m²×（1-7/32）英寸（幅宽×平方米克重×间位），成品烫布62英寸×224g/m²×（1-1/2）间位宽2.5，长3，间位循环路数为94路。若第二次要求成品烫后间位2英寸，则第二次坯洗间位为多少？

（1）C.P.I路数计算：C.P.I.=94/1.5≈63。

（2）间位计算：

可参照下列公式：

$$相对比值=坯洗间位 \div 成品烫后间位 \qquad （8-1-25）$$
$$坯洗间位=相对比值 \times 成品烫后间位 \qquad （8-1-26）$$

成品烫后间位1.5英寸，坯洗间位为1-7/32=1.21875英寸，则相对比值=1.21875÷1.5=0.8125，因纱线和织物类型不变，相对比值不变，第二次的坯洗间位为0.8125×2=1.625=15/8（英寸）

（3）间位路数的计算。

①若织物虽调整克重，但间位不变，则路数也要有相应的变化，即：

$$调整的路数=调整的克重 \div 原重 \times 原路数 \qquad （8-1-27）$$

例1：某订单，原布重220g/m²，间位路数为38路，现要求布重210g/m²，调轻后需要将每循环调整多少路才可以达到原坯洗间位？

解：（220-210）÷220×38=2（路），38-2=36（路）为现在所需要的路数。

例2：某织物要求烫后240g/m²×（2-1/4）英寸，现坯洗为（40-1/4）英寸×286g/m²×（1-7/8）英寸，间位路数为168，成品烫后245g/m²×2英寸，因偏重5g/m²，需调轻，若保持间位不变，则需减少多少路？

解：减少路数为5÷245×168=3.43（路），即4路，20-4=16（路），即要做到16路才可做到（2-1/4）英寸的烫后间位。

②若因某间位高度不符合要求，则需调整该间位的路数。

$$需调整路数=总路数 \div 成品后总间位 \times 所差英寸数 \qquad （8-1-28）$$

例3：若间位路数为168，间位高度为2英寸，现发现间位多出0.25英寸，每循环需减少多少路？

$$需减少路数=168 \div 2 \times 0.25=21（路）$$

以上是基于有来样的纬编针织物织造工艺的确定，如果是自主工艺设计，需考虑织物风格、成衣性能等各方面因素，提出织物设计方案后再确定织造工艺参数，并考虑与染整工艺匹配。

第二节 常见基本布类的结构及上机工艺

纬编织物品种较多，按工艺可分为单面织物和双面织物，常见布类有平纹、珠地、卫衣、罗纹等，其结构、规格及上机工艺也是纬编织物较有代表性的。

一、平纹与丝盖棉平纹

（一）平纹布

1. 结构及规格

平纹布即纬平针织物，由单面机织针全成圈编织而成，织物有正反面之分。剪下一小块样布，从上边沿或从下边沿均可拆散，而其他织物一般只能逆编织方向从上边沿把纱线顺利拆下来（线圈圈柱"V"字开口方为"上"边）。

平纹布卷边性非常明显，纵向布边向反面内卷，而横向上、下布边则会卷向正面。因为平纹布每个线圈均是无遮挡地呈现在布面上，所以能够比较清晰地显露出纱线的品质，针路与粗细纱起横的问题较为明显。平纹布常用规格见表8-2-1。

表8-2-1 平纹布常用规格

用纱	机号	幅宽×克重	纵向密度/（路/2.54cm）
32英支/1棉	23G30英寸	68英寸×125g/m²	46
20英支/1棉	22G30英寸	70英寸×170g/m²	39
16英支/1棉	20G30英寸	63英寸×195g/m²	36
20英支/1棉	18G30英寸	78英寸×270g/m²	23
16英支/2棉	16G30英寸	78英寸×320g/m²	23

注 23G30英寸是指针筒规格（机号）为每英寸23针30英寸，68英寸×125g/m²是指68英寸的幅宽和125g/m²的克重；纵向密度，是决定横间布循环宽度的重要因素。例如23，意思是指1英寸（即2.54cm）的宽度需要23路（模）16英支/2的棉纱。

2. 上机工艺

平纹布的三角排列如图8-2-1所示，织针按A、B顺序排列，路数1路一个循环。

三角配置图可适用于平纹、弹性丝平纹、毛巾布类（锁底/不锁底）。弹性丝通常指氨纶丝。

路数		1
针筒	A	∧
	B	∧

图8-2-1 平纹布三角配置图

（二）丝盖棉平纹

丝盖棉属于添纱组织的一种，是由一根基本纱（通常是棉纱）及一根附加纱（通常是特头纶、人造丝或人造毛等）组合而成。丝盖棉从织物正面看基本是被附加纱线所覆盖的。添纱组织并不是一种新组织，而只是一种织造技术，最早应用在平纹上，可使织物外表富有光泽，里面的棉则能吸湿排汗，达到舒适与美观兼备的效果。

二、珠地织物

珠地属单面组织，其特点是必有集圈的织法。珠地有单珠地与双珠地之分，单珠地连续集圈的次数为一次，集圈类型为单针单列；双珠地连续集圈的次数为两次，即单针双列集圈，且没有全成圈的横列；大单珠为单珠地与双珠地相互结合，详见图8-2-6。

（一）单珠地

1. 结构及规格

×	•	×	•
×	×	×	×
•	×	•	×
×	×	×	×

图8-2-2 单珠地织物意匠图

单珠地是以织机上的布面作为成品的布面，其意匠图如图8-2-2所示。

珠地的布面呈现凸起“V”字形，“V”字向上就是布的正面。在织三色或以上的间色珠地时，要特别注意颜色的排列顺序，因为单珠地是有明显上与下的分别的。布面起珠的程度是可以有限度控制的，过分凸起会导致织布时出现问题，而过分平坦则失去珠地的特色。

珠地织物常见的规格见表8-2-2。

表8-2-2 珠地织物常见规格

用纱	机号	幅宽×克重	纵向密度/（路/2.54cm）
32英支/1棉	28G30英寸	80英寸×150g/m^2	56
20英支/1棉	20G26英寸	70英寸×200g/m^2	63
16英支/1棉	18G30英寸	74英寸×240g/m^2	58

珠地织物的C.P.I比较大，若织排间织物，同样的路数条件下，珠地织物所编织成的循环间位会更窄一些。循环比较窄。比如，若采用20英支/1棉（色纱）编织，平纹织物的C.P.I为40，而珠地织物的C.P.I为60。那么，30路红色20英支/1棉和30路白色20英支/1棉轮流编织，平纹织物可织循环高度60÷40=1.5（英寸），珠地织物可织 60÷60=1（英寸）。

另外，若珠地组织作为彩横条织物的地组织时，每色的间位路数应为双数。

一般来说，因织机上的成圈系统数量有限，若每路导纱器不能自动换纱，织成的循环间位就比较小，称为排间或排纱间。若导纱器能自动换纱，则织物循环可加大，相应织物称为自动间。

2. 上机工艺图

（1）织针排列。下针筒织针按A、B顺序排列。

路数		1	2	3	4
针筒	A	∧	∧	∧	∩
	B	∧	∩	∧	∧

图8-2-3 单珠地织物三角图

（2）三角排列。如图8-2-3所示，4路一个循环。弹性丝单珠地是全成圈加氨纶丝。

（二）双珠地

1. 结构及规格

双珠地是连续集圈后改变集圈位置，再连续集圈的编织结构，双珠地的工艺正面类似平纹的布面，反面则类似蜂巢。因此，常以工艺反面作为成衣的布面，即反底作面。其意匠图如图8-2-4所示。常见的双珠地织物规格见表8-2-3。

表8-2-3 常见的双珠地织物规格

用纱	机号	幅宽×克重
32英支/1棉	24G30英寸	74英寸×170g/m^2
20英支/1棉	18G26英寸	74英寸×220g/m^2

不论单珠地或双珠地，幅宽一般比较宽，原因是它的组织有集圈线圈，集圈悬弧有弹性伸直力，将与之相邻的线圈向两边推开，使得线圈横列间距变小，且拉长线圈在下机后有弹性收缩，使得纵向缩短，横向更宽。

2. **上机工艺图**

（1）织针排列。下针筒织针按A、B顺序排列。

（2）三角排列。如图8-2-5所示，4路一个循环。

排间、自动间双珠地一般都是从第二路开始排纱，每色间都是双数。

（三）其他珠地组织

1. **大单珠（平纹双珠地/六路珠地）**

（1）织针排列。下针筒织针按A、B顺序排列。

（2）三角排列。如图8-2-6所示，6路一个循环。 排间、自动间大单珠一般都是从第一路开始排纱，而且一般每色间的路数是3的倍数。

×	•	×	•
×	•	×	•
•	×	•	×
•	×	•	×

图8-2-4 双珠地织物意匠图

路数		1	2	3	4
针筒	A	∧	∧	∩	∩
	B	∩	∩	∧	∧

图8-2-5 双珠地织物三角图

路数		1	2	3	4	5	6
针筒	A	∧	∧	∧	∧	∩	∩
	B	∧	∩	∩	∧	∧	∧

图8-2-6 大单珠三角图

2. **玉米珠地（八路珠地）**

（1）织针排列。下针筒织针按A、B顺序排列。

（2）三角排列。如图8-2-7所示，8路一个循环。弹性丝大单珠是全成圈加氨纶丝，可两路全成圈都加氨纶丝，也可一路全成圈加氨纶丝。

路数		1	2	3	4	5	6	7	8
针筒	A	∧	∧	∧	∧	∧	∧	∩	∩
	B	∧	∧	∩	∩	∧	∧	∧	∧

图8-2-7 玉米珠地三角图

三、单卫衣与双卫衣

卫衣学名为衬垫组织，结构中比较特殊的是衬垫纱，只形成不封闭悬弧（集圈）与浮线，而浮线在反面形成较长的沉降毛圈，因此经常称衬垫纱为毛圈纱。

（一）单卫衣

指以平针组织为地组织的衬垫组织。

1. 结构及规格

因衬垫纱与地纱沉降弧的交叉处，衬垫纱显露在织物的正面，而且有时布面地纱不能完全覆盖毛圈纱的集圈线圈，在布面上常会显得不平滑，甚至衬垫纱可能从布面上浮现出来。这问题并不容易解决，但可从以下几点来改善：

（1）布面的疏密要紧密一些，尽量缩小线圈之间的空隙。

（2）选择捻度较低的纱线，以减小其反捻的作用力。

常见单卫衣规格：20英支/1棉+20英支/1棉，22G30英寸，72英寸×210g/m²，C.P.I=36.5路/2.54cm。

2. 几种不同衬垫比单卫衣的上机工艺图

如果衬垫纱的垫纱顺序、垫纱根数或衬垫纱的颜色不同，会得到不同的花纹效应。

（1）小鱼鳞单卫衣。若衬垫纱集圈与浮线的针数比例即衬垫比为1:1，且上下相邻的衬垫纱的集圈位置有变化，则该织物的反面的浮线像细小的鱼鳞，称为小鱼鳞单卫衣。

①织针排列。下针筒织针按A、B顺序排列。

②三角排列。如图8-2-8所示，4路一个循环。弹性丝小鱼鳞单卫衣全成圈加氨纶丝。

（2）鱼鳞单卫衣。鱼鳞单卫衣的衬垫比为1:3，反面的鱼鳞会宽两倍。

①织针排列。下针筒织针按A、B、A、C顺序排列。

②三角排列。如图8-2-9所示，4路一个循环。弹性丝鱼鳞单卫衣全成圈加氨纶丝。

路数		1	2	3	4
针筒	A	∧	∩	∧	—
	B	∧	—	∧	∩

图8-2-8　小鱼鳞单卫衣三角图

路数		1	2	3	4
针筒	A	∧	—	∧	—
	B	∧	∩	∧	—
	C	∧	—	∧	∩

图8-2-9　鱼鳞单卫衣三角图

（3）大鱼鳞单卫衣。此大鱼鳞单卫衣的衬垫比为1:5，反面的鱼鳞因而占据五针的宽度，是小鱼鳞宽度的五倍。

①织针排列。下针筒织针按A、A、B、A、A、C顺序排列。

②三角排列。如图8-2-10所示，4路一个循环。弹性丝大鱼鳞单卫衣全成圈加氨纶丝。

路数		1	2	3	4
针筒	A	∧	—	∧	—
	B	∧	∩	∧	—
	C	∧	—	∧	∩

图8-2-10　大鱼鳞单卫衣三角图

（4）左斜纹单卫衣。衬垫比为1:2的方式，常被用来编织斜纹卫衣，因为其反面鱼鳞占据2针的宽度，比较适中。且在织物工艺反面可形成非常清晰的连续斜纹，斜向有左右之分。这是因为织针排列和三角排列相组合，使得织物上不同横列的集圈位置依次向左或者向右变化。

①织针排列。下针筒织针按A、B、C顺序排列。

②三角排列。如图8-2-11所示，6路一个循环。弹性丝斜纹单卫衣全成圈加氨纶丝。

路数		1	2	3	4	5	6
针筒	A	∧	∩	∧	—	∧	—
	B	∧	—	∧	∩	∧	—
	C	∧	—	∧	—	∧	∩

图8-2-11　左斜纹单卫衣三角图

（5）右斜纹单卫衣。如前所述，右斜纹单卫衣的集圈位置依次向右变化。

①织针排列。下针筒织针按A、B、C顺序排列。

②三角排列。如图8-2-12所示，6路一个循环。弹性丝斜纹单卫衣全成圈加氨纶丝。

路数		1	2	3	4	5	6
针筒	A	∧	—	∧	—	∧	∩
	B	∧	—	∧	∩	∧	—
	C	∧	∩	∧	—	∧	

图8-2-12　右斜纹单卫衣三角图

（6）珠地单卫衣。珠地单卫衣一般是在单珠地的基础上增加衬垫纱编织而成。因此织物工艺正面呈现珠点效果。

①织针排列。下针筒织针按A、B顺序排列。

②三角排列。如图8-2-13所示，6路一个循环。

路数		1	2	3	4	5	6
针筒	A	∧	∧	∩	∧	∩	—
	B	∧	∩	—	∧	∧	∩

图8-2-13　珠地单卫衣三角图

（二）双卫衣

1. 结构与规格

双卫衣并不是双纱单卫衣，它的结构是截然不同的。双卫衣是由三组纱线组成一个横列，第一组是毛圈纱，在织造过程中，它不需要依靠针钩的作用而挂在布底上，所以此组纱可用较粗的纱线。第二组纱编织全成圈，它形成织物的基础，一般称为底纱。而第三组纱称为接结纱（也称面纱），它是将毛圈纱与平纹连在一起的，接结纱也是全成圈，它与编织平纹的一组纱是同时退圈的，所以在布面上每个线圈均可见到两根纱线。

双卫衣布的纱线细度搭配较少，目前常用的双卫衣机有16G、18G、20G三种，限制了其支数的变化及搭配。

常见的双卫衣规格见表8-2-4。

表8-2-4　常见的双卫衣规格

用纱	机号	幅宽×克重
32英支/2棉+7英支/1棉	18G30英寸	72英寸×320g/m²
32英支/2棉+10英支/1棉	18G30英寸	76英寸×280g/m²
32英支/2棉+16英支/1棉	18G30英寸	77英寸×230g/m²

常见的抓毛双卫衣规格见表8-2-5。

表8-2-5　常见的抓毛双卫衣规格

用纱	机号	幅宽×克重
32英支/2棉+10英支/1棉	16G30英寸	68英寸×320g/m²
32英支/2棉+16英支/1棉	18G30英寸	66英寸×250g/m²

2．几种常见双卫衣的上机工艺图

（1）小鱼鳞双卫衣。小鱼鳞双卫衣与小鱼鳞单卫衣的衬垫比一样都是1∶1，不同之处在于地组织为添纱组织。

①织针排列。下针筒织针按A、B顺序排列。

②三角排列。如图8-2-14所示，6路一个循环。

路数		1	2	3	4	5	6
针筒	A	∧	∧	∩	∧	∧	—
	B	∧	∧	—	∧	∧	∩

图8-2-14　小鱼鳞双卫衣三角图

（2）鱼鳞双卫衣。衬垫比为1∶3的添纱衬垫组织，织物厚实，反面鱼鳞较宽。

①织针排列。下针筒织针按A、B、A、C顺序排列。

②三角排列。如图8-2-15所示，6路一个循环。

路数		1	2	3	4	5	6
针筒	A	∧	∧	—	∧	∧	∧
	B	∧	∧	∩	∧	∧	∧
	C	∧	∧	—	∧	∧	∩

图8-2-15　鱼鳞双卫衣三角图

190

（3）左斜纹双卫衣。衬垫比为1∶2，且集圈位置依次向左移动的添纱衬垫组织，生产中较多采用这种垫纱方式，经拉绒后可得到较为均匀的绒面。

①织针排列。下针筒织针按A、B、C顺序排列。

②三角排列。如图8-2-16所示，9路一个循环。

路数		1	2	3	4	5	6	7	8	9
针筒	A	∧	∧	∩	∧	∧	—	∧	∧	—
	B	∧	∧	—	∧	∧	∩	∧	∧	—
	C	∧	∧	∧	∧	∧	—	∧	∧	∩

图8-2-16　左斜纹双卫衣三角图

（4）右斜纹双卫衣。

①织针排列。下针筒织针按A、B、C顺序排列。

②三角排列。如图8-2-17所示，9路一个循环。

路数		1	2	3	4	5	6	7	8	9
针筒	A	∧	∧	—	∧	∧	—	∧	∧	∩
	B	∧	∧	—	∧	∧	∩	∧	∧	—
	C	∧	∧	∩	∧	∧	—	∧	∧	—

图8-2-17　右斜纹双卫衣三角图

四、毛巾布与剪毛布

（一）毛巾布

毛巾属于单面组织，它是由两条纱线直接喂入同一路（模）内，一条名为底纱或基本纱，作为布身的基本结构，另一条则为毛圈纱，作为毛圈纱之用。底纱一般以特头纶或尼龙为多。毛圈的长度取决于沉降片片颚线（针叶肚）与片鼻（针叶鼻）的距离，常见的有2.2mm、3.0mm及3.5mm。一般针数有10G、20G及22G。毛巾布常见规格见表8-2-6。

表8-2-6　毛巾布常见的规格

用纱	机号	幅宽×克重
32英支/1棉+100旦锦纶	18G30英寸	68英寸×230g/m²
32英支/1棉+150旦涤纶	18G30英寸	70英寸×240g/m²
20英支/1棉+100旦涤纶	18G30英寸	78英寸×270g/m²
32英支/1棉+75旦涤纶	18G30英寸	68英寸×180g/m²

毛巾布的上机工艺图与平纹布相同。

（二）剪毛布

剪毛布在剪毛前与毛巾布大致相同，偶尔毛巾布也被用作剪毛，但当毛圈被剪断后，所余的纱线便容易从布身脱落。为了避免这种情况，一般要求组织紧密一些，且底纱宜用特头纶或尼龙，以便在染色受热后收缩，从而加强对被剪毛圈的控制。有些专为剪毛布而设计的织机，均有"丝盖棉"织法的设计，使底纱覆盖着被剪的毛圈，所以毛圈并不会轻易地被摩擦出来。剪毛布常见的规格见表8-2-7。

表8-2-7　剪毛布常见的规格

用纱	机号	幅宽×克重
32英支/1棉+100旦涤纶	20G26英寸	66英寸×280g/m²
32英支/1棉+100旦涤纶	20G26英寸	66英寸×260g/m²
20英支/1棉+100旦涤纶	20G26英寸	66英寸×230g/m²
32英支/1棉+100旦涤纶	20G26英寸	66英寸×260g/m²

五、罗纹布与灯芯布

罗纹布采用上下相错配置的织针进行编织，因此上下针可同时编织。罗纹布配合不同的排针方法便能生产多种不同的织物，如1×1罗纹、2×2灯芯、抽针罗纹、十字灯芯布等。其布面都会呈现清晰的纵条纹，若抽针排针，则凹凸感更明显。

（一）1×1罗纹

1. 结构及规格

罗纹是上下针全成圈编织而成。织物正反面外观相同，有纵向细密凹凸条。它的横向弹性较大，并且不容易卷边，多被用于成衣的袖口、裤口等收紧部位。1×1罗纹常见的规格见表8-2-8。

表8-2-8　1×1罗纹常见的规格

用纱	机号	幅宽×克重	纵向密度/（路/2.54cm）
32英支/1棉	15G34英寸	58英寸×190g/m²	36
20英支/1棉	15G34英寸	64英寸×220g/m²	36
16英支/1棉	15G34英寸	76英寸×290g/m²	33
20英支/1棉+70旦氨纶	15G34英寸	31英寸（TUB圆筒）×345g/m²	
32英支/1棉+70旦氨纶	15G34英寸	25英寸（TUB圆筒）×250g/m²	

注　TUB圆筒指未经剖幅的圆筒。

2. 上机工艺图

（1）织针排列。上针盘和下针筒织针可均按A、B顺序排列，上下对针为罗纹相错对针，位置如图8-2-18所示。

（2）三角排列。如图8-2-19所示，1路一个循环。一般弹性丝罗纹是一隔一上针吃氨纶丝，密根弹性丝罗纹是每路上针吃氨纶丝；全根弹性丝罗纹是每路上、下针吃氨纶丝。抽针罗纹三角同1×1罗纹。

上针盘	B	∨
	A	∨
路数		1
下针筒	A	∧
	B	∧

上针盘	A	B
下针筒	A	B

图8-2-18　1×1罗纹机上对针图　　　图8-2-19　1×1罗纹三角图

（二）2×2灯芯布

1. 结构及规格

2×2灯芯布是抽针罗纹的一种，它的稳定性比1×1罗纹差，会出现卷边，由于编织灯芯布时有三分之一的针是抽起不参加编织的，所以幅宽比1×1罗纹窄很多。相对1×1罗纹来说，2×2灯芯布每针床连续织2针，所以纵向凹凸条纹会更宽阔明显。灯芯布的横向延伸性很强，但它的弹性较弱。一般灯芯布缩水率较差，而且不易控制。2×2灯芯布常见的规格见表8-2-9。

表8-2-9　2×2灯芯布常见的规格

用纱	机号	幅宽×克重	纵向密度/（路/2.54cm）
20英支/1棉	15G34英寸	45英寸×220g/m²	33
16英支/1棉	15G34英寸	50英寸×230g/m²	34.5
32英支/1棉+70旦氨纶	15G34英寸	17英寸（TUB圆筒）×250g/m²	
20英支/1棉+70旦氨纶	15G34英寸	19英寸（TUB圆筒）×380g/m²	
16英支/1棉+70旦氨纶	15G34英寸	21英寸（TUB圆筒）×410g/m²	

2. 上机工艺图

（1）织针排列。上针盘织针按A、B、X排列，下针筒织针按X、A、B顺序排列，上下针的配置为罗纹对针，位置如图8-2-20所示。X表示该针位为抽针状态。

（2）三角排列。如图8-2-21所示，1路一个循环。一般弹性丝2×2灯芯布是一隔一上针吃氨纶丝。

上针盘	A	B	X
下针筒	X	A	B

上针盘	B	∨
	A	∨
路数		1
下针筒	A	∧
	B	∧

图8-2-20　2×2灯芯布机上对针图　　　图8-2-21　2×2灯芯布三角图

（三）3×3灯芯布

3×3灯芯布结构与2×2灯芯布类似，凹凸纵条比2×2略宽一些，其上机工艺图如下。

（1）织针排列。上针盘织针按A、B、A、X、X、B、A、B、X、X排列，下针筒织针

按X、X、A、B、A、X、X、B、A、B顺序排列，上下针配置为罗纹对针，位置如图8-2-22
所示。

上针盘	A	B	A	X	X	B	A	B	X	X
下针筒	X	X	A	B	A	X	X	B	A	B

图8-2-22　3×3灯芯布机上对针图

上针盘	B	V
	A	V
路数		1
下针筒	A	∧
	B	∧

图8-2-23　3×3灯芯布三角图

（2）三角排列。如图8-2-23所示，1路一个循环。

（四）弹性丝罗纹

弹性丝1×1罗纹或2×2灯芯布与其本身组织设计没有多大的分别，主要是加上一组氨纶丝配合织成。弹性丝罗纹或灯芯有疏根和密根之分，疏根即是每三路或四路加入氨纶丝一路，而密根是二路加入氨纶丝一路。弹性丝布有布面与布底之分，织机的布面比较光滑，但当拉伸时会出现氨纶丝，特别是染深色后，更容易察觉，而布底则不出现氨纶丝，所以多被用作布面，但较为粗糙。

（五）十字灯芯布

十字灯芯布在罗纹的纵向凹凸条基础上，叠加了集圈引起的横向条纹效应，因此呈现十字外观，也称十字罗纹，因其外观特点，还被称为威化布、饼干布。

（1）织针排列。上针盘织针按A、B、X顺序排列，下针筒织针按X、A、B顺序排列，上下对针为罗纹对针，位置如图8-2-24所示。

（2）三角排列。如图8-2-25所示，6路一个循环。集圈可以是两路，也可以是多路；成圈可以是一路，也可以是多路；成圈还可以加氨纶丝。

上针盘	A	B	X
下针筒	X	A	B

图8-2-24　十字灯芯布机上对针图

上针盘	B	∪	∪	V	V	V	V
	A	∪	∪	V	V	V	V
路数		1	2	3	4	5	6
下针筒	A	∧	∧	∧	∩	∩	∧
	B	∧	∧	∧	∩	∩	∧

图8-2-25　十字灯芯布三角图

六、双罗纹织物

1. 结构及规格

双罗纹组织属于双面组织，是一种基本结构，也称双面布、双正面布、棉毛布、互锁组织。织物厚实，保暖性好，有较好的尺寸稳定性。由于编织时采用上下针相对排列，所以同一位置的上下两支针不可能同时织造，只能在上下盘各自间针织造，以避免撞针。余下未进行编织的织针在下一路编织，而先前的一组针则保持不动。所以双罗纹织物的每一行线圈是经过两路后才能完成织造的。在编织双面横间布时要把横列数乘以2才是编织所需的路数。

表8-2-10　双罗纹织物常见的规格

用纱	机号	幅宽×克重	纵向密度/（路/2.54cm）
40英支/1棉	24G30英寸	58英寸×190g/m²	41.5
32英支/1棉	22G30英寸	60英寸×220g/m²	38.5
20英支/1棉	20G30英寸	68英寸×290g/m²	34
16英支/1棉	18G30英寸	68英寸×320g/m²	

2．上机工艺图

（1）织针排列。上针盘织针按A、B，下针筒织针按B、A顺序排列，上下针配置为双罗纹对针，位置如图8-2-26所示。

（2）三角排列。如图8-2-27所示，2路一个循环。弹性丝双罗纹织物上下针全吃氨纶丝，或密根上针吃氨纶丝。

上针盘	A	B
下针筒	B	A

图8-2-26　双罗纹织物机上对针图

上针盘	B	V	—
	A	—	V
路数		1	2
下针筒	A	—	∧
	B	∧	—

图8-2-27　双罗纹织物三角图

七、部分双面织物的排针与三角配置

（一）打鸡布

打鸡布学名潘扬地罗马布，俗称罗马布，属于双面纬编针织物。编织中在双罗纹织物的基础上略作变化，上下两个单边再加一组双罗纹组织使两个单边线圈交叉编织。布面没有一般双罗纹织物平整，横向延伸性不如双罗纹织物。吸湿性强，用于贴身衣物，柔软透气、穿着舒适。

（1）织针排列。上针盘织针按A、B，下针筒织针按B、A顺序排列，上下针配置为双罗纹对针，位置如图8-2-28所示。

（2）三角排列。如图8-2-29所示，4路一个循环。加氨纶丝时，可在1、2路上下针吃氨纶丝，也可以在3、4路吃氨纶丝。

上针盘	B	V	—	V	—
	A	—	V	V	—
路数		1	2	3	4
下针筒	A	—	∧	—	∧
	B	∧	—	—	∧

上针盘	A	B
下针筒	B	A

图8-2-28　打鸡布机上对针图

图8-2-29　打鸡布三角图

（二）法国罗纹

上针盘	A	B
下针筒	X	A

图8-2-30 法国罗纹机上对针图

分别如图8-2-31、图8-2-32所示。

1. 双罗纹对针

（1）织针排列。上针盘织针按A、B，下针筒织针按B、A顺序排列，上下针配置为双罗纹对针，位置如图8-2-30所示。

（2）三角排列。有3路循环和4路循环两种，三角排列图分别如图8-2-31、图8-2-32所示。

上针盘	B	V	—	—
	A	V	—	∪
路数		1	2	3
下针筒	A	—	∧	∩

图8-2-31 3路法国罗纹三角图

上针盘	B	V	V	—	—
	A	V	V	—	∪
路数		1	2	3	4
下针筒	A	—	—	∧	∩

图8-2-32 4路法国罗纹三角图

2. 罗纹对针

上针盘	A	B
下针筒	X	A

图8-2-33 法国罗纹机上对针图

（1）织针排列。上针盘织针按A、B，下针筒织针按X、A顺序排列，上下针配置为罗纹对针，位置如图8-2-33所示。

（2）三角排列。有6路循环和8路循环两种，三角排列图分别如图8-2-34、图8-2-35所示。

上针盘	B	V	—	—	V	—	∪
	A	V	—	∪	V	—	—
路数		1	2	3	4	5	6
下针筒	A	—	∧	∩	—	∧	∩

图8-2-34 6路法国罗纹三角图

上针盘	B	V	V	—	—	V	V	—	∪
	A	V	V	—	∪	V	V	—	—
路数		1	2	3	4	5	6	7	8
下针筒	A	—	—	∧	∩	—	—	∧	∩

图8-2-35 8路法国罗纹三角图

（三）鱼眼布

织物中存在变化且规律分布的集圈，悬弧线圈的纱线弹性较大，使同根纱线上两侧的线圈相互远离，因而产生规律的坑位，貌似鱼的眼睛，称为鱼眼布，也被称为鸟眼布或网眼布。

1. 小鱼眼布

小鱼眼布组织循环针数较少，为2针一个循环，织物外观花纹细小密集。

（1）织针排列。上针盘织针按A、B，下针筒织针按B、A顺序排列，上下对针为罗纹对针，位置如图8-2-36所示。

（2）三角排列。如图8-2-37所示，4N路一个循环。

上针盘	B	V	—	V	—
	A	V	—	V	—
路数		1	2	3	4
下针筒	A	∩	∧	—	∧
	B	—	∧	∩	∧
循环次数		N次		N次	

上针盘	A	B
下针筒	B	A

图8-2-36 小鱼眼布机上对针图   图8-2-37 小鱼眼布三角图

2. 鱼眼布

与小鱼眼布相比，循环内路数仍不变，但循环针数增加，且富于变化，透气性好，常用于运动服、休闲服。

（1）织针排列。上针盘织针按A、B、A、B，下针筒织针按A、B、A、C顺序排列，上下针配置为罗纹对针，位置如图8-2-38所示。

（2）三角排列。如图8-2-39所示，4N路一个循环。

上针盘	B	V	—	V	—
	A	V	—	V	—
路数		1	2	3	4
下针筒	A	—	∧	—	∧
	B	∩	∧		
	C	—	∧	∩	∧
循环次数		N次		N次	

上针盘	A	B	A	B
下针筒	A	B	A	C

图8-2-38 鱼眼布机上对针图   图8-2-39 鱼眼布三角图

3. 双面鱼眼布

（1）织针排列。上针盘织针按A、B，下针筒织针按B、A顺序排列，上下对针为罗纹对针，位置如图8-2-40所示。

（2）三角排列。如图8-2-41所示，4N路一个循环。

上针盘	B	V	U	V	—
	A	V	—	V	U
路数		1	2	3	4
下针筒	A	∩	∧	—	∧
	B	—	∧	∩	∧
循环次数		N次		N次	

上针盘	A	B
下针筒	B	A

图8-2-40 双面鱼眼布机上对针图   图8-2-41 双面鱼眼布三角图

第三节　排单与排产

排单排产工作是指按照计划部门的生产计划向车间下达排产单，安排具体机台执行生产。要求满足相应的质量要求，按照期限完成所需数量。好的排产能够减轻车间生产的工作量，合理利用车间的机台，减少浪费，提高生产效率。

一、排产员的要求

（1）排产员要有一定的专业基础，能够清晰了解订单的工艺要求；能计算订单机台数量、生产时间、原料用量等。

（2）排产员要对车间的机台比较熟悉，清晰地了解车间机台的机台配置情况，每台机的生产状态，适合生产的品种等。

（3）排产员要对原料有一定的了解，包括原料的基本性能、单筒重量、包装个数、重量、批号、生产日期、进厂日期等。

（4）排产员要有良好的沟通能力，能跟生产全流程相关人员进行良好的技术、生产等方面的沟通。

二、排产员的工作内容

（1）根据生产计划和车间生产情况制订生产排产单。

（2）跟踪生产进度，根据生产进度和生产计划适当调整生产。

（3）跟踪原料使用情况，适时和采购部门沟通需要的原料情况。

（4）适时和生产计划部门（销售）沟通订单的生产进度，提前了解订单的变化情况。

（5）根据车间情况，回复生产计划部门（销售）的订单货期。

三、排产注意事项

（1）排产前要了解所排机台的生产情况，包括机台的型号、目前机台上的组织，原料和机台的配置以及历史上生产该品种的情况，尽量减少生产中换针筒、洗机、改组织、换织针、换原料、改配置（如增加输纱器，增加输纱牙带，增减路数等）的情况。

（2）排产前要先了解原料的情况，尽量避免调好机后还要等原料开机的情况，或原料供应不足的情况。

（3）对于生产难度大的品种，要及时和生产部门沟通，选用合适的机台生产，避免生产难以推进或者重复操作。

（4）相同的品种可以尽量排在同一类机型生产，避免所生产的坯布出现布面风格、织物工艺参数差异的问题。

（5）排机时尽量方便车间各个环节的生产管理。

（6）大批量生产时，要尽量避免同时大批量改机，导致人手不足停机。

（7）提前安排前后订单的衔接，避免由于没有及时排单引起的不必要停机。

（8）要注意原料的使用情况，尽量避免剩余大量尾纱，增加管理难度。

四、纬编针织物生产指标计算

（一）针织机产量计算

理论产量A=转重G×机速n，其中转重指机器每转一圈所织织物的重量，转重与机器的总针数、路数、纱线线密度、线圈长度有关。

$$转重G_z=（l_1×Tt_1×M_1+l_2×Tt_2×M_2+\cdots+l_m×Tt_m×M_m）×N \qquad （8-3-1）$$

式中：m为纱线种类数；l_1、l_2、$\cdots$、l_m为指一种纱线在一个完全组织中的线圈长度平均值（km）；Tt_1、Tt_2、$\cdots$、Tt_m为每一种纱线的线密度（tex）；M_1、M_2、$\cdots$、M_m为每一种纱线的路数。

当用一种纱线织平针织物时，转重$G_z=l×Tt×N×M$，理论产量为：

$$A=l×Tt×N×M×n×6×10^{-8} \qquad （8-3-2）$$

式中：A为产量［kg/（台·h）］；l为线圈长度（mm）；Tt为纱线线密度（tex）；N为总针数；M为总路数；n为转数（r/min）。

例1：一纬平针织物，纱线线密度为10tex，100针纱长为230mm，机器机号为32，筒径34英寸，总针数N为3420根，总路数M为102路，转数n为15r/min，求机器织一转所织的织物重量和机器每小时的理论产量。

解：$G_z=l×Tt×N×M=230×10^{-8}×10×3420×102=8$（g/转）

$A=G_z×n=8×15×10^{-3}×60=7.2$［kg/（台·h）］

在实际生产过程中，机台由于停机或其他操作，会导致实际运转时间小于理论时间，实际产量就会少于理论产量。

$$时间效率K=\frac{实际工作时间}{理论运转时间} \qquad （8-3-3）$$

从而可以计算出：

$$实际产量A_1=K×A \qquad （8-3-4）$$

例2：一台机理论产量为10kg/h，机器运行时间效率大概为90%，计算该机台的实际产量。

解：$A_1=K×A=0.9×10=9$（kg/h）

（二）落布转数计算

机台落布转数计算方法：

$$r=\frac{一匹布要求重量G_p}{转重G_z}=\frac{G_p}{（l_1×Tt_1×M_1+l_2×Tt_2×M_2+\cdots+l_m×Tt_m×M_m）×N}$$

例：一纬平针织物，纱线线密度为10tex，100针纱长为230mm，机器机号为32，筒径34英寸，总针数为3420根，总路数为102路，要求一匹布的重量为25kg，求机器的落布转数需要设置为多少？

解：$G_z=l×Tt×N×M=230×10^{-8}×10×3420×102=8$（g/转）

$$r=\frac{G_p}{G_z}=\frac{25}{8×10^{-3}}=3125（转）$$

（三）坯布码数计算

坯布码数H与坯布幅宽W和平方米克重有关，关系式如下：

$$H=\frac{G_P \times 10^5}{W \times G \times 0.9144}\qquad(8-3-5)$$

式中：H为码数（码）；W为坯布幅宽（cm）；G为平方米公定重量（g/m²）；G_P为匹重（kg）。

由此式可得出坯布每千克的码数：

$$H_1=\frac{10^5}{W \times G \times 0.9144}\qquad(8-3-6)$$

例：已知坯布幅宽为150cm，平方米克重为200g/m²，要求织100码的坯布，求其重量。

解：$G_P=H \times W \times G \times 0.9144 \times 10^{-5}=100 \times 150 \times 200 \times 0.9144 \times 10^{-5}=27.4$（kg）

（四）起订量计算

确定坯布的起订量，首先要了解织物所用纱线种类和各纱线的比例，最小起订量一般与所用纱线种类的价格有关，每个纺织厂的规定会有所不同。

（1）当所用纱线为一种原料时，一般要求至少织完一套纱，起订量为织完一套纱织物的重量。

（2）当需要使用多种原料时，原料都为常用原料的情况下，一般要求至少织完一套主料，有些厂会要求每一种原料都需织完，则需要计算每种原料都织完的情况下需要多少套纱线，能织多少布。

（3）当使用到某些不常用的原料时，一般也需要看纱线的最少起订量，要将不常用的纱线消耗完，每个厂的规定会有所不同。

在上面计算中已经介绍了原料比例的计算方法，可以根据此方法计算织完一套纱能生产多少千克的坯布。

例：如图8-3-1所示六模夹层坯布，机器为28G34英寸，总针数2976根，总路数为72路，已知75旦涤纶的单筒重量为5kg，下单要求为至少织完一套75旦涤纶纱线，织物编织损耗为

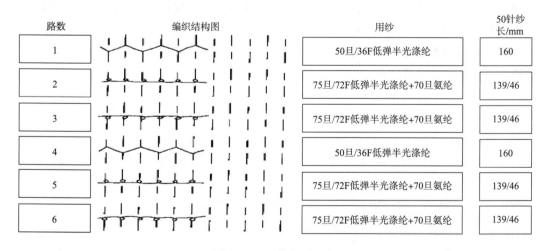

图8-3-1　六模夹层坯布

200

2%，求坯布起订量。

解：该组织为6路一个循环，总路数72路可穿12个循环，即一轮需要75旦涤纶纱线 $12 \times 4 = 48$（个），50旦涤纶纱线 $12 \times 2 = 24$（个），70旦氨纶 $12 \times 4 = 48$（个）。

机器织一转75旦涤纶用量：

$$G_{T_1} = l_{T_1} \times \mathrm{Tt}_{T_1} \times M_{T_1} \times N = 139 \div 50 \times 10^{-6} \times 75 \div 9 \times 2976 \times 48 = 3.309\text{（g）}$$

机器织一转50旦涤纶用量：

$$G_{T_2} = l_{T_2} \times \mathrm{Tt}_{T_2} \times M_{T_2} \times N = 160 \div 50 \times 10^{-6} \times 50 \div 9 \times 2976 \times 24 = 1.270\text{（g）}$$

机器织一转70旦氨纶用量：

$$G_s = l_s \times \mathrm{Tt}_s \times M_s \times N = 46 \div 50 \times 10^{-6} \times 70 \div 9 \times 2976 \times 48 = 1.022\text{（g）}$$

机器织一转的总重量为：

$$G_Z = G_{T_1} + G_{T_2} + G_s = 3.309 + 1.270 + 1.022 = 5.601\text{（g）}$$

75旦涤纶的重量占比：

$$\lambda_{T_1} = \frac{G_{T_1}}{G_Z} \times 100\% = \frac{3.309}{5.601} \times 100\% = 59.1\%$$

织光一套75旦涤纶理论可产出的坯布重量为：

$$G_P = 48 \times 5 \div 59.1\% = 406\text{（kg）}$$

织光一套75旦涤纶实际可产出的坯布重量为：

$$G_{P_1} = 406 \times (1 - 2\%) = 398\text{（kg）}$$

所以坯布的起订量至少为398kg。

实际中可以根据此方法计算消耗完某种纱线或几种纱线所能生产的坯布重量，根据不同的要求确定坯布的起订量。

（五）计划配台数与货期计算

配台数是为了保证大货生产的进度而计划的车间运转机台数。由于机台修理和保养会占用部分时间，所以实际配台数会与理论配台数有差异，假设机台修理和保养的时间为 T，则：

$$机台停台率\,\eta = \frac{T}{理论运转时间} \qquad (8\text{-}3\text{-}7)$$

实际产量与理论产量、实际台数与理论台数的关系式如下：

$$实际产量\,A_1 = K \times A \qquad (8\text{-}3\text{-}8)$$

$$理论台数 = \frac{生产计划}{实际产量} \qquad (8\text{-}3\text{-}9)$$

$$实际台数 = \frac{理论台数}{1 - \eta} \qquad (8\text{-}3\text{-}10)$$

机台的停台率与每个厂的修理保养要求有关，不是固定值，依每个厂不同的要求而定。

例1：客户下单2t双面布，要求10天完成坯布生产，该双面布每台机的理论产量为2kg/（台·h），时间效率为93%，机器停台率为3%，编织损耗为2%，求至少需要多少台机才能按时完成订单。

解：

计划总生产量：

$$M=\frac{2000}{1-2\%}\approx 2041\ (\text{kg})$$

实际产量：

$$A_1=2\times 93\%=1.86\ [\text{kg/（台·h）}]$$

理论台数：

$$n=\frac{M}{A_1\times h_{总}}=\frac{2041}{1.86\times 24\times 10}\approx 4.6\ (\text{台})$$

实际台数：

$$n_s=\frac{n}{1-3\%}=\frac{4.6}{1-3\%}\approx 4.7\ (\text{台})\ (\text{向大取整为5台})$$

至少需要5台机才能满足生产计划。

例2：客户下单3t平针织物，车间能生产该品种的机台只有4台，已知该品种的时间效率为90%，每台机理论产量为5kg/（台·h），机器停台率为4%，编织损耗为2.5%，计算至少要多少天才能完成坯布生产。

解：

计划总生产量：

$$M=\frac{3000}{1-2.5\%}\approx 3077\ (\text{kg})$$

实际产量：

$$A_1=5\times 90\%=4.5\ [\text{kg/（台·h）}]$$

总完成时间：

$$H_{总}=\frac{M}{A_1\times \text{台数}\times (1-\eta)}=\frac{3077}{4.5\times 4\times (1-4\%)}\approx 178.1\ (\text{h})\ (\text{向大取整为179h})$$

总天数为179÷24≈7.46（天）（向大取整为8天）。

至少需要8天才能完成坯布生产。

（六）排产实例

某客户下单50t的棉的密根平纹布，原料为32英支（18tex）棉搭配40旦氨纶，棉的纱长为330mm/100线圈，氨纶纱长为110mm/100线圈，本厂可织该品种的机器为28G30英寸，总针数N为2640针，总路数M为102路，总共有10台，机器规定转速n为15r/min。该品种的时间效率为95%，机台的停台率为3%，编织损耗为2%。该棉纱库存20000kg，氨纶库存4000kg，棉纱一般预定需7天，氨纶一般预定需10天。已知该机型的机器目前只有3台空闲，还有2台需两天后才能参与生产，客户要求20天完成坯布的生产。求：

（1）库存原料是否足够该订单的生产，若不够还需预定多少原料？

（2）现有情况下能否在客户要求时间内完成坯布生产？若不能，需多久才能完成？

（3）若客户要求必须在规定时间内完成，至少需要安排几台机才能完成生产？

解：

（1）计算棉纱和氨纶的原料比例：

$$L_c=330 \div 100=3.3（mm）$$

棉纱的线圈长度

$$L_s=110 \div 100=1.1（mm）$$

氨纶的线圈长度

机器织一圈32英支棉纱的用纱量为：

$$G_{Z_c}=l_c \times Tt_c \times 总路数 M_c \times N=3.3 \times 10^{-6} \times 18 \times 102 \times 2640 \approx 15.995（g）$$

机器织一圈40旦氨纶的用纱量为：

$$G_{Z_s}=l_s \times Tt_s \times 总路数 M_s \times N=1.1 \times 10^{-6} \times 40 \div 9 \times 102 \times 2640 \approx 1.316（g）$$

机器织一圈的转重为：

$$G_Z=G_{Z_c}+G_{Z_s}=15.995+1.316=17.311（g）$$

32英支棉的重量占比：

$$\lambda_c=\frac{G_{Z_c}}{G_Z}=\frac{15.995}{17.311} \times 100\% \approx 92.4\%$$

40旦氨纶的重量占比：

$$\lambda_s=1-92.4\%=7.6\%$$

所需棉纱总量：

$$m_c=\frac{50000 \times 92.4\%}{1-2\%} \approx 47143（kg）$$

除去库存棉纱数量，还需预定棉纱数量：

$$m_{c1}=47143-20000=27143（kg）$$

所需氨纶总量：

$$m_s=\frac{50000 \times 7.6\%}{1-2\%} \approx 3878（kg）$$

库存氨纶总量大于所需氨纶总量。

所以，库存氨纶总量足够该订单生产，还需预定27143kg的棉纱才能完成生产。

（2）计算每台机一天的实际产量：

$$A_s=G_Z \times n \times 60 \times 24 \times 时间效率 \times（1-停台率）=17.311 \times 10^{-3} \times 15 \times 60 \times 24 \times 95\% \times（1-3\%）$$

$$\approx 344.57［kg/（台 \cdot 天）］$$

前两天只有三台机可安排生产，每天可完成实际产量为：

$$A_1=A_s \times 总机台数=344.57 \times 3=1033.71（kg/天）$$

前两天可完成总实际产量为：

$$A_2=A_1 \times 2=1033.71 \times 2=2067.42（kg）$$

消耗完库存棉纱预计时间为：

$$t=\frac{20000 \times（1-2\%）-2067.42 \times 92.4\%}{5 \times 344.57 \times 92.4\%}+2 \approx 13（天）$$

所以预定棉纱的时间不会影响目前机台生产。

完成所有订单所需天数为：

$$T=2+\frac{50000-A_2}{A_s \times 5}=2+\frac{50000-2067.42}{344.57 \times 5} \approx 30 \text{（天）}$$

所以在现有情况下无法按客户要求时间完成生产，至少需要30天才能完成生产。

（3）完成50000kg订单所需的机台数：

$$\text{机台数}=\frac{50000}{344.57 \times 20} \approx 7.3 \text{（台）（向大取整为8台）}$$

至少需要安排8台机才能在规定货期内完成生产。

第九章　人才培育探索

　　纬编操作的职业能力界定是随着行业发展而进步的。而纬编操作技能的培育经历了从针对操作工单项或几项专业能力的培育到综合型操作能力的培育。纬编行业人才队伍的培养也体现出技能型操作工队伍与工程技术人员队伍、产品设计人员队伍的联合打造。实践表明，纬编工职业技能行业标准的体系建立与广泛推行、职业晋级评定措施的探索与完善、纬编工技能竞赛与群众性技术比武规则的科学设定与指导实践，都是技能型人才培育的关键环节。这些都关系到行业实用型人才、高技能人才的培养。

第一节　纬编工职业技能标准

　　针织行业正式推行职业技能标准是在1996年，职业技能标准对于操作工队伍的规范化、高效化建设发挥了积极稳定的作用。

　　根据行业实践，纬编工的基本定义为：使用圆纬机、织袜机等纬编设备，采用计算机等进行图案打样，采用手工或借助工具进行穿纱等辅助操作，将纱线编织成坯布、衣片或袜子等产品的人员。大圆机操作工的基本定义为：使用大圆机及辅助设备、机构、装置，采用计算机等进行图案打样，采用手工或借助工具进行穿纱等辅助操作，将纱线编织成坯布、衣片等产品的人员。在行业标准研讨过程中，纬编工（大圆机操作为主）的职业定义为：操作纬编机等设备，将纱线编织成坯布或衣片的人员。行业普遍认为纬编工职业等级可设：初级工、中级工、高级工、技师、高级技师五个级别。

一、初级工
（一）基本挡车
1. 织前准备
　　技能要求：①能识别常用纱线标识；②能按照工艺路线穿纱；③能处理断纱。
　　相关知识：①纬编常用纱线的种类知识；②纬编机穿纱路线；③纱线接头方法。
2. 编织
　　技能要求：①能在机台运转中检查布面，发现织物的长漏针、洞眼等明显疵点；②能处理断纱；③能在针门处更换织针。
　　相关知识：①作业指导书的相关内容，长漏针、洞眼、断纱等明显疵点判定方法；②织针型号与规格；③纬编机针门处换针基本操作方法。

（二）质量保障

1. 纱线检查

技能要求：①能判别错纱、坏纱；②能区分纱线的批号、捻向。

相关知识：①纱线品质的判定；②纱线的捻向、批号及等级判定的基本知识。

2. 疵点处理

技能要求：①能处理长漏针、洞眼等明显疵点；②能使用钩针、毛刷等专业工具完成一种机型，长度10cm以内套布。

相关知识：①纬编疵点判定的基本知识；②纬编操作规程中处理洞眼、漏针等疵点方法。

（三）设备维护

1. 设备检查

技能要求：①能检查输纱系统工作状态；②能检查纬编机的安全防护装备。

相关知识：①纬编机输纱系统主要构造、工作原理；②纬编机安全防护装置的结构。

2. 设备保养

技能要求：①能对设备进行清洁；②能对设备主要部位加油。

相关知识：①纬编机机台及周边清洁流程；②主要部位加油方法。

二、中级工

（一）基本挡车

1. 织前准备

技能要求：①能按工艺要求检查所编织物使用的纱线类别和细度；②能按工艺要求排列纱线；③能检查纬编机正常运转的各种条件。

相关知识：①纱线细度的定义及表示方法；②排纱图知识、纱线排列的基本规律；③纬编机正常运转的检查方法。

2. 编织

技能要求：①能在操作面板上设定主要工艺参数；②能在纬编机任何位置更换织针；③能判定停机故障。

相关知识：①纬编机操作面板的控制原理、工艺参数的设定方法；②纬编机更换织针的操作方法；③纬编机台停机常见故障的判定方法。

（二）质量保障

1. 纱线检查

技能要求：①能检查纱线的条干、毛羽等；②能辨别色纱的色差。

相关知识：①纬编用纱线的物理指标的判定知识；②纬编用纱线色差判定的知识。

2. 疵点处理

技能要求：①能在机台停止运转时发现织物的散花针、里漏针、翻丝、隐性横条等不容易发现的疵点；②能分析常见疵点的产生原因；③能使用钩针、毛刷、弹性挂针等专用工具完成两种以上机型，长度30cm以上的套布。

相关知识：①纬编散花针、里漏针、翻丝鉴别方法；②常见疵点的形成分析知识；③纬编机操作规程中处理套布等疵点的方法。

（三）设备维护

1. 设备检查

技能要求：①能发现成圈系统出现的故障；②能发现输纱、加油、喷气系统的故障。

相关知识：①纬编机成圈系统故障判定方法；②纬编机输纱、加油、喷气系统故障判定方法。

2. 设备保养

技能要求：①能对主要编织系统进行工作状况的检查；②能对输纱器、加油管路、牵拉卷取机构保养，确保运转质量。

相关知识：①纬编机成圈系统构造与检查知识；②纬编机输纱器、加油管路、牵拉卷取机构保养知识。

三、高级工

（一）基本挡车

1. 织前准备

技能要求：①能用纬编样布核查纬编工艺；②能按工艺要求完成多颜色的提花组织和多结构的复合组织纱线的排列；③能分析织物组织，核对工艺单的工艺参数，并进行上机检查。

相关知识：①纬编样布分析基础知识；②提花组织工艺设计和对纱知识；③常见织物组织结构的编织图、意匠图、三角排列图识别。

2. 编织

技能要求：①能识读提花花型、彩条花型的意匠图，并能按工艺检查彩条花型和提花花型；②能拆装三角座，检查和清理三角键；③能根据工艺要求更换选针片等。

相关知识：①提花织物组织的编织图、意匠图、三角排列图的识别相关知识；②三角座、三角键的结构和拆卸方法；③编织选针基本原理。

（二）质量保障

1. 纱线检查

技能要求：①能用目测法、手摸法、对比法检查常用纱线的细度；②能用目测法、燃烧法判定常见纱线成分。

相关知识：①针织纱线细度人工判定方法；②纱线成分人工和物理判定方法。

2. 疵点处理

技能要求：①能在设备运转状态下发现散花针、里漏针、翻丝、隐性横条等不容易发现的疵点；②能检查坯布横列所对应路数的纱线；③能发现提花织物的错花、错纱等疵点。

相关知识：①设备运转状态下散花针、里漏针、翻丝等疵点的判定方法；②纬编提花编织工艺基本知识。

（三）设备维护

1. 设备检查

技能要求：①能根据工艺要求对加油、喷气系统进行调节；②在技师指导下能对设备机身、传动系统、电控系统进行全面保养。

相关知识：①纬编机加油、喷气系统的调节原理；②纬编设备一般维护保养知识。

2. 设备保养

技能要求：①能检查设备的传动、电气控制系统故障；②能分析设备异常的原因，并提出处理建议；③能对设备进行责任范围内的安全检查。

相关知识：①纬编机传动、电气控制系统的故障判定知识；②纬编设备运转异常的分析；③纬编设备安全检查知识。

（四）管理与培训

1. 技术管理

技能要求：①能对纱线质量管理提出建议；②能对纬编工艺管理和设备管理提出建议。

相关知识：①纱线质量管理体系相关知识；②纬编工艺管理和设备管理相关知识。

2. 指导培训

技能要求：①能对初级工、中级工进行现场操作指导和示范；②能纠正纬编生产操作中的问题。

相关知识：①纬编初级工、中级工操作指导程序；②纬编生产操作规程检查方法。

四、技师

（一）基本挡车

1. 编织

技能要求：①能绘制纬编织物的编织图、意匠图、三角排列图；②能制定纬编机基本操作规程。

相关知识：①纬编织物组织的布样分析相关知识，织物的设计和图示方法；②纬编操作规程编制知识。

2. 新产品试制

技能要求：①能对新型纱线的特性进行分析；②能对新型纱线提供可编织性建议；③能指导新型纱线的上机试制和批量生产，并制定质量可控的操作方法；④能对新产品试制过程中的疑难问题提出解决办法。

相关知识：①新型纱线的性能知识；②纬编纱线编织性能分析方法；③纬编上机工艺和质量控制编制的方法；④纬编新产品试制流程。

（二）质量保障

1. 疵点分析

技能要求：①能统计各类疵点，编写纬编生产质量报告，分析疵点产生的原因并进行处理；②能分析各工序操作失当对坯布质量产生的影响。

相关知识：①疵点分类统计相关知识，疵点的形成原因及对应的处理基本方法；②各工序操作对坯布质量影响分析方法。

2. 质量改进

技能要求：①能提出制定和修订坯布质量标准的建议；②能根据外部环境的变化和使用纱线的种类指导车间温湿度的调节。

相关知识：①常见纬编坯布的行业标准及国家标准，企业质量指标的确定方法；②纬编车间温湿度基本要求，不同品种对车间温湿度要求。

（三）设备维护

1. 设备检查

技能要求：①能检查各种设备的运转状态；②能对设备异常状况提出处理建议；③能对设备进行全面的安全检查。

相关知识：①纬编机运转状态的检查方法；②纬编机运转异常分析方法；③纬编机的安全检查知识。

2. 设备保养

技能要求：①能进行纬编设备编织机件的维护保养；②能制订纬编编织机件及辅助设备维护保养计划。

相关知识：①纬编编织等主要部件维护保养知识；②纬编及辅助设备维护保养计划知识。

（四）管理与培训

1. 技术管理

技能要求：①能发现操作技术管理的问题，并提出技术革新建议；②能对生产计划和安排提出建议。

相关知识：①操作技术管理基本知识；②纬编车间生产计划内容。

2. 指导培训

技能要求：①能对高级工进行现场操作指导和示范；②能检查纬编生产工艺执行情况；③能对初级工、中级工、高级工进行操作培训和业务考核；④能编制一种纬编机型相应模块培训班的教学计划和大纲。

相关知识：①纬编高级工操作基本要求；②纬编生产工艺流程检查办法及程序；③技术工人培训、考评办法；④培训计划与教案的编写方法，一种纬编机型操作培训教学计划和大纲编写知识。

（五）操作的绝活体现

主要体现在：①常规操作原则上达到高级工水平，对于常规操作提出改进的办法；②提出多机型常规操作的思路。

五、高级技师

（一）基本挡车

1. 编织操作

技能要求：①能对纬编机操作规程提出指导意见，总结现有操作法，并创新编织操作法；②能进行新型纱线、特种纱线的编织操作；③能根据光坯布的工艺要求和颜色、纱线、机台等因素发生改变时，提出对毛坯布编织工艺参数的修正意见，使之仍符合光坯布的工艺要求。

相关知识：①对纬编工艺的制定提出建议；②纬编操作法编织知识及相关知识；③纬编光坯布质量分析方法，毛坯布编织工艺参数确定知识；④新产品、新工艺制订与实操例证；⑤纬编工艺制订知识。

2. 新产品试制

技能要求：①能对新产品的编织工艺参数的可行性提出意见；②能分析总结新产品试制过程中的疑难问题，并提出试制和工艺改进方案；③能根据纬编织物各项物理指标、染整和成衣缝纫排版的要求，参与编织工艺的制订和修正。

相关知识：①新产品的编织工艺审查程序；②新产品的编织试制基本流程；③针织物染整基本原理、缝纫排版用料知识。

培训技术路线一：纱线（包括特种、复合）性能的应用→编织工艺的完善→操作技能的保障。

培训技术路线二：纱线产品分析→织物产品分析→操作与工艺流程分析。

（二）质量保障

1. 疵点分析

技能要求：①能提出预防消除各种因素对坯布质量的影响措施；②能分析生产车间辅助工序对产品质量的影响，对辅助工序管理与操作指导；③能进行纬编面料的常规检查。

相关知识：①各型号纬编机的编织特性、机号与纱线细度（对应）等知识；②纬编车间的辅助工序操作规程；③纬编面料、成品的检测知识，主要指标定义知识。

2. 质量改进

技能要求：①能根据疵点分析，提出纬编质量持续改进的措施和操作改进的重点；②能定期总结纬编车间现场操作和产品质量状况；③能进行纬编操作全面质量管理小组活动中织疵的分类统计和织物质量分析。

相关知识：①纺织质量管理知识；②全面质量管理知识。

培训技术路线：质量分析（针对纱疵、织疵）→质量措施（针对纱线、坯布）→质量优选→生产流程改进（针对管理、操作）。

（三）设备维护

1. 设备检查

技能要求：①能检查设备维修后的运转状态；②能分析备运转异常情况，提出相应解决措施。

相关知识：①纬编机的维修、运转状态的验收标准；②纬编机械运转原理、机械传动配合知识。

2. 设备保养

技能要求：①能审定纬编及辅助设备维修计划有关挡车方面的内容；②能根据设备运转状况，提出纬编设备定期重点维修的内容，并与设备负责人商定维修方案。

相关知识：①纬编及辅助设备保养计划审定知识；②纬编设备编织、输纱、卷布等机构维修知识。

培训技术路线：机台操作（涉及各类机型、规格及部件、机件）→与设备互动（涉及修理、调试、保养）→完善操作流程。

（四）管理与培训

1. 技术管理

技能要求：①能进行技术革新，推行节能降耗、不断提高劳动生产率的相关操作技术；

②能编制生产计划，参与车间生产管理；③能进行纬编原料消耗管理；④能进行车间清洁生产的管理。

相关知识：①技术革新知识，新能源、新技术、新元件的开发和利用知识；②车间生产计划的编制知识，纺织企业管理知识；③纬编原料消耗测算知识；④纺织企业清洁生产有关知识，清洁生产水平评价体系相关内容。

2. 技术培训

技能要求：①能系统讲解纬编机械设计与电子控制技术的最新进展知识；②能编制两种纬编机型相应模块培训班的教学计划和大纲；③能对各级操作工进行业务培训；④能审定操作培训计划和教学大纲。

相关知识：①国际纬编工艺技术的进展；②两种纬编机型操作培训教学计划和大纲编写及相关知识；③纬编操作培训计划和教学大纲审定知识。

培训技术路线一：操作管理完善→生产管理完善→企业管理完善。

培训技术路线二：操作培训→员工培训→企业管理。

（五）操作的绝活体现

主要体现在：①常规操作高于中级工水平接近高级工水品，对于常规操作提出完善的措施；②提出多机型常规操作的高效方法。

第二节　纬编工职业晋级

针织行业长期探索纬编工职业技能鉴定、职业资格评定、职业技能晋级的科学办法。晋级办法分为企业晋级办法、行业晋级办法。企业晋级办法是本企业或者同类型、同地区企业结合企业实际提出的多类、多种晋级办法，不同企业之间存在一定差异；行业晋级办法是一定区域性行业和全行业针对行业平均水平制定的晋级办法。针织行业对于晋级办法的探索经历了一个不断提升的过程。

一、对于高技能操作工的创新认识

（一）针织行业的主要职业

1. 职业的基本定义与分类

职业资格是对从事某一职业所必备的学识、技术和能力的基本要求。职业资格包括从业资格和执业资格。从业资格是指从事某一专业（工种）学识、技术和能力的起点标准。执业资格是指政府对某些责任较大，社会通用性强，关系公共利益的专业（工种）实行准入控制，是依法独立开业或从事某一特定专业（工种）学识、技术和能力的必备标准。职业资格分别由劳动、人事部门通过学历认定、资格考试、专家评定、职业技能鉴定等方式进行评价，对合格者授予国家职业资格证书。

2017年国家将职业资格重新分为专业技术人员职业资格和技能人员职业资格。

国家职业资格等级从高到低依次为高级技师、技师、高级技能、中级技能和初级技能。《国家职业标准制定技术规程》各等级的具体标准规定为：初级技能是指能独立完成本职业的常规工；中级技能是指能独立完成本职业的重要工；高级技能是指能完成较为重要复杂的工作；技师是指能完成本职业较为非常规性的工作；高级技师是指能完成本职业的各个领域复杂的、非常规性的工作。

2. 针织行业主要职业定义

2-02-27为纺织工程技术人员：从事纺纱、织造、染整等工艺开发、设计和生产的工程技术人员。2-02-27-02为织造工程技术人员：从事织造工艺管理、工艺研究、织物设计、组织织物生产的工程技术人员，主要工作包括织物设计、纤维应用、技术应用、工艺调整、生产实施、标准制定及其执行。

6-10-04为针织人员：操作纬编、经编、织袜等设备进行针织编织的人员。6-10-04-01为纬编工，6-10-04-02经编工，6-10-04-03横机工，6-10-04-04织袜工。纬编工的主要职责：操作纬编机，将纱线装上（或者换上）机器，进行接纱、引纱、穿纱及调整纱线操作，确保纱线正常进入编织；开启机器进行编织，巡回机台，检查布面，处理织疵、断纱、掉布等，进行落布等操作，维护机台正常运转；进行机台保养、清洁、润滑及换针、调整等操作，维护机台状态完好；填写工艺卡、坯布卡，做好交接班，确保生产有序进行；完成其他工作。

由此可见，职业大典对于纺织工程技术人员与纺织、针织操作工的职业界定十分清晰：从职业界定看，这是两个不同职业；从专业划分与实际工作看，这是两个相关联的两个职业。

（二）技能人员与相关人员的关系

技能队伍与行业其他不同类型队伍关联紧密，当然操作实践常常殊途同归。

1. 技能人员与工程技术人员

技能人员与工程技术人员存在顺承关系、互补关系，不可互相取代；存在十分紧密的互为合作与互为指导的关系，如合作开发技术；鼓励二者结合，造就复合型人才。二者性质不同，技师属于职业资格，工程师属于工程系列的专业技术职称（专业技术职务任职资格）。工程师不能等同于技师，工程师不能代替技师，要严格防止工程系列套评（聘）职业资格（工人技术等级）。

2. 技能人员与产品设计人员

产品设计人员为产品设计提供思路与设计的方案，是产品拥有使用价值的设计保障。产品设计的总体设计由产品设计师完成，产品设计的技术设计由工程师完成，而技能人员的操作是实现产品基本质量与产品风格（包括织物的特性与效应的实现，最终产品的款式与个性化具备等）的基本保障、关键保障。技能人员与设计人员从事的劳动操作分工有巨大的不同，不是同一职业。

3. 技能人员与车间企业管理人员

技能人员达到一定的能力与阅历可以从事管理工作，主要是从事与操作相关的管理。技能人员从事管理工作不是简单的职务提升，更重要的是要掌握管理的全面知识和能力。管理也是一个职业、一个岗位，需要全面负责生产运转、成本控制、交货保障等工作，技能人员从事管理工作可以是操作工作的拓展，也可以是职业的更换。

（三）高技能操作工界定

操作能力是首要必备条件，围绕操作技能的相关能力是重要条件。能，包括体能、智能。

1. 应会是首要

应会就是具备操作技能。技能是指人在意识的支配下所具有的肢体动作能力，技能主要体现对于工具的应用，技能体现在微观的操作，不是宏观的指导。职业技能是在职业活动范围内的技能，具体体现在对车间生产全流程的规范操作能力，而高技能操作工则必须是操作能力的领先者，包括操作多种机型的能力和改进、完善操作的能力。

2. 应知是从属

应知就是了解所需知识。从事操作必须掌握或者了解一定的专业知识，这些知识是为操作服务的，一般来讲够用即可。而高技能操作工则必须掌握适当超越操作所需知识的更多知识、前沿知识，便于进行操作的拓展，例如，技师通常需要一定的工程师专业分析判断能力。应知还应当包括对于从事应会实践的总结，即知识的升华、经验的总结。应知为辅助，不可把应知顶替应会。

3. 绝活是核心

在保障产品质量前提下，规范的操作提升到快速的操作，正确的操作提升到科学的操作，这是绝活的实现路径。

绝活的认定：对于现有操作流程和操作法，特别是关键环节进行一定的改进或者完善；发明新的操作法或者明显改进操作法；较大幅度提高或者达到较高的操作速度。三种情形取得一种即可认定：①操作规范正确，达到较高的操作速度；②对于现有工艺流程和操作方法的改进或者完善，使得操作效率提高；③提出新的操作方法或者对于操作有重大改进。

绝活的考核：对于操作流程和操作法的改进、完善以及发明新的操作法或者明显改进操作法需要多方面行业技能专家（行业标准编织专家和一线操作专家）的共同认定，提高操作速度情形由专家会商判定。

4. 实力是根本

高技能操作工是行业性人才，至少是区域性人才，是导向型人才，而并非仅仅是企业内部人才。技师、高级技师的评定应重视质量，严控数量。操作工中，技师、高级技师占比应当适宜。

针织行业的实践表明，应当杜绝三大误区：一是把工程技术人员判定为职业技能人员；二是忽略高技能人员的实操技能的考核与培训；三是高技能人才培养缺乏深度与韧性。对于高技能操作工（通常包括技师、高级技师）的评定，对于有关部门、机构开展的"大工匠""工匠"的认定，必须坚持以从事操作为主的原则。

（四）高技能操作工界定的行业演变

行业对于高技能人才的界定与培养方法有一个演变的过程。

1. 行业技能标准推出前

一批重点企业和行业协会（中国针织工业协会及北京、浙江、武汉、上海、广东等地的针织协会或者相关协会），重视培养和选拔具有原创性的操作能手，操作能手数量有限，重在操作对于企业发展和行业发展推动作用的实效。这种做法可追溯至20世纪90年代初。

得到一个基本认识：针织一直是操作的科技，操作是关键。

2. 行业技能标准推出后

针织行业主要职业（包括工种）的技能标准及相应的通行评选教材发布于1996年。在标准的推行过程中，曾经召开过研讨会、论证会和发布会，相关技术著作既帮助技能人才的培训，又作为技能人才选拔的依据之一，对于高技能操作工的认定依然是理论知识与实践经验的结合、具有一定的原创性的绝活等。

得到一个基本认识：针织依然在实践中发展，实践出真知。

二、评审办法

（一）参评的门槛

强化高级别须具备基础条件。根据1996年行业标准（施行第1版）释义，对于高级操作工（高级工、技师、高级技师）必须至少同时具备以下四个条件。

（1）一线工人。岗位在生产一线，工作以机台实际操作和处理疑难问题为主，涉及的面较广；突出体现高超技艺（绝活考核），不是单一的知识水平、管理水平和工作经验（经历）等；当然也需要具备生产工艺管理能力。

对于技工技师学校本专业毕业生，可采用实际操作、口头问答等方式。理论知识考试和操作技能考核成绩皆达60分及以上者。大专及以上毕业取得认定等，可缩短职业工作年限等。

（2）逐级评定。不能越级，高级别始终须具备低级别的能力，技师四级、高级技师五级的评定必须测试高级工的应知应会（包括复评）。

（3）五年复评。操作能力是硬指标（原则上接近或者达到高级工），实行淘汰机制，补充技能（包括绝活），突出或保持领先水平的操作能手。

（4）总量控制。技师、高级技师还须进行综合评审，控制在职技师、高级技师数量，即根据行业需要和操作工实际水平，科学确定在职在岗技师，特别是高档技师总量。

此外，坚持命题考核：根据技能标准中的较高级部分统一命题，如对于新机型、新技术的运用与掌握。对于绝活认定：由参评本人提出，在传统实操、新技术开发等方面的操作方法和技能研究。

（二）初级工、中级工评审条件

职业技能鉴定申报基本条件：

1. 初级工

从事本职业工作1年，或者学徒期满。

2. 中级工

取得初级工证书，连续从事本职业工作4年，或者累计6年。

（三）高级工以上的晋级办法

1. 高级工

同时满足三个条件：

（1）具备工作经历。取得本职业中级工职业资格证书（技能等级证书）后，连续从事本职业或相关职业的操作技能工作（操作+管理）4年及以上（累计达6年及以上）。获得相关培训、学校毕业可酌情缩短工作经历。

（2）通过考试考核。考试考核：技能测试+理论笔试。具体要求：操作能力（操作的熟练程度或者操作速度）明显高于中级工，更全面，基本操作能力需为所有级别最高；研究多种机型操作，钻研绝活，达到一定的操作能力；有初步的管理水平。

（3）通过能力考察与综合评价。突出业绩考察、综合评价，保证质量，高级工数量为中级工总数的15%～30%为宜，不需要专业（机型、产品、技术）、区域平衡。

2．技师

同时满足三个条件：

（1）具备工作经历。取得本职业高级工职业资格证书（技能等级证书）后，累计从事本职业或相关职业的操作技能工作（操作+管理兼备，操作达到75%以上工作量）4年及以上（生产操作3年以上）。获得相关培训、学校毕业可酌情缩短工作经历。

（2）通过考试考核。考试考核：技能测试+理论笔试。具体要求：操作能力（操作的熟练程度或者操作速度）要求接近、可略低于高级工；必须掌握多种机型操作，适应一种或者多种新机型和先进机型操作；有新的绝活，对于新的绝活达到一定的操作能力；有一定的理论知识水平、管理水平。

（3）通过能力考察与综合评价。作为一种选拔性考试，突出业绩考察、行业考察、综合评价等环节，坚持控制数量、保证质量原则，如区域统筹，总数量不超过高级工数量的5%～10%，总数限制，机型区域水平比较，保持专业（机型、产品、技术）、区域平衡。

3．高级技师

同时满足三个条件：

（1）具备工作经历。取得本职业技师职业资格证书（技能等级证书）后，累计从事本职业或相关职业的操作技能工作（操作+管理兼备，操作为主）4年及以上（生产操作3年以上）。获得相关培训、学校毕业可酌情缩短工作经历。

（2）通过考试考核。考试考核：技能测试+理论笔试。具体要求：操作能力（操作的熟练程度或者操作速度）要求高于中级工，可低于高级工；必须比技师掌握更多机型，适应更多新机型和先进机型，操作更全面；提出新绝活的操作体系，对于新的绝活不一定达到很高的操作能力；理论水平、管理水平比技师更全面，达到较高水平。

（3）通过能力考察与综合评价。作为一种选拔性考试，突出业绩考察、行业考察、综合评价等环节，坚持控制数量、保证质量原则，如区域统筹，总数量不超过技师总数量的10%～30%等。

三、培训措施

必须强化培训，鼓励自学。培训是建立人才队伍的有效渠道，培训具有社会公益性和行业公益性。

（一）培训机制

1．培训方法

培训教练员与培训教师：培训初级工、中级工、高级工的教练员应具有本职业技师及以上职业资格证书；培训理论知识的教师原则上应具有相关专业中级及以上专业技术职务任职资格，并经过技能与实操方面的水平测试或者资格认定。

培训技师的教练员应具有本职业高级技师职业资格证书；培训理论知识的教师应具有相关专业高级专业技术职务任职资格，并经过技能与实操方面的水平测试或者资格认定。

培训高级技师的教练员应具有本职业高级技师职业资格证书2年以上；培训理论知识的教师应具有相关专业高级专业技术职务任职资格，并经过技能与实操方面的水平测试或者资格认定。

水平测试或者资格认定办法需要专题研究。

2. *层级培训提出*

层级培训是围绕竞赛而开展的不同范围的培训，是一种层层递进的培训，从2011年正式确立并实施，2012年针对横机工特点继续实施。

层级1：企业培训，根据企业实际，针对实际生产；

层级2：集群或者区域培训，根据当地实际，拓展多种机型；

层级3：省市培训，根据行业实际，普及多种操作方法；

层级4：全国培训，根据行业要求，提升与拓展相结合。

（二）层级培训纲要

针织行业从1996年开始推出并试行分机型培训纲要，2011年正式推行，见表9-2-1。

表9-2-1　针织操作工培训纲要

项目	企业培训（基础）	集群或者区域培训（提升）	省市培训（拓展）	全国培训（总结推广）
培训人员范围	企业操作工	参加集群选拔选手	参加省市预赛选手	省市决赛选手
主要培训内容	1．针织基础知识，针对企业 2．企业的操作规程和操作方法 3．企业工艺流程与岗位职责 4．企业实操训练，针对生产实际	1．基础知识拓展 2．企业间操作规程和操作方法交流 3．企业间工艺流程交流 4．企业间实操训练交流，包括多机型实操与交流	1．针织及相关基础知识 2．针对省市竞赛操作规程和操作方法 3．工艺流程与操作法的交流 4．实操培训，特别突出操作规范与速度的专项练习	1．突出高级工、技师应知 2．针对决赛项目的应会、熟练；评分解读
培训时间	根据不同工种、阶段和要求确定			
培训方式	岗位练兵与培训，并结合新工人培训与操作工专项、针对性培训	区域竞赛及培训结合，分类培训	预赛前培训；适当方式多次集中培训，分类培训	决赛期间培训；决赛前专门培训，或者与省市培训结合
达到水平（以上）	起点为中级工标准	中级工、高级工	中级工、高级工	高级工到高级技师
师资与教练员	企业教练员	企业教练员协作与行业教练员	行业专家、教练员	行业专家、教练员

第三节 纬编工技能竞赛的规则设定

职业技能竞赛不仅是选拔人才的主要形式，也是贯彻行业职业技能标准和总结操作方法、测试技能状态的好形式，规则设定则是体现这两种形式的关键。2011年、2014年、2017年、2020年全国纺织行业纬编工职业技能竞赛规则来源于江苏、广东、山东、福建等地的企业实践，也依据早期北京、上海等地企业的实践。规则制定的核心在于比赛条件的设定、基础规则的设定两个方面。长期以来企业、产业集群地区和许多省市的纬编工各类、各级竞赛规则的制定、完善也主要基于这两个方面。

针织行业较早进行职业技能鉴定、职业资格评定、职业技能晋级办法以及人才培育、劳动竞赛等的探索。

一、竞赛组织工作

（一）竞赛的重大意义

针织行业从事纬编操作的人数在100万以上，其中从事大圆机操作的人数在80万以上，纬编技能人才队伍建设对于针织行业人才队伍建设意义重大。

行业历来高度重视技能人才培育。1996年行业主管部门提出针织行业人才队伍建设的指导意见。1996年、1997年中国针织工业协会专家委员会提出，并长期实施的行业人才（其中技能人才）培育工程—兼职型教练员、裁判员培育专项；企业操作竞赛、行业职业技能竞赛专项，以及技能人才、院校培养、产业协作等多个专项延续（作为行业课题），得到进一步推进。2006年，中国针织工业协会与中国财贸烟草轻纺工会联合举办针织行业缝纫工（T恤衫制造）职业技能竞赛，强化职业技能人才培育等工程。2011年针织行业职业技能竞赛延续举办。

近年来，针织行业从高速、快速发展，进入稳步以及高质量发展时期。提高纬编操作工技能水平，造就全能型操作工成为行业共识，操作竞赛是培育技能人才的有效手段。

（二）竞赛的组织方案

1. 竞赛内容

纬编工（大圆机操作）（职业编码：6-04-04-01）采用机型：企业选拔、区域和省级预赛各种类型的大圆机，决赛采用定制的国产大圆机。竞赛内容涵盖大圆机操作的各个环节，分理论知识考试和实际操作考核两个部分，其中理论知识（应知）考试占30%，实际操作（应会）考核占70%，除全国决赛外的各级选拔比赛，具体规则因地制宜，不作统一规定。

2. 竞赛层级

企业竞赛：岗位练兵、技术比武。

区域竞赛（集群竞赛）：年度竞赛，同类企业技术比武与技术交流。

全国竞赛：分初赛和决赛两个阶段。各有关省市组委会组织省市预赛，根据全国组委会分配的名额，推出参加全国决赛的选手。决赛名额分配，按各省市纬编行业的总产值（规模）分配各省市进入总决赛的名额，适当照顾中西部地区。通常确定参加总决赛的名额为

80名。

近年来，全国竞赛始于企业选拔的预赛参赛人数规模约66万人；区域选拔规模约30万人；省级选拔规模超过1万人。

3. 竞赛机器选用

大圆机是纬编行业的主要机型。圆机的发展趋势是筒径30英寸（76.2cm）和34英寸(86.4cm)以上比重大幅上升，数量占比增多。电脑提花、电脑控制大圆机有所增加，有力推动纬编产品开发和劳动生产率的提高。部分国产圆机，包括常规机型和电子控制机型性能达到国际先进。国产圆机的提升推动针织行业技术装备改进。性能优良的先进大圆机设备对操作工提出更多要求，不仅需要实际操作能力，还需要相关理论知识。为此，企业选拔、区域竞赛鼓励选用各种机型，鼓励使用先进机型，全国竞赛的决赛选用国产机器。

4. 全国竞赛流程

竞赛时间定为7~9个月。主要程序：行业调研、资料准备；组织专家确定预赛规则、比赛方案、评定标准；开展岗位练兵、技术交流，探讨操作规程，开展培训；举办考评员和裁判员培训、设备研讨；组织预赛，落实层层选拔；区域预赛总结，确定决赛方案、比赛程序；全国决赛；竞赛总结。

（三）竞赛的多级培训

1. 教材宣讲

印发竞赛针对性培训教材，教材编写主要依据是常规教材《纬编操作工职业技能培训教程》及新机型、新技术知识，由企业专家、行业专家结合竞赛规则、评分办法进行解读宣讲。

2. 标准宣贯

针织行业技能标准，作为权威性的技能导向性技术文件，在竞赛中发挥导向作用，并在各级竞赛中宣贯落实。竞赛过程可以全面总结和推行先进操作法。针对竞赛目标，由行业专家结合生产的实际《纬编工行业职业技能标准》作专题解读，对标准的递进关系做出解释。第一次全国竞赛重点宣贯讲解《纬编工行业职业技能标准》中的初级工、中级工、高级工内容，介绍技师内容；第二、第三及第四次全国竞赛还要宣贯讲解技师、高级技师内容。

3. 广泛培训

培训分为三个方面，一是参赛选手的多种形式培训；二是裁判员与教练员的选拔与培训，在各地推荐作风好、技术精、经验丰富的人员基础上，开展技术交流与各种类型的培训；三是各地行业管理部门，特别是各相关行业协会参与竞赛组织管理人员的培训，主要采取交流、观摩的方式，进行专业技术和竞赛规则多方面培训。

（四）技能竞赛"3·2·1"工作模式

主要是推进竞赛工作模式化、模块化，推动技能人才工作的科学化、高效化。

1. 三项任务

培训：培训各地操作工（包括教练员、裁判员）队伍——层级培训，开展从企业、区域、集群到省市培训多层级培训。

选拔：选拔优秀技能的人才——万里挑一，各级选拔产生多种机型操作、综合技能突出的操作能手，产生优秀的裁判员、教练员，产生竞赛组织人员群体。

引导：引导行业发展普及与交流，优选与推优工作。

2. 两条主线

（1）推行行业职业技能标准。纬编工、经编工，1996年开始推行，经过各级多次评审，后来逐步不断完善，又经历2008年、2013年、2018年评审。这些标准是制造业最早的行业技能标准之一。

（2）推广先进操作理念和方法。设备进步：精度、高效、功能、多规格、低碳，自动化、网络化、智能化；工艺完善：生产工艺、产品用途。

3. 一个流程

一个围绕技能人才培育历时大约10个月竞赛周期的流程，包括以下几个方面：竞赛筹备；规则起草与教材编写；考评员、裁判员培训；行业培训与规则试套；各级宣传与省市选拔；全国决赛与晋级。

二、比赛条件的设定

（一）比赛用机台与原料选定

1. 机台及其配置

单面机：28针，34英寸，2跑道，102路，吊纱嘴，高低踵1隔1排针，纬平针组织；

双面一：24针，34英寸，2+4跑道，72路，双罗纹对位排针，2抽1、3抽1、4抽1，抽条棉毛组织循环（抽上针）。

双面二：18针，38英寸，2+4跑道，68路，罗纹对位排针，1×1组织。

2. 纱线选用

通常竞赛选用常规生产纱线。

单面机常用纱（实例）：40英支精梳棉纱，20旦氨纶；双面机常用纱（实例）：20英支精梳棉纱，纱长68cm/100针。

3. 常规准备

常规准备包括根据机台和使用原料等因素确定工艺参数。例如，设定各机台织物密度一致，转向逆时针，转速20r/min；疵点制作等工作由保全工统一完成，机器复位由裁判员统一完成。

（二）比赛项目设定与分值分配

通常行业性、区域性、全国性竞赛可选4个或5个项目，总分是100分，企业开展的各类比赛可以灵活掌握项目与分值。

1. 选择项目

基本项目很多，如穿纱套（引）布（单面）；穿纱套（引）布（罗纹，双面二）；排针（单面）；更换错针（双面）；盖三角（双面一）；找错纱（双面）；接纱（5个纱）。项目选取办法主要根据竞赛的性质、竞赛的要求、竞赛的导向，通常可采取单面机型与双面机型操作兼顾、穿纱等常用的基础项目与套布等要求操作提升的项目兼顾等多种原则。

2. 分值分配

分值分配影响最终竞赛最终成绩排序，基本原则主要包括三大原则：操作时间长度（操作的工作量）原则、操作难度与讲求操作质量原则、项目实用性及重要性原则。可根据竞赛的导向性等因素确定每个项目的分值及扣分办法，也可以采取平均分配和加权的办法分配各个项目的分值。分值分配还可以根据竞赛的性质确定，如选拔类竞赛通常考虑操作的难度和项目的重要性。

（三）其他方面的设定

1. 安全规范

各类竞赛都要检验操作安全意识，如可以规定除穿纱套（引）布外，不允许使用强制开关，操作过程安全门需要打开或通过观察窗身体进入安全门区域内时，必须先打亮纱灯两路。

2. 计时办法

从比赛的能动性、科学性考虑计时办法。

准备时间：每项的准备工作不得超过2min，如超时，裁判有权按下计时器开始计时。

比赛开始结束时间：选手准备工作做好，自行按下计时器为开始；项目完成自行按下计时器为结束。

3. 工具准备

除机台本身配备的工具外，其他比赛用工具选手自备（如开针器、氨纶小叉、剪子、毛刷、湿画粉等，不能使用记号笔）。

三、基础规则的设定

根据1996年开始的企业和行业职业技能竞赛和各类操作比赛、技术比武，常用的比赛项目可做归纳，见表9-3-1。

表9-3-1　纬编工职业技能竞赛与操作比武基础规则的设定

竞赛流程	操作质量检查内容	扣分项单位	扣分
项目1　穿纱套（引）布（单面） 基准时间：240s；扣分办法：±0.1分/±3s			
项目准备：保全工在针门的右侧第2路开始，向右断3路纱，第一路压针最低点到第四路压针最低点间为掉布区。清除储纱器上的纱线，纱线一头留在割纱刀上部。 选手准备：棉纱头长度、搓捻纱头、氨纶的放置、备头。 选手实操：启动计时器；按工艺流程穿纱（储纱器上纱线圈数不少于20圈，不多于30圈）；套布（方法不限）；打开针舌；手动、点动机器正常运转，操作位置转过一周后停机，再按停计时器。 项目评判：保全工开织10转，裁判员检查质量。 特别提醒：打开针舌可用毛刷或开针器（或非金属开针制品），不能用金属制品（含织针）；喂入氨纶可用氨纶小叉；操作中若有非选手人为故障需及时处理，则由裁判员及时判断、计时，扣除该时间	1. 穿纱不符合工艺路线	处	5分
	2. 纱线在储纱器上缠绕少于20圈（取消时间加分）或多于30圈	处	1分
	3. 坏针（使用金属开针器引起的取消时间加分）、花针	枚	5分
	4. 漏针（超过5cm）	枚	1分
	5. 扎手		5分
	6. 刮针杆或用织针打开针舌（取消时间加分）		20分
	7. 机台没有正常运转超过操作位置一周或机台运转不先停车就按下计时器		1分 酌情
	8. 交付后出现跑氨纶	处	2分
	9. 储纱器挡位或输纱带不复位	处	8分
	10. 强制开关不复位	处	8分
	11. 改变旁边氨纶的位置	处	2分
	12. 金属制品从针舌外拨开针舌	枚	5分

竞赛流程	操作质量检查内容	扣分项单位	扣分
项目2 穿纱套（引）布（罗纹，双面二） 基准时间：300s；扣分办法：±0.1分/±4s			
项目准备：保全工在导纱架左侧第2路开始，断3路纱，掉布宽为第一路压针最低点到第三路压针最低点停，保留输线轮上的纱线，纱线一头留在储纱器下部。 选手准备：选手准备棉纱留头长度、捻纱，但不能动导纱器，不能动针。 选手实操：启动计时器；开始套布，方法不限；打开针舌；套好后，手动、点动机器；机台正常运转布面操作口位置超过撑布架横杆位置，停车；取下辅助工具，按停计时器结束。 项目评判：裁判员检查质量。 特别提醒：打开针舌可用毛刷或开针器（或非金属开针制品），不能用金属制品（含织针）；可以按下强制开关，正常运转前复位；操作中若有非选手人为故障需及时处理，则由裁判员及时判断、计时，扣除该时间	1. 坏针（使用金属开针器引起的取消时间加分）、花针	处	2分
	2. 漏针（超过10cm）	处	2分
	3. 扎手	处	2分
	4. 刮针杆或用织针打开针舌（取消时间加分）	次	2分
	5. 储纱器挡位或输纱带不复位	次	2分
	6. 强制开关不复位		8分
	7. 金属制品从针舌外拨开针舌	处	2分
	8. 机台没有正常运转，没有开机运转一直到将操作处的布（包括洞眼、疵点的总体）落到布撑横杆以下（取消时间加分）	处	2~5分
	9. 辅助工具未取下		5分
	10. 未摇动或点动而直接开机		5分
项目3 排针（单面） 基准时间：90s；扣分办法：±0.1分/±3s			
项目准备：保全工以成圈系统走针轨迹挺针最高点为中心共抽出9枚针，跑道外设挡板，将高低踵针各5枚放在针袋内。 选手准备：入场，检查织针质量，可按高低踵排针，放置织针、三角座及工具。 选手实操：启动计时器；打亮纱灯两路，拿掉挡板；根据织针排列顺序将9枚针插入针槽内；复原织针轨迹；放好三角座，拧紧螺丝；（手动）、点动机器正常运转，操作位置转过一周后停机，再按停计时器。 项目评判：保全工开车15转以上，裁判员检查质量	1. 用金属工具开针舌	次	2分
	2. 出现撞针		20分
	3. 没有完成排针		20分
	4. 没有按顺序排针	枚	2分
	5. 没有用六角扳手长端紧固（取消时间加分）	处	2分
	6. 三角座未盖平	处	20分
	7. 三角座没有拧紧（三角座不晃动即可）（取消时间加分）		5分
	8. 强制开关不复位		8分
	9. 操作结束后，因选手人为操作出现的漏针（超过5cm）、洞眼	枚/处	2分
	10. 排针处出现坏针	枚	2分
	11. 机台没有正常运转超过操作位置一周（取消时间加分）	处	2分
	12. 未点动或者摇动直接开机		5分
	13. 工具没有放回指定位置	件	5分
	14. 少打亮或未打亮纱灯（路）	路	2分

竞赛流程	操作质量检查内容	扣分项单位	扣分
项目4　更换错针（双面）（抽条棉毛与罗纹均可，但基准时间不同） 基准时间：100s；扣分办法：±0.1分/±1s			
项目准备：错抽针的位置在针门的对面一侧，裁判员临时抽签决定具体错针位置；保全工将该位置抽针上正常编织的一枚上针抽出；其他恢复正常并开织直至换针处进入卷布辊内停机；提供高低踵针各一枚。 选手准备：检查织针质量。 选手实操：启动计时器；（手动）、点动机器，正常运转找出这枚错抽针的位置；打亮纱灯两路；打开针门；插上一枚正确针踵的上针；关上针门，拧紧针门（最后用六角扳手长端紧固）；错针放在针盒内，（手动）、点动机器；机台正常运转到超过操作位置一周后停车，再按停计时器结束。 项目评判：裁判员检查质量	1. 未找出或找错（取消时间加分）	枚	20分
	2. 出现撞针		20分
	3. 三角座未盖平		20分
	4. 三角座没有拧紧（三角不晃动即可）（取消时间加分）		5分
	5. 没有用六角扳手长端紧固（取消时间加分）		2分
	6. 强制开关不复位		8分
	7. 错针损伤（歪针杆/歪针头等）	枚	2分
	8. 错针没有放置在针盒内	处	1分
	9. 换针（上针）旁边出漏针	枚	2分
	10. 机台没有正常运转超过操作位置一周或在机台正常运转下不先停车就按下计时器（取消时间加分）		1分
	11. 直接开机		10分
	12. 不打亮纱灯	枚	3分
	13. 未按顺序先打亮纱灯后拆螺丝	处	2分
	14. 只打亮一路纱灯		2分
	15. 操作完成后工具未归位（如扳手还插在螺丝位置）		5分
	16. 换上的上针针舌未打开或坏针	处	2分
项目5　盖三角（双面一） 基准时间：120s；扣分办法：±0.1分/±3s			
项目准备：保全工将机台转至撑布架中间位置，针门左侧上下错一路（下三角是上三角的下一路）的两路织针退至上下针筒口，两路对应的纱剪断。 选手准备：可调整三角座、螺丝及工具放置位置，但不可提前插螺丝。 选手实操：启动计时器；（可以开启强制开关）；选手复原织针轨迹，放好三角座；拧紧螺丝；最后用六角扳手长端紧固；喂纱、开针舌、点动机器；正常开机运转至少一周；停车按停计时器结束。 项目评判：裁判员检查质量	1. 出现撞针		25分
	2. 三角座未盖平		25分
	3. 三角座没有拧紧（三角不晃动即可）（取消时间加分）	处	5分
	4. 没有用六角扳手长端紧固（取消时间加分）	处	2分
	5. 强制开关不复位		8分
	6. 漏针（超过5cm）	枚	1分
	7. 坏针	枚	2分
	8. 洞眼	处	2分
	9. 机台没有正常运转超过操作位置一周		2分

竞赛流程	操作质量检查内容	扣分项单位	扣分
项目准备：保全工将机台转至撑布架中间位置，针门左侧上下错一路（下三角是上三角的下一路）的两路织针退至上下针筒口，两路对应的纱剪断。 选手准备：可调整三角座、螺丝及工具放置位置，但不可提前插螺丝。 选手实操：启动计时器；（可以开启强制开关）；选手复原织针轨迹；放好三角座；拧紧螺丝；最后用六角扳手长端紧贴；喂纱、开针舌、点动机器；正常开机运转至少一周；停车按停计时器结束。 项目评判：裁判员检查质量	10. 纱线在储纱器上缠绕少于20圈（取消时间加分），多于30圈	处	1分
	11. 没有点动或手摇直接开机	枚	5分
	12. 针落地没有放回原处	处	2分
	13. 在有亮纱灯亮灯情况下不处理按下计时器	处	25分
	14. 缺针		2分
	15. 机台正常运转下不先停车或停车同时按下计时器（取消时间加分）		

项目6　找错纱（双面）

基准时间：150s；扣分办法：±0.1分/±1s

竞赛流程	操作质量检查内容	扣分项单位	扣分
项目准备：保全工选一根JC50英支换上，开机织到横路出筒口可见时停车，正常纱放在控制面板上。 选手准备：入场，做好心理准备。 选手实操：启动计时器，根据布面出现的横路，找出相应的错纱，方法不限，将错纱更换成正常纱线，正常开机运转至少一周，错纱放到控制面板上的台面上，完成操作。 项目评判：裁判员检查质量	1. 正常开机运转不到一周或在机台正常运转下不先停车就按下计时器		1分
	2. 错纱未放到控制面板的台面上		1分
	3. 未找出（取消时间加分）		20分

项目7　接纱（5个纱）

基准时间：45s；扣分办法：±0.1分/±2s

竞赛流程	操作质量检查内容	扣分项单位	扣分
项目准备：机台正常运转，备好5只质量好的大纱筒。 选手准备：进场，可将5只纱筒放在小纱旁边的纱架上，整理小纱的预留纱头长度，准备大纱的纱头位置。 选手实操：选手启动计时器；找出大纱纱头；与小纱筒子上预留纱头接好，打结头（蚊子结或套结），纱尾长度不超过3mm。 项目评判：裁判员检查质量	1. 结头尾纱长度超过3mm（含毛羽）	只	1分
	2. 结头不牢（结头边断开不计）	只	2分
	3. 纱打捻		1分
	4. 碰断旁边纱线（取消时间加分）		2分
	5. 漏接（取消时间加分）	只	4分
	6. 结头双扣	只	1分
	7. 剪（掐）断的线头附在纱线上未处理		1分
	8. 不是蚊子结或套结方式打结	只	4分

注 1. 最高加分不超15%~25%；基准时间按比赛实际调整，±可微调。

2. 各项最高成绩不超过本项成绩的10%。

3. 没项目可根据实际情况设定最长操作时限，即超过该时间则该项目成绩为零。

4. 质量在单项速度得分的基础上，按质量检查内容扣分，扣完为止。

第四节　纬编工竞赛操作分析实例

竞赛中，在分析原因、理清思路前提下的规范操作，才能体现操作速度。观察现象与分析原因，通晓原因与解决办法，确定（处理）办法与高效（技能）操作，这是通过竞赛来提升操作水平的路径。各级和各地竞赛中，处理挂布、换针及其延伸的操作具有代表性。

一、单面机掉布处理

（一）掉布原因

分析思路：①储纱器绕纱圈数太少，纱线断裂造成掉布（图9-4-1）；②导纱器导纱口被飞花堵塞，纱线断裂造成掉布（图9-4-2）。

掉布的形态多样，可能较宽，也可能较窄；可能清晰，可能凌乱。图9-4-3为常规掉布中较为简单的形态。

图9-4-1　储纱器绕纱圈数太少

图9-4-2　导纱器导纱口被飞花堵塞

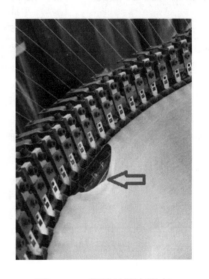

图9-4-3　简单的掉布形态

（二）单面机掉布的处理（脱套）

1. 准备工作

（1）使积极送纱装置退出工作（不能发生作用）。

（2）打开所有闭合的针舌。

（3）清除所有松浮纱头，使织针清洁、区域整洁。

2. 具体操作

（1）穿纱、引纱。将纱嘴、沉降片和台面上的飞花清理干净，穿好纱（把断纱重新穿入导纱器，纱线绕过针钩），经每一个导纱器把纱线引入（先不喂进针钩），并拉到针筒中央。

（2）开针舌。（在纱线断裂后，随着织针下降，旧线圈会闭合织针的针舌）在掉布处前面（顺机台转向）的一个纱嘴处用开针器把针舌打开，同时将脱套处的最后一路纱放入针钩吃纱，摇动或点动机台，每转动一个三角位，就将最后一路的纱喂入针钩，同时将输纱器复位，检查其他地方的纱线有没有织入，如果没有织入，须先将纱喂入针钩，防止再掉布。

（3）用慢速点动（或手摇）设备重复操作，直至所有的纱线全部喂入针钩，输纱器全部复位。

（4）检查所有织针是否打开针舌，纱线喂入情况是否正常，正常后先慢后快将布开下。

技术关注：在套布过程中，轻轻摇动机器检查每枚织针的成圈情况，如脱圈不顺时要及时处理，避免引起织针损坏；开下布头后要检查布面有无坏针、竖条、直上花针、直上破洞、直上漏针、并针等疵点，确定布面正常才可开机；处理好掉布开机时，要注意刚刚开出的布头是否出现反卷，必须避免布头反卷被织针钩入引起打针。图9-4-4为观察针吃纱情况，图9-4-5为观察出布后布面质量。

图9-4-4　观察针吃纱情况　　　　图9-4-5　观察出布的质量

二、双面机掉布处理

（一）基本分析

1. 双面机套布的特点

双面机没有沉降片，编织脱圈全靠卷取装置的张力牵拉完成，因此双面机必须将一段已完成的布（以前编织的布或别的机台编织的布）挂在针钩上，然后再通过喂纱与成圈将布通过牵拉、卷取才能织出新的织物。

2. 准备工作

（1）使积极送纱装置退出作用。

（2）打开所有织针的针舌。

（3）清除松浮的纱头，使织针完全清爽（没有乱纱干扰成圈）。

（4）找出一段与本机相似的布，要求组织略微松弛一些。

（5）升高针筒，使针筒口的距离足够大。

（二）操作方法

1. 套布操作方法一

（1）将预备的筒形布（符合机台筒径规格）穿套在扩布架外侧，从扩布架相对的两端套入，使布均匀地分布在针筒周围。

（2）用一只手轻握布头，由针筒内侧向上送，另一只手持钩针，自上针盘和下针筒的缝隙中把布钩住拉出，并钩挂在下针筒两个成圈系统之间的织针的针钩上。

（3）将钩挂处多余的布，从反向适当拉回下针筒内侧。

（4）利用毛刷使新纱线喂入针钩，注意此时的针舌必须是打开并且灵活的，不能有纱线黏附在织针的夹槽中。

（5）将布穿入卷布机的卷取轴中，使卷布机自动卷取，注意此时的拉力不能太大，以防新线圈断裂。

（6）用慢速或点动大圆机，用毛刷逐一刷开针舌使织针逐一吃到纱线，这时挂住的布也逐步往下拉。

（7）重复（2）～（6）［或（4）～（6）］操作，直到针筒上所有织针吃纱并织出新线圈为止，检查每一导纱器吃纱是否正常，并适当调整导纱器的位置，让织针准确吃纱。

（8）调整转速，使设备低速运转，注意查看所有织针针舌是否打开。

（9）在设备正常编织时，调整卷布机的拉力，将针筒高度调到适当位置，必要时在织针上加少许针织油。

（10）推上储纱器，使积极送纱装置参加工作。

2. 套布操作方法二

这一方法针对局部或大部掉布状态（图9-4-6），进行快速套布或挂布。其操作要点如下。

（1）把筒口和台面吹干净，图9-4-7为筒口。

（2）使用辅助钩针把浮纱从上下织针针钩上挑脱，不能挑断。

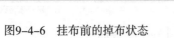

图9-4-6　挂布前的掉布状态

图9-4-7　筒口

（3）使用辅助钩针从机器针筒里面伸到筒口勾住挑脱的浮纱，带至布面垂直钩好。钩浮纱的力度要匀称，不可用力过猛以免扯拉断钩下去的浮纱。

（4）采用辅助钩针（必要时加上弹性带）将洞眼区域的织物均匀下拉至卷曲区域，见图9-4-8。

（5）点动机器或采用慢速，采用毛刷刷开针舌，使织针逐一吃纱，见图9-4-9。

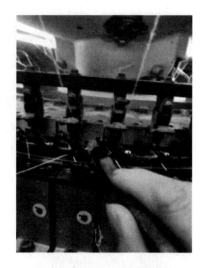

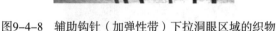

图9-4-8 辅助钩针(加弹性带)下拉洞眼区域的织物　　　图9-4-9 用毛刷刷开针舌

(三)套布应注意事项

(1)根据机器规格、织物品种及脱布宽度等具体情况采取最佳措施。

(2)套在针筒针钩里的布要尽量均匀,不宜累积过多,以防织针一次吃纱太多而损坏针钩。

(3)辅助钩针钩布时要保持竖下拉状态,防止斜拉导致拉力不匀。

(4)随时检查有无套好的布滑出针钩的现象。

(5)采用钩针辅助拉布方法,必须所有钩针一定要全部取下,防止钩针卷入布里而带到后道工序。

(6)开下布头后必须要检查布面有无坏针、竖纱、花针、破洞、漏针等疵点,确定布面正常才可开机。

图9-4-10为套布操作关键点示意。

三、换针

换针之前通常要根据疵点查找坏针,必须识别坏针类型。

(一)判定针损

1. 坏针类型分析

松销针:针舌销松动,容易出现布面"花针"。

开口针:硬舌针,针舌槽内有油污,针舌不能关闭,容易出现"花针"。

断舌针:针舌断裂或舌尖磨损,容易出现"花针""破洞"。

仰头针:针头稍向上仰起,容易出现"稀路""花针"。

扑头针:针头向下弯,容易出现"稀路"。

断裂针:针舌、针钩、针踵断裂。

坏针钩:针头钩子被拉开,针舌闭不住口,容易出现直条坏针。

针舌针头偏:容易出现"花针"。

（a）确保织针均匀吃纱（且针舌全部打开）

（b）确保喂纱角度正确

（c）辅助牵拉的钩针应卜拉均匀、适当

（d）稳定编织后应全部取出辅助钩针

图9-4-10　操作关键点

2. 坏针识别方法

由于坏针所造成的疵点往往是直条形的，因此当布面上出现直条疵点，就要停机，对织针进行检查。有的坏针不易查出，可在疵点线圈纵行附近，在筒口处及针槽上用色笔做好记号，再开机运转，找出邻近坏针。

（二）更换织针

在核定机台用针型号、规格前提下，严格按照基本思路换针。

（1）根据布面判断坏针所在位置，用手动或慢速点动使坏针运转到针门位置，打亮2~3个储纱器灯，确保机器不能运转。

（2）松开针门三角座的锁紧螺丝，取出针门三角座；打开针门，找出坏针，将坏针推高约20mm，用食指向后压针头，使针体下端外翘，捏住露出的针杆向下抽拉，即可以取出坏针；顺手用坏针杆清除针槽内污垢，将针槽清理干净。

（3）核查针的质量，换上好针（取出与坏针同一型号的织针插入针槽，使其穿过压针弹簧，达到正确位置），针要装平，针脚跑道不能装错；按上针门三角座，关闭针门；拧紧螺丝，再次检查针门是否关紧。

（4）换针后，点动机器，使新织针吃到纱线，继续点动，观察新织针动作情况（针舌是否打开、动作是否灵活）。

（5）确认无异常后，开机运转；通常织布20cm，停车检查布面质量，合格后正常开车。

图9-4-11～图9-4-16为操作过程关键点示意。

  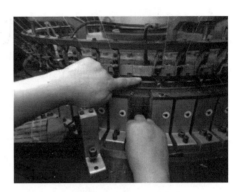

图9-4-11　机器转到针门位置　　图9-4-12　机器转到针门位置　　图9-4-13　打开针门三角、取出坏针

图9-4-14　备好新针并核查　　　　图9-4-15　装上新针　　　　图9-4-16　针的集中插入

（三）更换沉降片

主要流程包括：

（1）掀开沉降片三角座，用尖嘴钳夹住坏的沉降片向后拉出。

（2）剔清沉降片槽内的污垢，将同一规格型号的沉降片插入，使其径向平直运动滑爽、无阻，上好沉降片三角座。

（3）先开慢车，后开快车。

（四）换针注意事项

检查针的质量并把针擦干净再换上，擦针时防止针钩伤手；旧针放在指定地方回收，防止坏针掉到坯布上引起勾丝及掉到地上。

第十章 理论考试指导

理论考试旨在考核专业知识的掌握情况，同样重要的是考核应用知识解决实际问题的探索情况和在实践中总结经验的能力。

第一节 填空题

填空题是对于基础知识和关键点的考察，特别是针对重点名称、关键表述等的考察。判分原则：1. 每个空格、同一题的每个空格分支值平均分配；2. 每1题小题分值相同；3. 重点空格、重点题分值较高。

填空题（将正确的答案填入空格。通常：答错、不答均不得分，也不反扣分）

1. 针织采用原料通常包括_____纤维和_____纤维两大类。天然、化纤

2. 针织物常用天然纤维：_____，_____，_____，_____；常用化学纤维：_____，_____，_____，_____。棉 毛 麻 丝 涤纶 锦纶 氨纶 黏胶

3. 针织常用纱线原料表示方法：C代表_____，M代表_____，T代表_____。棉 莫代尔 涤纶

4. 针织常用纱线原料表示方法：R代表_____，W代表_____，N代表_____。黏胶 毛 锦纶

5. Modal纤维具有真丝一般的光泽，极好的_____性和_____性。吸湿 透气

6. 沟槽涤纶具有_____的特点。吸湿速干

7. JT65/C35 40英支/2代表_____纱。40英支精梳65%涤纶35%棉混纺两合股纱

8. 络纱的卷装形式有_____、_____、_____。圆柱形筒子 圆锥形筒子 球面形筒子

9. 针织常用单纱捻向为_____，针织常用合股纱捻向为_____。Z S

10. 针织物的用途分为_____、_____、_____三类。服装用家用或装饰用产业用

11. 将一根或几根纱线依次沿_____喂入织针上，然后_____弯曲成线圈，并相互穿套形成纬编针织物。纬向 顺序或依次

12. 针织物的基本特征是_____，因此构成针织物的基本结构单元是_____。由线圈相互串套连接而成 线圈

13. 组成针织物的最基本结构单元为_____。线圈

230

14．纬编：纱线在_____弯曲成圈，并串套而成织物。横向

15．针织物可分为_____针织物和_____针织物。单面 双面

16．针织物的基本单元是_____，它由_____、_____组成。线圈 圈干（针编弧和圈柱） 沉降弧

17．纬编线圈是由_____和_____组成。圈干是由_____和_____组成。圈干 沉降弧 针编弧 圈柱

18．纬编针织物中，线圈由2个____、1个____和1个____组成。圈柱 针编弧 沉降弧

19．针织物中，线圈圈柱覆盖于圈弧之上的一面称为_____，线圈圈弧覆盖于圈柱之上的一面称为_____。工艺正面 工艺反面

20．如图10-1-1所示为织物的_____面线圈，可从针编弧覆盖在旧线圈_____之上得出判断。反 圈柱

图10-1-1

21．在针织物中，线圈沿织物横向由沉降弧或延展线连接的一行称为_____，线圈沿纵向相互串套而成的一列称为_____。线圈横列 线圈纵行

22．在线圈横列方向上，两个相邻线圈对应点的距离称为_____。圈距

23．在线圈纵行方向上，两个相邻线圈对应点的距离称为_____。圈高

24．针织物的主要参数有：_____、_____、_____、_____、厚度。线圈长度 密度 未充满系数 单位面积干燥重量

25．针织物的主要性能指标有_____、_____、_____、_____、断裂强力和断裂伸长率、缩率、勾丝起球起毛性。弹性 卷边性 延伸性 脱散性

26．线圈长度指的是_____，一般以毫米（mm）作为单位。组成一只线圈的纱线长度

27．测量纱长的方法，大致可分为两大类：_____和_____。机下测量法 机上测量法

28．纱长的大小决定织物的_____，纱长的一致性决定织物的_____和纹路的_____。克质量 平整度 清晰度

29．密度表征在一定纱线线密度条件下，针织物的_____。稀密程度

30．针织物的主要物理机械指标中的密度指标分为_____和_____两种。横密 纵密

31．针织物的密度用规定长度内的线圈数来表示，可分为_____和_____两种。横密 纵密

32．横密：沿线圈横列方向，以_____来表示。50mm内的线圈纵行数

33．纵密：沿线圈纵行方向，以_____来表示。50mm内的线圈横列数

34．测量针织物的密度必须在_____之后。织物完全松弛

35．未充满系数指的是_____。线圈长度（L）与纱线直径（f）的比值

36．影响针织物厚度的因素有_____、_____、_____等。组织结构 线密度 线

圈长度

37．卷边性与针织物的_____、_____、_____、_____和_____等因素有关。组织结构 纱线弹性 线密度 捻度 线圈长度

38．纬编组织的表示方法有_____、_____、_____、_____。线圈图 意匠图 编织图 三角配置图

39．纬编基本组织有_____、_____、_____。纬平针组织 罗纹组织 双反面组织

40．最基本的纬编组织是_____组织。纬平针

41．_____组织是针织物中最简单、最基本和最常用的单面组织。平针或纬平针

42．纬平针、罗纹、双反面、双罗纹四种基本组织中，横向延伸性最好的是_____；纵向延伸性最好的是_____；能顺逆编织方向脱散的是_____。罗纹组织 双反面组织 纬平针组织

43．_____是将纱线垫放在按花纹要求所选择的某些织针上编织成圈，而未垫放纱线的织针不成圈，纱线成浮线状浮在这些不参加编织的织针后面形成的一种花色组织。其结构单元由线圈和浮线组成。提花组织

44．单面提花组织通常采用_____来解决长浮线问题。集圈

45．按织物反面结构，双面提花组织可分为_____和_____。完全提花组织 不完全提花组织

46．双面提花组织的反面效应有_____、_____、_____、_____等。直条纹 横条纹 小芝麻点 大芝麻点

47．_____是一种在针织物的某些线圈上，除套有一个封闭的旧线圈外，还有一个或几个悬弧的花色组织，其结构单元由线圈和悬弧组成。集圈组织

48．_____是指织物上的全部线圈或部分线圈由2根纱线形成的一种组织。添纱组织

49．添纱组织可分为_____组织和_____组织两大类。素色添纱 花色添纱

50．全部添纱组织的线圈几何特性基本上与地组织相同，织物两面具有不同的____和_____。色彩 服用性能

51．添纱组织可分为_____和_____。全部线圈添纱 部分线圈添纱

52．衬垫组织常用的地组织有_____和_____。平针 添纱组织。

53．_____是以一根或几根衬垫纱按一定的比例在织物的某些线圈上形成不封闭的悬弧，其余的线圈上呈浮线停留在织物反面的一种花色组织。其基本结构单元为线圈、悬弧和浮线。衬垫组织

54．按地组织来说，衬垫组织分为_____和_____。平针衬垫组织 添纱衬垫组织

55．毛圈组织是由平针（罗纹）线圈和带有拉长_____的毛圈线圈组合而成的。沉降弧

56．_____又称横向连接组织，它是由几种不同色纱轮流编织不同线圈横列的织物结构。调线织物

57．调线组织可以形成_____、_____、_____的横条纹。彩横条 凹凸横条纹 不同反光效应

58．_____是在纬编基本组织、变化组织、花色组织的基础上，（沿纬向）衬入一根

辅助纱线的组织。 衬纬组织

59．_____是在某些纬编单面组织的基础上，引入绕经纱的一种花色组织。绕经纱沿纵向垫入，并在织物中呈线圈和浮线。俗称吊线织物。 绕经组织

60．罗纹空气层组织是由_____和_____复合而成的。罗纹组织 平针组织

61．纬编针织物的基本结构单元有_____、_____、_____形态。 线圈 悬弧 浮线

62．针织大圆机特点是_____、_____、_____、_____、_____。 产量高 品种多 噪声小 工序短 操作简单

63．机号是用以表明针的粗细和针距大小、_____的指标。针床上排针的稀密程度

64．针织机所能加工纱线线密度的上限是由_____来决定的。 针与成圈机件之间的间隙

65．针织机所能加工纱线线密度的下限取决于_____。 对针织物品质的要求及纱线强力

66．各种类型的针织机都以_____来表示织针在针床上配置密度的大小。 机号

67．机号为24E的大圆机使用的常规纱支范围是_____。24～40英支

68．机号为18E的大圆机使用的常规纱支范围是_____。16～24英支

69．单面针织物用_____针床针织机编织，双面针织物用_____针床针织机编织。 单双

70．大圆机按大类结构分为_____、_____。 单面大圆机 双面大圆机

71．针织机的主要机构有_____、_____、_____、_____、_____和牵拉卷取机构。 成圈机构 给纱机构 花色机构 传动机构 控制机构

72．大圆机由_____、供纱机构、_____、润滑清洁机构、电气控制机构、牵拉卷取机构、机架等构成。 编织机构 传动机构

73．_____是指能够把纱线弯曲成线圈并相互串套成针织物的机构。 成圈机构

74．编织机构是大圆机的_____部分，它直接影响到产品的_____，因此针对编织系统的_____至关重要。心脏 品质 保养

75．纬编针织机的主要技术规格参数有_____、_____、_____等。 机号 筒径 成圈系统数

76．纬平针编织的成圈机件有_____、_____、_____、_____及三角座等。 织针 沉降片 导纱器 三角

77．大圆机标识牌中的"34*28G*102F"，"34"指的是_____，102F指的是拥有_____个_____。 针筒直径为34英寸 102 成圈系统

78．普通大圆机通过对_____和_____的优化，可明显提高机器的运转速度。 三角 沉降片

79．双面大圆机针筒由_____和_____组合。 上针盘 下针筒

80．罗纹配置时，大圆机针盘织针和针筒织针形成精确的_____配置。 相错

81．多针道双面机一般配置为针盘_____针道，针筒_____针道。2 4

82．舌针的主要部位包括_____、_____、_____、_____、_____。

_____、_____构成。 针杆 针钩 针舌 针舌销 针踵 针尾 针头内点

83．沿三角形成的轨道运动，从而使织针做上下运动并完成成圈的织针部位是_____。 针踵

84．复合针是由_____和_____组成。 针身（针杆） 针芯

85．三角分为_____三角、_____三角、_____三角。 成圈 集圈 浮线

86．弯纱三角可作上下微量调节，以改变_____。 弯纱深度

87．针织大圆机送纱方式有_____、_____、_____。 积极式 半消极式 消极式

88．_____是把串套的线圈从编织区域引出，并将织物卷绕成一定形状的机构。 牵拉卷取机构

89．_____是将动力传递到主轴，再由主轴通过凸轮、连杆或齿轮传动各机构进行工作的机构。 传动机构

90．_____是按照编织要求发出指令并协调各机构工作的机构。 控制机构

91．_____是按照花纹图案的要求对织针或沉降片等成圈机件运动状态进行选择的机构，此外还有调线、移圈、绕经等装置或机构。 选针机构

92．纬编机选针装置的形式有多种，根据作用原理可分为_____、_____和_____。 直接式选针装置 间接式选针装置 电子选针装置

93．针织机上的辅助装置一般有漏针与坏针自停装置、_____、_____、张力自停装置、加油与除尘装置等。 粗纱节自停装置 断纱自停装置

94．纬编线圈的编织方法有三种：_____、_____、_____。 编织 集圈 不编织

95．浮线：织针不做_____运动，只是_____。 上下 横移

96．舌针的成圈过程包括_____、_____、_____、套圈、脱圈、成圈、牵拉等八个过程。 退圈 垫纱 弯纱 闭口

97．双面机编织时影响坯布克质量（克重）的因素主要有压针_____、上针盘和下针筒之间的_____、纱线张力、牵拉力等。 深度 距离

98．旧线圈没有退出针钩就有新纱线垫在针钩内，一直到正常退圈时一起退下，这样的成圈状态称为_____。 集圈或含针

99．采用舌针的大圆机换针后点动机器，必须观察新针的_____是否打开，动作是否灵活，确认无异常后，才开机运转。 针舌

100．调线机有_____色调线、_____色调线、_____色调线等。 3 4 6

101．电动机采用_____或者_____带动主动轴齿轮。 三角带 同步带

102．机器翻改品种时，须及时调整撑布架的_____和为_____留空间隙，避免夹痕。 大小尺寸 卷布辊

103．机器运转时，必须_____，防止人身伤害。 关闭安全门

104．安全门需要打开或通过观察窗身体进入到安全门区域内时，必须_____和_____。 停机 打亮纱灯两路

105．安全门打开前，必须_____，以防止人身伤害。 打亮纱灯

106．对有一种机型，如需提前结束清车或下布，只需要按住归零键_____秒以上即可强制清除清车圈数或织布圈数。 三

107. 处理停台遵守_____、_____、_____的"三先三后"的原则。先近后远 先易后难 先急后缓

108. 新设备引进后，要进行_____、_____、_____、能耗、产品测试。机械部分 电气控制 安全防护

109. 交接班工作是_____、_____，使生产顺利进行，保证产品质量和机器正常运转的重要工作。衔接生产 沟通信息

110. 接班时要主动了解上班_____、_____、_____等情况。机器运转 工艺变动 品种更改

111. 接纱时，长丝类手拿筒管_____，避免手碰丝的_____。两端 端面

112. 接备用纱接_____结或_____结，纱尾长度不超过_____。蚊子 套 5mm

113. 换针前，仔细核对机台用针_____、_____，核对无误后进行操作。型号 规格

114. 套布：将针上乱纱择净，_____，_____，_____。坏针换下 套布边剪齐 放松罗拉辊 松紧调好

115. 落布时在织物达到_____时可以换上_____纱。下机重量 记号

116. 编织过程中不应出现的_____称为花针。集圈

117. _____可引起纱拉紧。纱线张力过大

118. 编织过程中，由于纱线损伤使布面产生洞眼，这一疵点称为_____。因织针原因造成部分纤维断裂，这一疵点称为_____。破洞 毛针

119. 里子纱外露是由于_____的深度没有达到要求。沉降片

120. 飞花会黏附在_____和_____中，会形成花衣。编织系统 纱路

121. 针织物线圈倾斜可分为_____和_____两种，两者之间呈_____比。纵斜 纬斜 反

122. 提花片的异常磨损，会导致_____。竖向乱花

123. 织针的_____和_____运动不规则，可产生花针。针舌 针踵

124. 喂纱嘴和织针距离太近，纱线在织针和纱嘴中间的夹缝中被擦伤，可导致_____。毛针

125. 大圆机转速设定可将下机坯布重量偏差控制在_____公斤以内。0.3

126. 毛坯布分散疵点_____以内记一处疵点。10cm

127. 针织坯布标准双面布顶破强力_____N。≥240

128. 双面针织大圆机完好技术条件要求：齿轮顶磨损不超过_____。1/3

129. 纬编毛坯布通常考核的内在质量指标为_____、_____、_____。纤维含量 平方米干燥重量偏差 顶破强力

第二节　判断题

判断题重点考察基本概念和关键知识的判定，特别是考察需要分清的与操作相关的理论知识。判分原则：1. 判断正确得分，错答、漏答均不得分，也不反扣分；2. 判断正确得

分，不答不得分，错答反扣分。

判断题（正确的打"√"，错误的打"×"。通常：错答、不答均不得分，也不反扣分）

（　　）1. 黏胶纤维和莱赛尔纤维都是合成纤维。×

（　　）2. 涤纶属于合成纤维。√

（　　）3. 涤纶属于人造纤维。×

（　　）4. 蚕丝、麻是天然纤维，也是长丝类纤维。×

（　　）5. 棉纤维白度越好等级就越高。×

（　　）6. 混纺纤维纱线是指用两种或两种以上不同种类纤维混纺成的纱线。√

（　　）7. 我国统一规定棉的公定回潮率是8.5%。√

（　　）8. 超细旦丙纶有毛细效应，棉盖丙面料具有良好的导湿性。√

（　　）9. 沟槽涤纶具有吸湿速干的特点。√

（　　）10. 竹浆纤维属于天然纤维。×

（　　）11. 通常可用燃烧法判定混纺织物的成分。×

（　　）12. 号数是定重制。×

（　　）13. 英支是定长制。×

（　　）14. "旦"用于表示长丝的细度，100旦含义为：1000米的纱线有100克重。×

（　　）15. 16×2tex，表示由两根16tex单纱组成的股线。√

（　　）16. 40英支/2表示由两根40英支单纱组成的股线。√

（　　）17. 20英支×2与20英支/2代表的意思一致。×

（　　）18. 20英支×2与20英支/2代表的意思不一致。√

（　　）19. 75旦也可用83dtex表示。√

（　　）20. 75旦涤纶丝比150旦涤纶丝粗。×

（　　）21. 75旦涤纶丝比150旦涤纶丝细。√

（　　）22. 同类型的纱线，75旦的长丝比55旦的长丝细。×

（　　）23. 75旦/72f中的"f"是指这根复丝当中有72根单丝。√

（　　）24. 75旦/72f涤纶与75旦/36f涤纶细度相同，但手感性状不同。√

（　　）25. 75旦/72f涤纶与75旦/36f涤纶虽然纱线细度相同，但是内含纤维根数不同，因此单根纤维细度不一样。√

（　　）26. 20旦PU是指20英支的氨纶。×

（　　）27. 相同旦尼尔数的长丝孔数越多手感越软。√

（　　）28. 100英支/2棉表示两根100英支棉纱合成一条股线。√

（　　）29. 针织常用单纱捻向为Z向，针织常用合股纱捻向为S向。√

（　　）30. 对于Z捻纱，在顺转机的作用下产生结果是退捻。×

（　　）31. 纱线的捻向：有S捻（顺手捻）和Z捻（反手捻）。√

（　　）32. 针织用纱要求纱线条干要好，强力均匀，捻度小，杂质少。√

（　　）33. 纱线强力低没关系，只要能上机编织就可以。×

（　　）34. 针织物的多孔结构使面料透气好、利于汗气排放，所以保暖效果不如机织

物。×

（　　）35．针织物具有良好的弹性。×

（　　）36．纬编织物和经编织物都是由线圈构成的。√

（　　）37．纬编织物和经编织物具有同样的特性。×

（　　）38．针织物的透气性一般远大于机织物。√

（　　）39．机织面料由于结构比较松散，勾丝、起毛、起球现象比针织面料更易发生。×

（　　）40．由于形变回复性这一特性使针织服装使用时具有合体和舒适性。√

（　　）41．测量纱长就可以保证双面坯布的克质量指标。×

（　　）42．织物下机后常用拆散的方法测得组成一个单元线圈的实际纱线长度。√

（　　）43．线圈纱长大小决定织物的克质量，决定产品质量，影响用纱量的成本核算和企业经济效益。√

（　　）44．纵密是指沿织物横列方向规定长度内的线圈纵行数。×

（　　）45．单面针织面料密度越松卷边越严重。×

（　　）46．针织纬编面料都有卷边性。×

（　　）47．双面针织面料没有卷边现象。×

（　　）48．一般单面纬编面料的卷边性比较小，双面织物卷边性大。×

（　　）49．大部分双面针织面料没有卷边现象，如果氨纶丝单边可能会有明显的卷边。√

（　　）50．针织物的正面对光线有较大的漫反射作用，因而较为阴暗。×

（　　）51．必须加入氨纶丝，针织物才有延伸性和弹性。×

（　　）52．组织结构相同、使用同一纱线，密度紧的针织纬编面料比密度松的针织纬编面料更容易起毛、起球。×

（　　）53．组织结构相同、使用同一纱线，密度松的针织纬编面料比密度紧的针织纬编面料更容易起毛、起球。√

（　　）54．针织物与机织物具有同样的性能。×

（　　）55．纬平针组织是双面织物。×

（　　）56．纬平针组织横向延伸性小于纵向。×

（　　）57．纬平针组织通常是横向延伸性大于纵向。√

（　　）58．汗布具有卷边性。×

（　　）59．罗纹织物是单面织物。×

（　　）60．5+3罗纹代表5个纵行的反面线圈与3个正面线圈的组合。×

（　　）61．罗纹组织纵向和横向都有较好的弹性。√

（　　）62．罗纹组织只能逆编织方向脱散。√

（　　）63．罗纹布与双罗纹布特性基本相同。×

（　　）64．双罗纹组织延伸性较罗纹组织小，尺寸稳定性好，织物较为厚实。√

（　　）65．双反面织物在自由状态下两面都只看到反面线圈。×

（　　）66．常见单珠地网眼组织是用单面机，双珠地网眼组织是用双面机编织而成。×

（　　）67．畦编组织中含有浮线和成圈线圈。×

（　　）68．半畦编组织采用提花组织形成。×

（　　）69．添纱组织脱散性大于纬平针组织。×

（　　）70．反包毛圈：底纱显示织物正面，毛圈纱相当于添纱组织中的地纱。√

（　　）71．台车编织双面织物。×

（　　）72．棉毛机主要用于编织单面织物。×

（　　）73．袜机不能编织3色提花组织。×

（　　）74．毛圈机一般可直接生产割圈毛圈面料。×

（　　）75．纬编针织物由于是纬向成圈，线圈纬向穿套，因此不可能形成纵条效应。×

（　　）76．大圆机工序短，一般纺纱厂或化纤厂提供的纱筒均可直接上机编织。√

（　　）77．大圆机的变换品种比机织慢。×

（　　）78．大圆机转速相同时路数越多，产量越高。√

（　　）79．大圆机的机号越高，使用的纱线越粗。×

（　　）80．JC40英支+20旦U可在28E单面大圆机上使用。√

（　　）81．40英支纱通常在14E机上做。×

（　　）82．150旦涤纶可在24E双面大圆机上使用。√

（　　）83．$E32$的针距比$E28$的针距小，即$E32$的排针更密。√

（　　）84．两孔喂纱嘴可编织覆盖组织。√

（　　）85．两孔喂纱嘴可编织添纱组织。√

（　　）86．编织机构是大圆机的核心机构。√

（　　）87．织针的针踵有高低之分。√

（　　）88．四针道针织机一般都可编织大花形。×

（　　）89．在针筒的针槽里相对针槽做上下运动，又随针筒做圆周运动的织针部位是针杆。√

（　　）90．导纱器前端的平面，可防止因针舌反拨而产生非正常关闭针口的现象。√

（　　）91．针织圆机中主要采用钩针来编织。×

（　　）92．针织机辅助机构包括：自动加油装置、自停装置、自动除尘装置、计数器、电动机等。×

（　　）93．在普通单面圆机上使用多功能编织机构，可使得该针织机能织毛圈类织物。√

（　　）94．台车普遍采用消极给纱。√

（　　）95．目前常用大圆机多采用半消极式送纱。×

（　　）96．只要用积极式送纱的大圆机，纱线捻度大也不会对坯布质量产生影响。×

（　　）97．积极式送纱中，纱线在储纱器上一般缠绕几圈即可，对编织影响较小。×

（　　）98．氨纶汗布常用卷绕式卷装形式。×

（　　）99．传动机构是由变频器控制电动机可进行无级调速。√

（　　）100．电气系统是针织大圆机的动力来源。√

（　　）101．雷达式风扇可以清除所有飞花。×

（　　）102. 常用的伞式（也称顶式）纱架可接备用纱。×

（　　）103. 编织时，浮线是指织针不做上下运动，只是横移。√

（　　）104. 同一生产企业的纱线不同批号可以混用。×

（　　）105. 每种原料批号不同，但只要生产日期接近一般可以混用。×

（　　）106. 更换品种时，机上取下的纱筒要做好标识，严格区分。√

（　　）107. 生产中常用抽针的方法作剖幅线。√

（　　）108. 巡机过程中，挡车工只需仔细检查布面质量，机台运转其他状况只需兼顾。×

（　　）109. 处理停台要先易后难，开车先慢后快。√

（　　）110. 同一品牌型号的新旧针可以混用，不会出现质量问题。×

（　　）111. 接纱按规定要求接蚊子结或套结，纱尾不超过10mm即可。×

（　　）112. 换针时，新针都可以直接上机。×

（　　）113. 换针时要打亮2～3个储纱器的灯。√

（　　）114. 换针后，拧紧压针螺栓，还要检查针门是否完全关紧。√

（　　）115. 换下来的坏针已经没用了，可以直接扔掉。×

（　　）116. 换品种时，换下来的所有三角（编织、集圈、浮线），加入针织油放在一起即可。×

（　　）117. 为节约时间，可以用手捻纱线的方法处理断纱。×

（　　）118. 处理完断纱后，直接启动纬编机即可直接进行编织。×

（　　）119. 当机台脱套时，要先查明原因，再进行处理。√

（　　）120. 套布结束后，慢车点动一两圈后直接开车即可。×

（　　）121. 机器处于运行或点动状态时，变频器电源可以按变频器键直接关闭。×

（　　）122. 机器停止或点动状态下，测纱显示为上次测纱值。√

（　　）123. 运行状态下，按压设定键可查询系统常用参数。√

（　　）124. 落布时，可以在记号线中间剪一个口直接撕开。×

（　　）125. 做好机台及周边的清洁卫生可有效降低花衣的产生。√

（　　）126. 工作时间离开机台，只要是暂时的，不用他人代管机台。×

（　　）127. 一切电气装置损坏或异常应通知电气专业维修人员，挡车工不得自行处理。√

（　　）128. 加油时，各加油部位使用的润滑油基本上可以混用。×

（　　）129. 大圆机因每天都有保养，因此通常不需要周保养、月保养、半年保养。×

（　　）130. 交接者只要处理好停台，接好备用纱，布面做好记号就可以下班离开。×

（　　）131. 接班者要提前进入工作岗位，做好接班前的准备。√

（　　）132. 接班者要逐台停车检查布面质量，布面符合标准要求后开车。√

（　　）133. 接备用纱时，只要纱线细度符合工艺要求就可以直接用。×

（　　）134. 筒纱成型不良可引起断纱。√

（　　）135. 纱线条干不匀可产生云斑。√

（　　）136. 化纤类的毛坯布比棉类更容易引起勾丝。√

（　　）137. 要降低异型纤维应从原料的源头抓起。√

（　　）138. 漂浮的飞花与油雾聚合在一起，落入正在编织的织物中，可产生多处油点。√

（　　）139. 机器在运转中必要时可以用手及时清理传动部位的纱线和飞花。×

（　　）140. 撞针可能是三角座安装位置不正，或三角定位螺丝没紧固所致。√

（　　）141. 针织圆机的每一路（成圈系统）编织纱线张力不一致可能导致横路。√

（　　）142. 积极送纱的针织机，送纱轮上绕纱20圈以上可以减少脱布、断纱质量问题。√

（　　）143. 机台不干净、纱毛堵塞纱嘴可能导致脱布。√

（　　）144. 毛坯布都会进行后道漂洗，所以油土污可不计入疵点。×

（　　）145. 织针变形可产生花针。√

（　　）146. 单面机的小漏针，一般采取拉紧布面的办法就能解决。×

（　　）147. 双面机有小漏针，一般解决方法：看织针对位正确，导纱嘴（钢梭子）位置正确，成圈（压针点）位置正确。√

（　　）148. 加油控制不当可产生油针。√

（　　）149. 稀密针的形成仅与织针有关。×

（　　）150. 断纱装置故障会导致断纱时不能及时停机而发生人身或机械事故。√

（　　）151. 长花针每30厘米长记一处疵点。√

（　　）152. 长花针每10厘米长记一处疵点。×

（　　）153. 卷布张力过紧可产生漏针。×

（　　）154. 稀密针的形成只和织针有关。×

（　　）155. 喂纱纵角太大或横角太大可导致漏针。√

（　　）156. 选针器与提花片片踵的装配位置配合差可能导致乱花。√

（　　）157. 导纱器与织针间的距离允许偏差为1mm。×

（　　）158. 针织生产过程中产生疵点是综合因素，包括纱线、机械、工艺和操作等。√

（　　）159. 对生产同一个坯布产品来说，针织圆机的路数多、转数快，单位时间内的产量越高。√

（　　）160. 针织坯布标准：镂空织物和氨纶织物顶破强力≥180N。×

（　　）161. 针织布（四分制）外观检验：明显散布性疵点，每米计40分。×

（　　）162. 针织布（四分制）外观检验：明显散布性疵点，每米计4分。√

（　　）163. 剖幅线两侧2cm内可不计疵点。√

（　　）164. 全面质量管理中PDCA循环分四个阶段，分别代表：计划阶段、执行阶段、检查阶段、总结阶段。√

（　　）165. 职业道德的基本守则之一：爱岗敬业、团结同志、认真负责。√

（　　）166. 挡车工应牢固树立质量第一的意识。√

（　　）167. 车间内禁止吸烟及其他一切明火。√

第三节　选择题

选择题考察对于理论知识和操作知识掌握的熟练程度，特别考察是否足够巩固。分为单项选择题和多项选择题。

一、单项选择题

单项选择题只有一个答案是正确的。判分原则：①选择正确得分，错选、漏选、多选均不得分，也不反扣分；②错选、漏选、多选均反扣分。

单项选择题（请从备选项中选择唯一的正确答案填写在括号中。通常：错选、漏选、多选均不得分，也不反扣分）

1. 形成织物的三种方法是（　　　）。（B）
（A）针织、机织和梭织　　　　（B）针织、机织和非织造
（C）梭织和非织造　　　　　　（D）机织、梭织和非织造

2. 以下属于天然纤维的是（　　　）。（A）
（A）羊毛　　　（B）莱赛尔　　　（C）涤纶　　　（D）黏胶

3. 以下属于天然纤维的是（　　　）。（D）
（A）黏胶　　　（B）氨纶　　　（C）涤纶　　　（D）蚕丝

4. 以下属于天然纤维的是（　　　）。（C）
（A）竹碳纤维　　　（B）大豆纤维　　　（C）棉纤维　　　（D）牛奶纤维

5. 以下属于天然纤维的是（　　　）。（B）
（A）竹碳纤维　　　（B）羊毛纤维　　　（C）大豆纤维　　　（D）牛奶纤维

6. 以下属于天然纤维的是（　　　）。（D）
（A）竹碳纤维　　　（B）大豆纤维　　　（C）牛奶纤维　　　（D）苎麻纤维

7. 以下属于天然纤维的是（　　　）。（A）
（A）蚕丝纤维　　　（B）大豆纤维　　　（C）牛奶纤维　　　（D）竹原纤维

8. 以下属于人造纤维的是（　　　）。（B）
（A）丝　　　（B）莫代尔　　　（C）腈纶　　　（D）丙纶

9. 燃烧时发出芳香味的纤维是（　　　）。（C）
（A）锦纶　　　（B）丙纶　　　（C）涤纶　　　（D）维纶

10. （　　　）代表拉伸变形丝。（B）
（A）ATY　　　（B）DTY　　　（C）FOY　　　（D）FDY

11. 在纺丝、抗伸联合机上纺丝、拉伸两道工序一步纺成的丝是（　　　）（B）
（A）FOY　　　（B）FDY　　　（C）DTY　　　（D）ATY

12. 65/35的T/C混纺纱，其含义是（　　　）。（D）
（A）涤纶成分占35%，棉纤维占65%　　　（B）锦纶成分占65%，棉纤维占35%
（C）锦纶成分占35%，棉纤维占65%　　　（D）涤纶成分占65%，棉纤维占35%

13. 纱线公定回潮率，是贸易上为计算标准重量而由国家统一规定的回潮率数值。纱线公定回潮率越（　　），用该种纱线织成的织物（　　），穿着舒适。公定回潮率越小，该种纱线的面料穿着越闷热。（D）

（A）小，吸湿性能好　　　（B）小，吸湿性能好

（C）大，吸湿性能差　　　（D）大，吸湿性能好

14. 以下针织纱线原料中（　　）吸湿性最好，穿着舒适，适合生产贴身衣物。（C）

（A）锦纶长丝　　（B）涤纶长丝　　（C）棉纱　　（D）腈纶纱

15. 纱线号数（线密度，tex）用来表示纱线的细度，是指1000米长的纱线在公定回潮率时的克数，即长度为1000米的纱线，有几克重，就叫几号或几特。例：28tex表示该纱线1000米长有28克重。号数（　　），表示纱线（　　）。（A）

（A）越大，越粗　　（B）越小，越粗　　（C）越大，越细　　（D）以上都不对

16. 下列属于定重制的是（　　）。（D）

（A）号数　　（B）旦数　　（C）分特　　（D）英支

17. 常用英支表示纱线细度的是（　　）。（D）

（A）羊毛　　（B）氨纶　　（C）涤纶　　（D）棉

18. 下列数值换算后75旦相对应（　　）。（B）

（A）8.3英支　　（B）83dext　　（C）83公支　　（D）75公支

19. 纱线按加工方法或加工工艺不同，有不同的代号，精梳棉纱的代号为（　　）。（A）

（A）JC　　（B）T/C　　（C）G　　（D）R

20. 锦纶70D/24F的含义是指（　　）。（A）

（A）锦纶长丝纱线的细度是70旦，每根纱线是由24根单丝组合成

（B）由70根单丝组合成的锦纶长丝细度是24旦

（C）锦纶丝的细度是（70+24）旦

（D）以上都不对

21. 以下（　　）是短纤维纱线。（D）

（A）锦纶70D　　（B）涤纶300D　　（C）氨纶20D　　（D）棉40英支

22. 以下（　　）不是长丝纱线。（D）

（A）锦纶70D/24F　　（B）涤长丝100D/36F　　（C）氨纶20D　　（D）棉40英支

23. 生产一种夏装短袖T恤面料，在以下纱线中选用（　　）纱线最适合。（D）

（A）棉纱16英支　　（B）涤纶长丝200D　　（C）氨纶40D　　（D）棉纱40英支

24. 生产一种厚实的双卫衣绒布，其起绒纱适合采用（　　）纱线。（A）

（A）棉纱16英支　　（B）涤纶长丝50D　　（C）氨纶70D　　（D）棉纱40英支

25. 以下纱线中，可用于生产丝光棉面料的是（　　）。（B）

（A）涤长丝150D　　（B）棉60英支/2　　（C）锦纶140D　　（D）棉10英支

26. 假设用以下原料加工纬平针织物组织，容易造成勾丝的是（　　）。（B）

（A）36英支/1 FC　　（B）150D/96F polyester　　（C）36英支/1 cvc　　（D）36英支/1 T/C

27. 生产中常用的（　　）是股线。（A）

（A）丝光纱　　　（B）涤棉混纺纱　　　（C）涤纶丝　　　（D）人造丝

28．针织运动服面料常用涤纶纱线，是因为涤纶纱线具有（　　　）性能。（A）

（A）弹性较好，强度高　　　（B）吸湿性好　　　（C）颜色漂亮　　　（D）光泽好

29．以下纱线中，（　　　）最细，适合织更薄的面料。（A）

（A）棉纱40英支　　　（B）棉纱32英支　　　（C）棉纱21英支　　　（D）棉纱10英支

30．生产中常用来表示长丝纱线的细度单位是（　　　）。（A）

（A）旦数（D）　　　（B）英支　　　（C）支数　　　（D）系数

31．大圆机所用的纱线捻度要比机织用纱的捻度（　　　）。（B）

（A）大一些　　　（B）小一些　　　（C）无关　　　（D）相同

32．络纱的目的是（　　　）。（D）

（A）进一步清除纱线上存在的杂质、疵点，提高生产效率和产品质量

（B）对纱线进行必要的辅助处理，如上油、上蜡、给乳化液、给湿及清除静电等，改善纱线编织性能

（C）对成形不良的筒子纱进行络纱，可改善纱线的卷装质量，使纱线退绕张力更均匀，从而提高编织质量

（D）A+B+C

33．针织厂使用较多的是（　　　）络纱机。（A）

（A）槽筒式　　　（B）菠萝锭式　　　（C）松式　　　（D）手摇

34．针织生产中广泛采用（　　　）筒子。（C）

（A）圆柱形　　　（B）三角形　　　（C）圆锥形　　　（D）矩形

35．针织物按形成方法的不同，可分为（　　　）和纬编两大类。（C）

（A）梭织　　　（B）机织　　　（C）经编　　　（D）钩编

36．针织物的基本结构单元为（　　　）（C）

（A）纱线　　　（B）纤维　　　（C）线圈　　　（D）织物

37．针织物的结构单元是（　　　）。（B）

（A）圆弧　　　（B）线圈　　　（C）圈弧　　　（D）线弧

38．同一横列中相邻两线圈对应点之间的距离称为（　　　）（A）

（A）圈距　　　（B）圈高　　　（C）密度　　　（D）线圈长度

39．同一纵行中相邻两线圈对应点之间的距离称为（　　　）（A）

（A）圈高　　　（B）密度　　　（C）圈距　　　（D）线圈长度

40．针织物的线圈长度是指（　　　）（B）

（A）圈干长度　　　（B）纱线长度　　　（C）延展线长度　　　（D）圈柱长度

41．线圈长度是指组成一只线圈的纱线长度，一般以（　　　）作为单位。（B）

（A）厘米　　　（B）毫米　　　（C）分米　　　（D）米

42．单位面积干燥重量的单位是（　　　）（B）

（A）公斤/平方米　　　（B）克/平方米　　　（C）克/平方厘米　　　（D）公斤/平方厘米

43．针织物的平方米克重，是指（　　　）。（C）

（A）干燥状态下，1平方米织物的克数

（B）室温下，1平方米织物的重量克数

（C）公定回潮率下，1平方米织物的重量克数

（D）以上都不正确

44．单位面积干燥重量即克重，是指（　　）面积的重量。（A）

（A）每平方米　　（B）每平方厘米　　（C）每立方米　　（D）每米

45．下列选项中哪个不是针织物的特性（　　）。（D）

（A）纬斜性　　（B）脱散　　（C）勾丝　　（D）定型性

46．织物受到外力拉伸时伸长的特性为（　　）。（C）

（A）未充满性　　（B）弹性　　（C）延伸性　　（D）缩性

47．纤维或纱线在碰到坚硬的物体时从织物被勾出的现象称为（　　）。（D）

（A）起毛　　（B）钩球　　（C）起球　　（D）勾丝

48．属于单面针织物的是（　　）。（C）

（A）棉毛布　　（B）罗纹布　　（C）棉氨纶汗布　　（D）空气层

49．属于单面针织物的是（　　）。（D）

（A）棉毛布　　（B）罗纹布　　（C）打鸡布　　（D）棉氨纶汗布

50．下列组织中最易脱散的是（　　）。（C）

（A）珠地网眼　　（B）罗纹布　　（C）纬平针组织　　（D）集圈组织

51．下列组织中最易脱散的是（　　）。（A）

（A）平纹布　　（B）棉毛布　　（C）单面提花布　　（D）双面提花布

52．下列组织中只能逆编织方向脱散的是（　　）。（B）

（A）双反面组织　　（B）罗纹组织　　（C）纬平针组织

53．下列组织结构的针织面料中具有卷边性的（　　）。（C）

（A）空气层　　（B）罗纹布　　（C）纬平针组织　　（D）双面组织

54．卷边性比较严重的针织面料是（　　）。（C）

（A）经编针织物　　（B）纬编针织物　　（C）单面针织物　　（D）双面针织物

55．针织面料的透气保暖性是由于（　　）的作用。（C）

（A）面料柔软　　（B）多孔　　（C）握持较多空气　　（D）使用纯棉

56．保暖性好的组织是（　　）。（A）

（A）毛圈布　　（B）罗纹布　　（C）经平组织　　（D）单面布

57．线圈沿纵向螺旋形倾斜，称之为（　　）。（C）

（A）经斜　　（B）纬斜　　（C）纵斜　　（D）其他

58．线圈在织物内的形态用（　　）来表示。（A）

（A）线圈（结构）图　　（B）编织图　　（C）意匠图　　（D）三角图

59．将织物横断面形态，按编织顺序和织针工作情况，用图形表示的是（　　）。（B）

（A）线圈图　　（B）编织图　　（C）意匠图　　（D）三角图

60．通常可用浮线来表示织针的（　　）。（A）

（A）不编织　　（B）编织　　（C）成圈　　（D）集圈

61．结构意匠图用于表示（　　　）。（B）

（A）线圈大小　　　（B）结构花纹　　　（C）提花组织　　　（D）集圈组织

62．集圈的表达图示（　　　）。（C）

（A）⊥⊥⊥　　　（B）╷ ○ ╷　　　（C）⋎⋎⋎　　　（D）⊤⊤⊤

63．织针在（　　　）时下降到最低点。（D）

（A）退圈　　　（B）垫纱　　　（C）闭口　　　（D）成圈

64．由两个罗纹组织复合而成的纬编基本组织叫做（　　　）。（D）

（A）其他　　　（B）复罗纹　　　（C）罗纹　　　（D）双罗纹

65．针织物的种类很多，一般可分为（　　　）。（A）

（A）原组织、变化和花式组织　　　　　（B）平纹、提花、复合组织

（C）变化和花式组织　　　　　　　　　（D）平纹、提花、原组织

66．纬平针组织是在（　　　）上织造完成的。（B）

（A）双面纬编针织机　　　　　（B）单面纬编针织机

（C）平形针织机　　　　　　　（D）双面平形针织机

67．纬编针织物形成的三个阶段是：供纱阶段、编织阶段、（　　　）。（A）

（A）牵拉卷取阶段　　　（B）成圈阶段　　　（C）三角外型　　　（D）弯纱角度

68．汗布又称为（　　　）。（C）

（A）双罗纹　　　（B）罗纹　　　（C）纬平针　　　（D）双反面

69．纬编织物中，单面基本组织是（　　　）。（B）

（A）罗纹组织　　　（B）纬平针组织　　　（C）双罗纹组织　　　（D）提花组织

70．纬编基本组织中弹性相比较最大的是（　　　）组织。（B）

（A）平针　　　（B）罗纹　　　（C）双反面

71．用32英支纯棉纱在大圆机上生产如下毛坯布，横向弹性最好的是（　　　）。（D）

（A）棉毛布　　　（B）平针布　　　（C）单珠地布　　　（D）1+1罗纹布

72．纬编组织中，弹性最好的是（　　　），经常用于衣领、下摆等部位。（C）

（A）双罗纹组织　　　（B）集圈组织　　　（C）罗纹组织　　　（D）提花组织

73．棉毛布又称为（　　　）。（A）

（A）双罗纹　　　（B）罗纹　　　（C）纬平针　　　（D）双反面

74．单面珠地布属于（　　　）组织。（D）

（A）提花组织　　　（B）双罗纹组织　　　（C）纬平针组织　　　（D）集圈组织

75．珠地织物是指（　　　）。（D）

（A）两个罗纹彼此复合而成

（B）全部或部分线圈由两根或以上纱线形成

（C）由平针和拉长沉降弧线圈组成

（D）用线圈与集圈悬弧交错配置形成的网孔效应

76．畦编组织是一种（　　　）。（B）

（A）提花组织　　　（B）集圈组织　　　（C）浮线组织　　　（D）衬垫组织

77．在双面提花组织中提花的一面作为织物的（　　　）。（B）

（A）反面　　（B）正面　　（C）双面　　（D）里面

78. 在双面提花组织中提花的一面是由（　　）编织的。（B）

（A）上针　　（B）下针　　（C）同时　　（D）针盘

79. 在双面提花组织中不提花的一面是由（　　）编织的。（A）

（A）上针　　（B）下针　　（C）同时　　（D）针筒

80. 提花组织的脱散性（　　）。（C）

（A）很好　　（B）较好　　（C）较小　　（D）不脱散

81. 3色提花组织（　　）形成一个线圈横列。（A）

（A）3路　　（B）6路　　（C）9路　　（D）12路

82. 成圈与不编织的组合可以形成（　　）组织。（B）

（A）集圈　　（B）提花　　（C）网眼　　（D）添纱

83. 在提花组织的成圈过程中，织针有（　　）走针轨迹。（A）

（A）2种　　（B）3种　　（C）4种　　（D）5种

84. 针织物的全部或部分线圈是由两根或以上纱线形成的组织称为（　　）组织。（A）

（A）添纱　　（B）菠萝　　（C）纱罗组织　　（D）平纹组织

85. 添纱衬垫组织仅沿（　　）方向脱散。（B）

（A）顺编织　　（B）逆编织　　（C）顺逆编织　　（D）横

86. 衬垫组织中用于衬垫的纱线（　　）。（A）

（A）不参加成圈　　（B）参加编织　　（C）只进行集圈　　（D）只进行浮线

87. 衬垫组织通过（　　）编织完成。（C）

（A）移圈机　　（B）提花机　　（C）位衣机　　（D）调线机

88. 衬垫组织广泛应用于（　　）生产。（A）

（A）绒布　　（B）集圈　　（C）提花　　（D）汗布

89. 重量比天然毛皮轻，具有良好的保暖性和耐磨性，有"人造毛皮"之称的是（　　）。（B）

（A）经平绒　　（B）长毛绒　　（C）经绒平　　（D）其他

90. 长毛绒组织又称为（　　）。（C）

（A）人造纤维　　（B）起绒织物　　（C）人造毛皮　　（D）波纹组织

91. 纱罗组织又称为（　　）。（A）

（A）移圈组织　　（B）菠萝组织　　（C）波纹组织　　（D）提花组织

92. 毛圈组织具有良好的（　　），产品柔软、厚实，适用于制作毛巾毯、睡衣、浴衣等。（A）

（A）保暖性与吸湿性　　（B）弹性　　（C）透气性与吸湿性　　（D）耐磨性

93. 波纹组织一般是（　　）纬编组织的基础上有倾斜线圈形成花纹的一种组织。（B）

（A）单面　　（B）双面　　（C）平形

94. （　　）是由两种或两种以上的针织物组织复合而成的。（B）

（A）毛圈组织　　（B）复合组织　　（C）纱罗组织　　（D）平纹组织

95. 下列组织中属于复合组织的是（　　）。（D）

（A）罗纹布　　（B）彩横条　　（C）毛圈布　　（D）罗纹空气层

96．（　　）连接组织是一种，由各种不同纱线轮流编织同一个横列的各个线圈的组织，又称为嵌花组织。（A）

（A）纵向　　（B）横向　　（C）斜向

97．下针先成圈，上针后成圈，也称（　　）。（B）

（A）对吃　　（B）后吃　　（C）前吃

98．针织机按工艺类别可分为（　　）。（A）

（A）经编针织机和纬编针织机　　（B）圆形针织机和平形针织机。

（C）经编针织机和圆形针织机　　（D）纬编针织机和平形针织机

99．针织机按针床形式可分为（　　）。（B）

（A）经编针织机和纬编针织机　　（B）圆形针织机和平形针织机。

（C）经编针织机和圆形针织机　　（D）纬编针织机和平形针织机

100．针织机按用针类型可分为（　　）。（A）

（A）钩针机、舌针机和复合针机　　（B）钩针机、舌针机

（C）舌针机和复合针机　　（D）钩针机和复合针机

101．各种针织机均以机号表示织针的粗细，机号越大表明织针（　　）。（A）

（A）越密　　（B）越稀　　（C）无关

102．针织机的机号和加工纱线的线密度的关系是（　　）。（A）

（A）机号越大纱线越细　　（B）机号越大纱线越粗

（C）机号越小纱线越细　　（D）机号越大纱线越小

103．通常机号定义规定的长度为（　　）。（A）

（A）1英寸　　（B）2英寸　　（C）3英寸　　（D）4英寸

104．通常织物的圈距是针距的（　　）。（B）

（A）1/2　　（B）2/3　　（C）3/4　　（D）4/4

105．机号越低，所用的纱线越（　　）。（A）

（A）粗　　（B）细　　（C）长　　（D）软

106．针织机的机号越高，则植针越密，可加工的纱线（　　）。（D）

（A）越粗　　（B）越长　　（C）越短　　（D）越细

107．机号越高，针距（　　）。（A）

（A）越小　　（B）越大　　（C）越稀　　（D）越高

108．机号越高，则所用的针越（　　）。（B）

（A）粗　　（B）细　　（C）宽　　（D）高

109．JC120英支/2通常在（　　）机号的大圆机上使用。（B）

（A）14E　　（B）32E　　（C）24E　　（D）18E

110．JC32英支在（　　）机号的大圆机上使用最多。（C）

（A）14E　　（B）32E　　（C）24E　　（D）18E

111．双面针织大圆机的机型规格中，（筒径34″）是指（　　）。（D）

（A）针盘加上针筒的直径34英寸　　（B）针筒直径34cm

（C）针盘半径34寸　　　　　　　（D）针筒直径34英寸

112. 台车的成圈机件（　　）和织针是主动件，其他的都是被动机件。（A）

（A）针筒　　（B）退圈轮　　（C）卷布架　　（D）滚母

113. 台车的针筒有（　　）。（A）

（A）1个　　（B）2个　　（C）3个　　（D）4个

114. 台车用的针是（　　）。（A）

（A）钩针　　（B）复合针　　（C）舌针　　（D）槽针

115. 台机是一种（　　）。（D）

（A）棉毛机　　（B）罗纹机　　（C）双面机　　（D）单面机

116. 对于采用消极式给纱的纬编机，线圈长度主要由（　　）决定。（C）

（A）三角外形　　（B）沉降片深度　　（C）弯纱深度　　（D）弯纱角度

117. 配置积极式给纱装置的机器，线圈长度由该装置的（　　）来决定。（A）

（A）给纱速度　　（B）绕线圈数　　（C）针筒　　（D）弯纱深度

118. 大圆机的部分机型即种类是（　　）。（D）

（A）单面大圆机、双面大圆机、罗纹机、双面和单面提花机、毛圈机

（B）添纱衬垫机即大卫衣机等

（C）经编机

（D）A+B

119. 多三角机是一种舌针（　　）。（C）

（A）横机　　（B）经编机　　（C）圆纬机　　（D）袜机

120. 对于纬编机整体式三角来说，退圈最高点会随着（　　）的改变而相应变化。（B）

（A）卷取拉力　　（B）弯纱深度　　（C）三角外形　　（D）弯纱角度

121. 双面圆纬机有两个针床，它们相互呈（　　）配置。（A）

（A）90度　　（B）60度　　（C）120度　　（D）45度

122. 罗纹机的针床有（　　）。（B）

（A）1个　　（B）2个　　（C）3个　　（D）4个

123. 在生产罗纹布时，应采用（　　）设备。（C）

（A）单面针织机　　（B）单面机和双面机

（C）双面针织机　　（D）以上机型都不能用

124. 罗纹机两个针床的针槽（　　）配置。（A）

（A）相错　　（B）相对　　（C）任意　　（D）不配置

125. 圆形罗纹机的针床相互配置成（　　）。（A）

（A）90°　　（B）180°　　（C）45°　　（D）120°

126. 普通罗纹机的传动方式为针盘与针筒（　　）。（B）

（A）作相对运动　　（B）固定不动　　（C）同步回转　　（D）反向运动

127. 普通罗纹机的传动方式为（　　）回转。（C）

（A）三角与针筒　　（B）三角与针盘　　（C）三角与导纱器　　（D）针筒与导纱器

128. 高速罗纹机的传动方式为（　　）固定不动。（C）

（A）三角与针筒　　（B）三角与针盘　　（C）三角与导纱器　　（D）针筒与导纱器

129．高速罗纹机的传动方式为针盘与针筒（　　）。（C）

（A）作相对运动　　（B）固定不动　　（C）同步回转　　（D）反向运动

130．棉毛机是一种（　　）。（B）

（A）单面机　　（B）双面机　　（C）罗纹机　　（D）台机

131．棉毛机用的针是（　　）。（C）

（A）钩针　　（B）复合针　　（C）舌针　　（D）槽针

132．双面针织物在双针床机器上编织，一般采用（　　）。（C）

（A）钩针　　（B）复合针　　（C）舌针　　（D）槽针

133．双罗纹机两个针床的针槽（　　）配置。（B）

（A）相错　　（B）相对　　（C）任意　　（D）不配置

134．双罗纹机又称为（　　）。（B）

（A）罗纹机　　（B）棉毛机　　（C）台车　　（D）横机

135．双罗纹机的成圈系统必须是（　　）。（A）

（A）偶数　　（B）奇数　　（C）任意数　　（D）10

136．双反面机两个针床的针槽（　　）配置。（B）

（A）相错　　（B）相对　　（C）任意　　（D）不配置

137．双反面机采用的是（　　）舌针。（C）

（A）单头　　（B）无头　　（C）双头　　（D）3头

138．双反面机是一种双针床舌针（　　）。（B）

（A）经编机　　（B）纬编机　　（C）横机　　（D）台车

139．双反面机的针筒有（　　）。（B）

（A）1个　　（B）2个　　（C）3个　　（D）4

140．直接式选针是通过选针机件直接作用于（　　）来进行选针。（A）

（A）针踵　　（B）针杆　　（C）针头　　（D）针槽

141．滚筒式提花机构选针片有齿（　　）。（A）

（A）无花　　（B）有花　　（C）织平针　　（D）织网眼

142．属于针织大圆机核心机构的是（　　）。（B）

（A）机架　　（B）编织机构　　（C）传动机构　　（D）电气控制机构

143．单面针织圆机编织部分是由导纱器（纱嘴）、织针、下针筒、针筒三角和（　　）组成。（D）

（A）沉降片、上针盘、下针筒　　（B）上针盘、下针筒

（C）上针盘、下针筒　　（D）沉降片

144．下列选项中不属于编织机构部分的是（　　）。（C）

（A）针筒　　（B）织针　　（C）储纱器　　（D）沉降片

145．双面针织大圆机编织部分是由导纱器（也叫喂纱嘴）、织针、上针盘、下针筒以及（　　）和（　　）组成。（C）

（A）沉降片　　（B）针筒三角　　（C）针盘三角、针筒三角　　（D）针盘三角

146．（　　）不配置沉降片。（C）

（A）普通单面大圆机　　（B）三线衬纬机　　（C）罗纹机　　（D）毛圈机

147．针织机的给纱机构分为（　　）式和积极式两种形式。（B）

（A）被动　　（B）消极　　（C）自动　　（D）半自动

148．针织大圆机的纱架有两种，一种是（　　）纱架，应用较普遍，但占地面积较大；另一种是伞形纱架，安装在机架上方呈圆形分布，机台占地面积小。（A）

（A）落地　　（B）方形　　（C）圆顶　　（D）圆形

149．积极式给纱机构能按不同织物对送纱量的多少向编织区输送定长的纱线，以保证连续、均匀、衡定供纱，使各成圈系统的线圈长度趋于一致，送纱张力（　　），从而提高了织物纹路清晰度和强力等外观和内在质量，能有效地控制针织物的密度。（D）

（A）不均匀　　（B）太大　　（C）太小　　（D）均匀

150．大圆机沉降片的运动轨迹是以喉点在水平面上的（　　）表示的。（B）

（A）意匠图　　（B）位移图　　（C）意匠图　　（D）编织图

151．（　　）喂纱嘴可做带有氨纶弹性的添纱组织或覆盖组织。（B）

（A）单孔　　（B）两孔一槽　　（C）两孔　　（D）一孔一槽

152．织物组织不同，采用的针道不同，需选用不同高度的织针（　　）与之相配。（B）

（A）针杆　　（B）针踵　　（C）针钩　　（D）针长

153．针织大圆机上所使用的舌针是由（　　）组成。（D）

（A）针舌　　（B）针杆、针头　　（C）针钩、针踵　　（D）A+B+C

154．单面机上使用的普通结构的沉降片（也叫针叶）的各部位名称是（　　）。（D）

（A）皮鼻、片喉　　（B）片颚　　（C）片踵　　（D）A+B+C

155．沿三角形成的轨道运动，从而使织针做上下运动并完成成圈的织针部位是（　　）。（D）

（A）针钩　　（B）针舌　　（C）针尾　　（D）针踵

156．生产中编织正常线圈采用（　　）。（C）

（A）浮线三角　　（B）集圈三角　　（C）成圈三角　　（D）半针三角

157．可作上下微量调节，以改变弯纱深度的三角是（　　）。（B）

（A）退圈三角　　（B）弯纱三角　　（C）导向三角　　（D）挺针三角

158．目前针织大圆机最常用的送纱方式是（　　）。（A）

（A）积极式送纱　　（B）半消极式送纱　　（C）消极式送纱　　（D）电脑送纱

159．生产常用（　　）自动加油方式。（A）

（A）连续　　（B）秒间歇　　（C）圈间歇　　（D）人工

160．三台面水平度允许偏差（　　）mm。（C）

（A）0.01　　（B）0.02　　（C）0.03　　（D）0.04

161．牵拉卷取机构由撑布架、三个牵拉辊、变速箱、牵拉卷取机架及卷布辊等组成。其作用是将编织机构生产的针织布及时地牵拉卷取，以保证编织机构（　　）生产。（A）

（A）连续　　（B）间歇　　（C）自动　　（D）间断

162．牵拉卷取机构牵拉力的大小，对织物的密度比有一定的影响，在满足成圈过程的前提下，尽可能（　　）牵拉力，以利织物品质的提高。（C）

（A）平衡　　　（B）增大　　　（C）减小　　　（D）阻碍

163．旧线圈没有退出针钩就有新纱线垫在针钩内，一直到正常退圈时一起退下，这样的成圈状态称为（　　）。（A）

（A）集圈　　　（B）成圈　　　（C）浮线　　　（D）退圈

164．下列选项中不属于挡车工工作范畴的是（　　）。（A）

（A）电气故障处理　　　（B）套布　　　（C）穿纱　　　（D）接纱

165．机器正常运转时，观察有无异响，如发现应（　　）。（C）

（A）忽略它，继续织造　　　　　（B）操作工/挡车工自己处理

（C）及时通知保全工　　　　　　（D）都行

166．接纱时，纱尾不超过（　　）毫米。（A）

（A）5　　　（B）7　　　（C）10　　　（D）1.2

167．接纱时要做的工作是（　　）。（C）

（A）核对纱支批号　　　（B）检查纱线外观　　　（C）A+B+D　　　（D）核对纱线规格

168．机台运转中，听到机器有异常响声后应该（　　）。（C）

（A）不用管它　　　　　　　　　（B）停机休息

（C）停机，并找班长或机修工处理　　　（D）交给下一班。

169．下列不属于操作工的安全操作规范的是（　　）。（C）

（A）机器运转时，关闭安全门

（B）保持2～3个储纱器灯亮，再打开安全防护门

（C）为方便操作，将断纱自停操持关闭状态

（D）换下的旧针放在指定地点回收

170．通常要求机器以恒定转速运行（　　）圈时开始计算测纱值。（B）

（A）1　　　（B）2　　　（C）5　　　（D）6

171．机台上和周围的飞花需要清理得及时，否则对生产产生的最大影响是（　　）。（D）

（A）飞絮被风扇吹走的　　　（B）飞絮一直停留在机台上

（C）飞絮全部飘落到地上　　　（D）飞絮织入织物中

172．每天检查大盘油位镜，若油位低于（　　）刻度，则需要加油。（A）

（A）2/3　　　（B）1/2　　　（C）1/3　　　（D）1/4

173．大圆机电气系统保养包括检查（　　）。（D）

（A）开关按钮　　　（B）有无漏电　　　（C）线路磨损　　　（D）A+B+C

174．操作参数在（　　）设定。（D）

（A）供纱机构　　　（B）编织机构　　　（C）传动机构　　　（D）电气控制机构

175．（　　）下机采用折叠式卷装形式。（C）

（A）棉毛布　　　（B）毛圈布　　　（C）氨纶汗布　　　（D）罗纹布

176．（　　）下机采用折叠式卷装形式。（A）

（A）氨纶汗布　　　（B）毛圈布　　　（C）棉毛布　　　（D）双珠地布

177．下面选项中，不属于操作工交接班内容的是（　　）。（C）

（A）了解上班机器运转　　　（B）了解工艺变动　　　（C）拆装机器　　　（D）清洁编织部位

178. 个人生产记录包括（　　）。（D）

（A）机器运转情况　　（B）工艺变动情况　　（C）坯布公斤数　　（D）A+B+C

179. 接纱时要做的工作（　　）。（C）

（A）核对纱支批号　　（B）检查纱线外观　　（C）A+B

180. 下列不属于操作工接、穿纱规范操作的是（　　）。（B）

（A）核对纱线批号

（B）换品种时，将取下的纱筒收在一起，为省空间无须分类

（C）空筒管、废纱放在规定位置

（D）按规定要求接蚊子结或套结

181. 巡回内容包括（　　）。（D）

（A）机件　　（B）布面　　（C）纱支　　（D）A+B+C

182. 挡车工操作规程中的巡回内容是（　　）。（D）

（A）听机器有无异响，判断原因及时处理，看机器主要部件位置是否正确

（B）以眼看手摸，查看布面有无疵点，必要时停车检查，避免长疵点发生

（C）看纱支线路是否畅通符合标准，纱管是否该换

（D）A+B+C

183. 为了保证工作期间的安全，大圆机挡车工在上班时不能穿（　　）。（D）

（A）拖鞋、高跟鞋　　（B）裙子　　（C）宽松衣服　　（D）A+B+C

184. 不属于操作工巡回内容的是（　　）。（A）

（A）清洗机器　　（B）看纱支是否符合标准，纱管是否需要更换

（C）看布面上有无疵点　　（D）输纱器运转是否正常

185. 在准备落布前，为保证安全应该在落布门的上方将断纱自停器用手拨亮（　　）。（A）

（A）两个亮灯　　（B）一个亮灯　　（C）不用亮灯　　（D）十个亮灯

186. 拆下上下三角座，清除花衣一般的周期是（　　）。（C）

（A）一周　　（B）一个月　　（C）半年　　（D）一年

187. 异型纤维在（　　）过程形成。（A）

（A）棉花采摘到加工　　（B）纺纱　　（C）编织　　（D）染整

188. 以下选项属于纱线质量引起的疵点是（　　）。（B）

（A）锈斑　　（B）横条　　（C）稀密针　　（D）油针

189. 由纱线质量引起的疵点是（　　）。（A）

（A）细纱　　（B）锈斑　　（C）稀密针　　（D）油针

190. 在纬编中，出现粗细不一的错纱会导致（　　）。（B）

（A）纵条　　（B）横条　　（C）稀密针　　（D）云斑

191. 织针没有勾到新纱，而把老线圈脱去，上下线圈间失去串套形成的疵点是（　　）。（A）

（A）漏针　　（B）花针　　（C）单纱　　（D）稀密针

192. （　　）不是纱线引起的面料疵点。（C）

（A）粗纱　　（B）细纱　　（C）稀密针　　（D）横条

193. （　　）不是纱线引起的编织疵点。（C）

（A）粗纱　　　（B）细纱　　　（C）针路　　　（D）横条

194．横条产生的原因是（　　）。（D）

（A）原料混批使用　　　（B）错纱　　　（C）张力不一　　　（D）以上都有可能

195．在针织圆机上生产平针坯布时出现粗纱横路，若记号纱在第10路，横路出现在记号纱上方第十行处，则应是（　　）的纱线有问题。（A）

（A）第20路处　　　（B）第19路处　　　（C）第21路处　　　（D）第1路处

196．纱线质量差可导致的疵点是（　　）。（D）

（A）破洞　　　（B）粗细纱　　　（C）云斑　　　（D）A+B+C

197．纱线质量差可导致的疵点是（　　）。（D）

（A）破洞　　　（B）漏针　　　（C）云斑　　　（D）A+B+C

198．翻丝不会出现在（　　）中。（B）

（A）氨纶棉毛　　　（B）棉双纱汗布　　　（C）棉氨纶汗布　　　（D）A+B+C

199．局部针槽松紧不一会导致的疵点是（　　）。（C）

（A）纵条　　　（B）横条　　　（C）稀密针　　　（D）云斑

200．织针有轻微变形可导致的疵点是（　　）。（B）

（A）横条　　　（B）花针　　　（C）油针　　　（D）断纱

201．花针有散花针和直花针之分，直花针是由（　　）引起的。（A）

（A）织针　　　（B）三角　　　（C）针盘　　　（D）纱线

202．挡车工应提前（　　）分钟进入车间做好交接班工作。（B）

（A）10　　　（B）15　　　（C）5　　　（D）30

203．编织中出现造成花针主要是由（　　）造成的。（C）

（A）纱线张力大小不一

（B）针槽紧或针杆厚

（C）针头太小，针舌歪、针舌过长、针舌不闭口

（D）纱线跳出导纱钩，绕住导纱钩使纱线张力过大

204．织针有轻微变形可导致的疵点主要是（　　）。（B）

（A）横条　　　（B）针路　　　（C）油针　　　（D）断纱

205．针舌闭合不严密可导致的疵点是（　　）。（D）

（A）漏针　　　（B）断纱　　　（C）油针　　　（D）花针

206．针织机卷布架张力松弛，较有可能造成（　　）。（B）

（A）漏针　　　（B）散花针　　　（C）坏针　　　（D）脱套

207．（　　）可使坯布出现长漏针。（B）

（A）纱嘴被花衣堵塞　　　（B）针钩断裂　　　（C）大肚纱　　　（D）错纱

208．（　　）可使坯布出现长漏针。（B）

（A）纱嘴被花衣堵塞　　　（B）针钩断裂　　　（C）大肚纱　　　（D）针轻微变形

209．针舌不灵活可导致的疵点是（　　）。（A）

（A）毛针　　　（B）断纱　　　（C）油针　　　（D）起横

210．三角眼产生的原因是（　　）。（B）

（A）粗细纱 　　（B）织针不良 　　（C）喂纱嘴堵塞 　　（D）A+B+C

211. 可引起稀密针的因素是（　　）。（D）

（A）歪针 　　（B）粗纱 　　（C）针槽有污物 　　（D）A+C

212. 破洞产生的原因是（　　）。（D）

（A）纱质量差 　　（B）纱线强力低 　　（C）坏针 　　（D）A+B+C

213. 破洞产生的原因是（　　）。（D）

（A）纱质量差 　　（B）编织张力太大 　　（C）坏针 　　（D）A+B+C

214. 破洞的定义及形成原因是（　　）。（D）

（A）纱线断裂产生的洞眼

（B）纱质量差有粗结、纱线强力低

（C）坏针、弯纱张力过大、织物牵拉张力太大或不匀

（D）A+B+C

215. 横条的定义及形成原因是（　　）。（D）

（A）连续几个横列出现形态有异的线圈

（B）在布面有规则地形成横条

（C）纱线张力不一致；纱线粗细不一致；压针三角深度不一致，原料批号混用或错纱

（D）A+B+C

216. 属于染整疵点的是（　　）。（D）

（A）油针 　　（B）花针 　　（C）云斑 　　（D）色花

217. 下列选项中不属于织造疵点的是（　　）。（C）

（A）花针 　　（B）漏针 　　（C）色花 　　（D）单纱

218. 下列选项中不属于织造疵点的是（　　）（D）

（A）油针 　　（B）花针 　　（C）云斑 　　（D）色花

219. 纬斜是指布面纵行线圈和横列线圈的排列不呈直角的现象，产生这种现象最为严重的织物组织是（　　）。（A）

（A）纬平针 　　（B）提花 　　（C）罗纹 　　（D）打鸡布

220. 大圆机喂纱纵角太大或横角太大可直接导致的疵点是（　　）。（C）

（A）毛针 　　（B）断纱 　　（C）漏针 　　（D）脱布

221. 双面机在生产双罗纹布即棉毛布，出现布的上漏针，产生的原因是（　　）。（D）

（A）下针针舌关闭 　　（B）上针无针钩 　　（C）上针针舌关闭 　　（D）B+D

222. 针织大圆机编织时总是出现漏针，很有可能是（　　）。（D）

（A）针筒三角安装不当 　　（B）织针损坏

（C）针盘三角安装不当 　　（D）导纱器（纱嘴）位置安装不当

223. 在双面针织大圆机上编织双面提花布，出现反面长漏针（里漏针），应该检查（　　）。（A）

（A）针盘针 　　（B）针筒针 　　（C）针盘三角 　　（D）导纱器

224. 属于分散疵点的是（　　）。（D）

（A）云斑 　　（B）脱布 　　（C）稀密针 　　（D）破洞

225．属于长疵点的是（　　　）。（D）

（A）勾丝　　（B）小漏针　　（C）破洞　　（D）稀密针

226．属于长疵点的是（　　　）。（A）

（A）针路　　（B）横路　　（C）散花针　　（D）单纱

227．在如图所示的疵点中，（　　　）为针路。（B）

（A）　　　　　　　（B）　　　　　　　（C）　　　　　　　（D）

228．如图所示的疵点中，（　　　）为破洞。（A）

（A）　　　　　　　（B）　　　　　　　（C）　　　　　　　（D）

229．如图所示的疵点中，（　　　）为漏针。（C）

（A）　　　　　　　（B）　　　　　　　（C）　　　　　　　（D）

230．可以不记疵点的选项是（　　　）。（C）

（A）破幅线两侧5cm内　　（B）异型纤维　　（C）布头30cm以内　　（D）粗细纱

231．经过设定，可控制针织坯布下机每匹布重量偏差在（　　　）公斤以内。（B）

（A）0.1　　（B）0.3　　（C）0.5　　（D）0.7

232．做漂白产品，合格毛坯布允许的异型纤维不多于（　　　）个/公斤。（A）

（A）0.5　　（B）0.6　　（C）0.7　　（D）1

233．改善单面纬平针织物直向扭歪现象采用的方法是（　　　）。（D）

（A）蒸纱　　（B）用低捻纱　　（C）丝光　　（D）A+B+C

234．不能改善单面纬平针织物直向扭歪现象的方法是（　　　）。（D）

（A）蒸纱　　　（B）ZS捻纱—隔一喂入　　　（C）纱线丝光　　　（D）降低密度

235．毛坯布出现外观疵点表现形式在竖直方向的一般是由（　　）引起的。（A）

（A）织针　　　（B）三角　　　（C）喂纱嘴　　　（D）输纱器

236．针织坯布标准：单面织物顶破强力≥（　　）N。（D）

（A）200　　　（B）240　　　（C）不考核　　　（D）180

237．纬编毛坯布通常考核的内在质量指标是（　　）。（A）

（A）每平方米克重　　　（B）染色牢度　　　（C）缩水率　　　（D）甲醛含量

238．针织企业的消防工作必须做到（　　）。（A）

（A）预防为主，防消结合　　　（B）消除隐患　　　（C）防患于未然　　　（D）加强消防

239．危险物品的生产、经营、储存单位的主要负责人和安全管理人员，应由（　　）对其安全生产知识和管理能力考核合格后方可任职。（A）

（A）有关主管部门　　　（B）安全监察部门　　　（C）行业协会　　　（D）专业部门

240．《安全生产法》规定，特种作业人员必须经过专门的安全作业培训。取得特种作业（　　）证书后，方可上岗作业。（A）

（A）操作资格　　　（B）许可　　　（C）安全　　　（D）专门

241．《安全生产法》规定，生产经营单位采用新工艺、新技术、新材料或者使用新设备时，应对从业人员进行（　　）的安全生产教育和培训。（C）

（A）班组级　　　（B）车间级　　　（C）专门　　　（D）许可

242．从业人员既是安全生产的保护对象，又是安全生产的（　　）。（C）

（A）关键　　　（B）保证　　　（C）基本要素　　　（D）建议

243．生产经营单位的从业人员有权了解其作业场所和工作岗位存在的危险因素、防范措施及事故应急措施，首先有权对本单位的安全生产工作提出（　　）。（A）

（A）建议　　　（B）批评　　　（C）检举　　　（D）保证

244．依照《安全生产法》的规定，生产经营单位必须依法参加工伤社会保险。工伤保险费应由（　　）缴纳。（B）

（A）从业人员　　　（B）生产经营单位　　　（C）地方财政拨款　　　（D）安全管理部门

245．依照《安全生产法》规定，劳动合同应当载明有关保障从业人员劳动安全、防止职工危害和依法为从业人员办理工伤社会保险的事项。这三项内容是劳动合同（　　）的内容。（A）

（A）必备　　　（B）基本　　　（C）较为重要　　　（D）无关紧要

246．生产经营单位必须为从业人员提供符合国家标准或行业标准的（　　）。（C）

（A）防暑用品　　　（B）防寒用品　　　（C）劳动防护用品　　　（D）操作资格

247．生产经营单位应当向从业人员如实告知作业场所和工作岗位存在的（　　）、防范措施以及事故应急措施。（D）

（A）劳动防护用品　　　（B）事故隐患　　　（C）设备缺陷　　　（D）危险因素

248．《安全生产法》规定从业人员在安全生产方面的义务包括："从业人员在作业过程中，应当严格遵守本单位的安全生产规章制度和操作规程，服从管理，正确佩戴和使用（　　）"。（B）

（A）安全卫生设施　　　（B）劳动防护用品　　　（C）劳动防护工具　　　（D）劳动用品

249．《安全生产法》第六章为"法律责任"。主要规定了安监人员、各级政府工作人员和生产经营单位违反了《安全生产法》所应承担的法律责任。这一章共19条，其中对（　　　）违反《安全生产法》的处罚最多。（A）

（A）生产经营单位及其有关人员　　　　（B）从业人员

（C）安全监管部门的工作人员　　　　（D）A＋B＋C

250．《安全生产法》规定，个人经营的投资人未能保证安全生产所必需的资金投入，导致发生生产安全事故，构成犯罪的，依照刑法规定追究刑事责任；尚不够刑事处罚的，对个人经营的投资人处2万元以上（　　　）万元以下的罚款。（B）

（A）10　　（B）20　　（C）30　　（D）15

251．《安全生产法》第九十条规定，生产经营单位的从业人员不服从管理，违反安全生产规章制度或者操作规程的，由生产经营单位给予批评教育，依照有关规章制度给予（　　　）。（D）

（A）行政处分　　　（B）劳动防护用品　　　（C）追究刑事责任　　　（D）处分

252．从业人员经过安全教育培训，了解岗位操作规程，但未遵守而造成事故的，行为人应负（　　　）责任，有关责任人应负管理责任。（C）

（A）领导　　　（B）管理　　　（C）直接　　　（D）主要

253．生产经营单位的主要负责人在本单位发生重大伤亡事故后逃匿的，由（　　　）处以十五日以下拘留。（A）

（A）公安机关　　　（B）检察机关　　　（C）安全生产监督管理部门　　　（D）本单位

254．《安全生产法》规定，法律责任分为刑事责任、行政责任和（　　　）三种。（D）

（A）民事财产责任　　　（B）财产责任　　　（C）其他法律责任　　　（D）民事责任

255．行政处罚的对象是实施了违法行为的自然人、法人或者其他组织。行政处分的对象则是（　　　）。（A）

（A）有关责任人员　　　（B）生产经营单位　　　（C）政府有关部门

256．生产安全事故的处理一般在90日内结案，特殊情况不得超过（　　　）日。（C）

（A）120　　（B）150　　（C）180　　（D）210

257．《安全生产法》规定，安全生产监督检查人员执行监督检查任务时，必须出示有效的监督执法证件。"有效的监督执法证件"是指（　　　）。（B）

（A）安全生产监督管理部门的介绍信

（B）安全生产监督管理部门制发的工作证件

（C）有关部门制发的一种专门的证件

（D）检察机关制发的检查证件

258．负有安全生产监督管理职责的部门对安全生产的事项进行审查、验收时，要求生产经营单位购买其指定品牌，或者购买指定生产、销售单位的安全设备、器材或者其他产品。这种错误行为属于（　　　）。（A）

（A）滥用职权　　　　　（B）破坏公平竞争

（C）侵犯生产经营自主权　　　　　（D）侵占公私财物

二、多项选择题

多项选择题有多个正确答案。判分原则：全部选择正确得分，错选、漏选、多选均不得分，也不反扣分。

多项选择题（选择两个或两个以上正确的答案，将相应的字母填入题内的括号中。通常：全部选择正确得分，错选、漏选、多选均不得分，也不反扣分）

1. 针织物常用的天然纤维是（　　）。（BD）

（A）氨纶　　　　（B）棉　　　　（C）人棉　　　　（D）麻

2. 常用化学纤维有（　　）。（ABD）

（A）涤纶　　　　（B）锦纶　　　　（C）羊毛　　　　（D）黏胶

3. 针织常用纱线原料表示方法正确的是（　　）。（ABC）

（A）棉C　　　（B）莫代尔M　　　（C）涤纶T　　　（D）锦纶A

4. 织针用纱基本要求符合的条件是（　　）。（ABCD）

（A）具有一定的强度和延伸性　　　　（B）细度均匀，纱疵少

（C）捻度均匀且偏低　　　　（D）表面光滑，摩擦系数小

5. 纱线按照结构可以分为（　　）。（ABCD）

（A）单丝　　　　（B）股线　　　　（C）单纱　　　　（D）复丝

6. 纱线细度指标中定重制是有（　　）。（AC）

（A）英支 N_e　　　（B）特克斯Tt　　　（C）公支 N_m　　　（D）纤度 N_D

7. 纱线细度指标之间的换算有（　　）。（BCD）

（A）$N_e=0.59N_m$　　　（B）$Tt=1000/N_m$　　　（C）$N_D=9$tex　　　（D）$N_D=0.9$dtex

8. 纱线细度常用指标中"制"的定义为（　　）。（AC）

（A）定重制　　　（B）混重制　　　（C）定长制　　　（D）混长制

9. 络纱时对纱线的辅助处理有（　　）（AB）

（A）上蜡　　　（B）上油　　　（C）上涂料　　　（D）上色浆

10. 圆锥形筒子有（　　）（BCD）

（A）矩形　　　（B）球面形　　　（C）等厚度圆锥形　　　（D）三截头形

11. 34英寸 $E28$ 大圆机中的 $E28$ 代表（　　）。（AD）

（A）机号为28

（B）密度为28

（C）针床上每厘米长度内所具有的针数为28

（D）针床上每英寸长度内所具有的针数为28

12. 针织物的密度包括（　　）。（AB）

（A）横密　　　（B）纵密　　　（C）紧度　　　（D）细度

13. 不属于针织物的密度的是（　　）。（CD）

（A）横密　　　（B）纵密　　　（C）紧度　　　（D）细度

14. 针织物有多种特性（　　）。（ABCD）

（A）形变回复性　　　（B）柔软性　　　（C）透气保暖性　　　（D）卷边性

15．针织物的特点是（   ）。（BD）

（A）质地硬挺　　　　（B）弹性好　　　　（C）透气性差　　　　（D）延伸性大

16．下列选项中有关大圆机生产特点的表述正确的是（   ）。（CD）

（A）噪声大　　　　（B）流程长　　　　（C）产量高　　　　（D）花色变化快

17．针织大圆机的特点是（   ）。（ABD）

（A）产量高、品种多　　　（B）噪声小、工序短　　　（C）柔软透气好　　　（D）操作简单

18．纬编针织机主要有（   ）。（ABD）

（A）圆机　　　（B）横机　　　（C）喷气织机　　　（D）袜机　　　（E）纺丝机

19．大圆机供纱部分包括（   ）。（ABD）

（A）纱架　　　（B）储纱器　　　（C）三角　　　（D）输线盘

20．针织大圆机送纱方式有（   ）。（ABC）

（A）积极式送纱　　　（B）半消极式送纱　　　（C）消极式送纱　　　（D）管道式送纱

21．成圈机件有（   ）。（AC）

（A）针　　　（B）梭子　　　（C）沉降片　　　（D）电机　　　（E）经轴

22．生产中编织非成圈线圈时采用的三角是（   ）。（ABD）

（A）平针三角　　　（B）集圈三角　　　（C）成圈三角　　　（D）支持三角

23．大圆机的三角分为（   ）。（ABC）

（A）成圈三角　　　（B）平针三角　　　（C）集圈三角　　　（D）复合针三角

24．多三角机的三角可以在（   ）之间变换。（ACE）

（A）成圈　　　（B）衬垫　　　（C）集圈　　　（D）移圈　　　（E）不编织

25．不属于针织大圆机核心机构的是（   ）。（BCD）

（A）编织机构　　　（B）传动机构　　　（C）电气控制机构　　　（D）机架

26．针织机的选针机构有（   ）。（ABE）

（A）直接式　　　（B）间接式　　　（C）集圈式　　　（D）提花式　　　（E）电子式

27．卷布不用采用折叠式卷装形式的布种有（   ）。（BCD）

（A）氨纶汗布　　　（B）棉毛布　　　（C）毛圈布　　　（D）双珠地布

28．纬编针织机具备的机构有（   ）。（ABD）

（A）编织机构　　　（B）传动机构　　　（C）给梭机构　　　（D）牵拉机构

29．普通沉降片的结构有（   ）。（ABD）

（A）片鼻　　　（B）片踵　　　（C）片眼　　　（D）片颚

30．自停装置可检测（   ）。（ABE）

（A）漏针　　　（B）粗纱节　　　（C）漏油　　　（D）速度　　　（E）断纱

31．自动加油装置具有（   ）的功能。（ABCD）

（A）冲洗　　　（B）喷雾　　　（C）吹气　　　（D）注油　　　（E）加速

32．纬编针织物的表示方法有（   ）。（BC）

（A）垫纱图　　　（B）意匠图　　　（C）编织图　　　（D）电路图　　　（E）数码图

33．针织法成圈过程有（   ）等。（ABDE）

（A）退圈　　　（B）垫纱　　　（C）送经　　　（D）套圈　　　（E）牵拉

34．在舌针机上编织集圈组织可采用（　　　）方法。（CE）

（A）不编织　　　（B）不垫纱　　　（C）不退圈　　　（D）不成圈　　　（E）不脱圈

35．双针床针织机上下针成圈方式有（　　　）。（ABD）

（A）同步成圈　　（B）滞后成圈　　（C）集圈成圈　　（D）超前成圈　　（E）浮线成圈

36．提花织物的特性为（　　　）。（BC）

（A）横向延伸性大　（B）织物较厚　（C）脱散性小　（D）织物较薄　（E）面密度小

37．双反面组织的编织机件有（　　　）。（ABE）

（A）三角　　　（B）导针片　　　（C）提花片　　　（D）选针片　　　（E）双头舌针

38．长毛绒织物具有（　　　）特点。（ACDE）

（A）保暖性好　　（B）比真皮重　　（C）弹性好　　（D）柔软　　（E）耐磨性好

39．处理停台和开车要注意遵守的原则是（　　　）。（ABCD）

（A）先慢后快　　（B）先近后远　　（C）先易后难　　（D）先急后缓

40．处理停台遵守的"三先三后"原则是指（　　　）。（BCD）

（A）先难后易　　（B）先近后远　　（C）先易后难　　（D）先急后缓

41．处理停台和开车都要注意（　　　）。（AC）

（A）先易后难　　（B）先开快车　　（C）先慢后快　　（D）随意处理

42．针织大圆机日保养包括（　　　）。（ABCD）

（A）清除附着的棉花、绒毛　　　　　（B）检查送纱装置

（C）检查自停装置和悬轮安全防护罩　（D）检查油路是否通畅

43．交接班工作的重要性是（　　　）。（AB）

（A）衔接生产　　（B）沟通信息　　（C）按时上班　　（D）确保机台完好

44．换针前，仔细核对机台用针的（　　　）。（AB）

（A）型号　　　（B）规格　　　（C）薄厚　　　（D）长短

45．套布：将针上乱纱择净（　　　）。（ABCD）

（A）坏针换下　　（B）套布边剪齐　　（C）放松罗拉辊　　（D）松紧调好

46．大圆机毛坯布考核的内在质量指标为（　　　）。（BCD）

（A）染色牢度　　（B）纤维含量　　（C）平方米干燥重量偏差　　（D）顶破强力

47．纬编毛坯布通常考核的内在质量指标为（　　　）。（ABC）

（A）纤维含量　　（B）顶破强力　　（C）平方米干燥重量偏差　　（D）毛坯布匹重偏差

48．花衣的形成是因为飞花会黏附在（　　　）。（AB）

（A）编织区域　　（B）纱路中　　（C）牵拉卷取部分　　（D）成圈三角

49．（　　　）是纱线引起的织物疵点。（AB）

（A）粗纱　　　（B）细纱　　　（C）长花针　　　（D）长漏针

50．通常不属于长疵点的是（　　　）。（BC）

（A）长漏针　　（B）勾丝　　（C）破洞　　（D）稀密针

51．织针有轻微变形可导致的疵点不是（　　　）。（ACD）

（A）横条　　（B）针路　　（C）破洞　　（D）断纱

52．属于毛坯布疵点的是（　　　）。（ABC）

（A）破洞　　　　（B）漏针　　　　（C）单纱　　　　（D）锈斑

53．属于针织用纱产生的疵点有（　　　）。（ABD）

（A）细纱　　　　（B）油纱　　　　（C）油针　　　　（D）异型纤维

第四节　问答题

问答题考察面很广，内容丰富，形式多样，通常分为简答题、问答题，主要考察专业知识掌握的面，还考察对于生产操作的领悟、操作的经验、操作法的总结，还可以是开放题的形式。

问答题

1．对针织用纱的品质有哪些要求？为什么？

答：略

2．简述纱线细度常用指标有哪些，它们之间的换算关系？

答：英支N_e，公支N_m，特克斯（号数）Tt，纤度N_D

$N_e=0.59N_m$；Tt=1000/N_m；$N_d=9Tt$；$N_D=0.9Tt$

3．根据所提供的纱板判断出纱线细度或成分。

答：略

4．什么叫针织？按照编织方法，针织可分为几大类？

答：略

5．何为纬编？纬编针织物的主要用途有哪些？

答：略

6．试述线圈横列、线圈纵行、圈距与圈高的含义。

答：略

7．如何区分单面针织物的正面和反面？单面针织物和双面针织物各具有什么基本特征？

答：略

8．针织物的物理机械指标有哪些？试分别简述其含义。

答：略

9．如图10-4-1所示，至少画出一个纬编线圈，并标明线圈的各部位名称。

答：1—2—3—4—5—6—7线圈

1—2—3—4—5圈干

1—2，4—5圈柱

2—3—4针编弧

5—6—7沉降弧

图10-4-1

10．怎样近似地计算和测量线圈长度？

答：在拆板过程中，经常用纱长表示线圈长度，一般指100针位的纱线长度。将多少针的线圈长多少厘米折算成100针多少厘米即是纱长。例如，测得10个线圈长3.4cm，纱长则为34cm/100g，线圈长度则为0.34cm，即3.4mm。

11．为什么说线圈长度是针织物的一项重要物理指标？

答：线圈长度对针织物的性能有很大的影响，它不仅决定了针织物的稀密程度，而且对针织物的脱散性、延伸性、耐磨性、弹性、强度以及抗起毛起球性和勾丝性都有很大影响。

12. 测定纱长的意义是什么？什么是百针纱长？

答：纱长指线圈长度，线圈的纱线长度。纱长决定织物克质量，影响用纱量的成本核算。纱长的一致性决定织物的平整度和产品质量。由于单个线圈的纱长只有几毫米，很难精确测量。实际生产中经常以100个线圈的展开长度作为工艺指标，称为百针纱长。

13. 百针纱长的测量方法有哪几种？

答：分为两类：机下测量法和机上测量法。

（1）机下测量法。即脱散法。从坯布上适当的区域剪下一块面料，拆解50个线圈或100个线圈，测量展开长度。

（2）机上测量法。分为机上人工测量法和机上自动测量法。

①机上人工测量法。在机台上以抽针处为零位，慢慢摇动圆机织针达到100针停止摇动，记录输线轮的独立百针纱长；测量多根，取其平均值。

②机上自动测量法。借助专用设备和工具机上自动测量：针织圆机线圈长度监控器、手持式纱长仪及便携式测量仪等。此外，积极送纱系统中送纱皮带的线速度与针筒转速的比例关系决定了平均纱长。

14. 针织面料的特性？

答：形变回复性、柔软性、透气保暖性、脱散性、卷边性、勾丝起毛、起球等。

15. 表示纬编针织物稀密程度的指标是什么？如何表示？

答：表示纬编针织物稀密程度的指标是未充满系数。未充满系数用线圈长度与纱线直径的比值来表示。$\delta = l/f$ [δ 为未充满系数；l 为线圈长度（mm）；f 为纱线直径（mm）]

16. 什么是横密、纵密？它们与圈距、圈高的关系是怎样的？

答：略

17. 针织物的脱散性与哪些因素有关？

答：与组织结构、纱线摩擦系数、未充满系数、纱线的抗弯刚度、织物的稀密程度等因素有关。

18. 针织物的卷边性与哪些因素有关？

答：与针织物的组织结构、纱线弹性、抗弯刚度、线密度、捻度和线圈长度等因素有关。

19. 针织物的缩率与哪些因素有关？

答：略

20. 影响针织物勾丝和起毛起球的因素有哪些？

答：原料品种、纱线结构、针织物结构、染整加工、成品的服用条件。

21. 纬编组织的表示方法有哪些？

答：组织图、编织图和三角配置图。

22. 何谓编织图？

答：编织图是将织物组织的横断面形态，按编织情况，用图形表示的一种方法。

23. 大圆机常用的组织结构有哪些？

答：纬平针组织、罗纹组织、双罗纹组织、添纱组织、衬垫组织、毛圈组织、彩横条、

纵条效应的组织、网眼组织、提花组织、复合组织、长毛绒组织

24．纬编的基本组织有哪些？哪种属于双面织物？哪种属于单面织物？

答：①纬平针组织、罗纹组织、双反面组织、双罗纹组织；②罗纹组织、双反面组织、双罗纹组织；③纬平针组织。

25．在实际工作中，如何区分纬平针和罗纹织物？

答：可用自己的话进行描述，意思对了即可，主要从外观以及罗纹的横向延伸性来进行描述。

纬平针属于单面织物，只能在一面看到正面线圈（圈柱覆盖于圈弧之上），即一个个小V串起的线圈纵行，另一面是反面线圈（圈弧覆盖于圈柱之上），即一行行小弧线连成的小波浪。

罗纹两面均有正面线圈纵行，且拉伸时会有隐藏的反面线圈纵行（圈弧）显露出来。横向延伸性非常大。

26．画出纬平针织物的反面、正面线圈结构图。

答：略

27．线圈纵行歪斜的程度与哪些因素有关？在生产中采用什么措施减少其歪斜程度？

答：略

28．纬平针组织有哪些工艺参数？并写出有关公式。

答：略

29．纬平针织物的脱散性与哪些因素有关？应怎样减少脱散性？

答：略

30．简述钩针机和舌针机上编织纬平针组织的成圈过程，并画出每一过程新的线圈在织针上的相对位置。

答：略

31．画出钩针的形状，简述各部位的形状对织物质量和成圈过程的影响。

答：略

32．为什么台车上采用的织针针号比机号小一档？

答：略

33．台车的一般结构由哪几部分组成？

答：略

34．台车的成圈机件有哪些？各有什么作用？在台车上怎样配置？各作什么运动？

答：略

35．简述在台车上编织纬平针组织时的成圈过程。

答：退圈→垫纱→弯纱→闭口（压针）→套圈→脱圈→成圈→牵拉。

36．纬编针织物形成的方法有哪些？请写出具体过程。（简述针织纬编面料成圈过程？）

答：针织法和编织法成圈。

（1）针织法成圈：退圈→垫纱→弯纱→闭口（压针）→套圈→脱圈→成圈→牵拉。

（2）编织法成圈：退圈→垫纱→闭口→套圈→弯纱→脱圈→成圈→牵拉。

37．试分析退圈轮直径的大小对退圈过程的影响。

答：略

38．试分析纬平针织物在受外力拉伸时，其线圈结构的变化情况。在单向和双向拉伸时，其圈高、圈距及其所加负荷的变化有何规律？

答：略

39．当纬平针织物受到外力拉伸时，为什么变形尺寸越接近极限值，拉伸负荷增加得越为急剧？

答：略

40．弯纱时的纱线回退现象是由什么原因引起的？如何消除？

答：略

41．纬平针组织中一个结构单元由哪些部分组成？试述纬平针织物正面和反面的特点。

答：（1）基本单元是线圈，由圈干和延展线组成。

（2）正面比较光洁，在自然状态下，其外观显露出纵行条纹。反面暗淡粗糙，在自然状态下，其外观显露出横向圈弧。

42．试述纬平针织物的卷边性及其产生的原因和卷边方向，它与哪些因素有关？

答：（1）纬平针织物具有明显的卷边现象。

（2）产生的原因：在织物边缘，弯曲的纱线力图伸直，从而产生边缘卷起。

（3）卷边方向：宽度方向向反面卷，长度方向向正面卷。

（4）它与纱线弹性和纱线细度有关。

43．在多三角机的编织机构中有哪些成圈机件？各起什么作用？

答：略

44．画出舌针和沉降片的形状，简述它的各个组成部分以及各组成部分的作用。

答：略

45．何谓垫纱纵角？何谓垫纱横角？它们的大小对垫纱过程有何影响？

答：略

46．画出针与沉降片在成圈过程中相互配合的运动轨迹，并简述其工作原理。

答：略

47．画出在成圈各阶段舌针与沉降片、旧线圈、新纱线的相互配合图。

答：略

48．什么叫夹持式弯纱和非夹持式弯纱？弯纱阶段的纱线张力与这两种弯纱方式有何关系？

答：略

49．罗纹织物为什么具有较大的横向弹性？其弹性与哪些因素有关？

答：（1）由于纱线的弹性，沉降弧力图伸直，结果使同一面的线圈纵行相互靠拢，因而有较大的弹性。

（2）影响因素：纱线弹性；织物结构（1+1罗纹组织>2+2罗纹组织）；织物密度大，弹性好；纱线间摩擦系数小，弹性好。

50．试画出1+1罗纹组织、2+2罗纹组织、横向拉伸的线圈结构图，并叙述罗纹组织结构的特点。

答：略

51．罗纹组织的圈距与纬平针组织的圈距在概念上有何不同？

答：略

52．1+1罗纹组织、2+2罗纹组织、3+2罗纹组织、3+1罗纹组织中，一个完全组织内的线圈纵行数各为多少？实际宽度与计算宽度的关系如何？

答：略

53．怎样计算罗纹组织的实际宽度？

答：略

54．什么叫罗纹组织的实际密度？若完全组织中正、反面线圈纵行数不等，织物正、反面实际密度是否相等？如果线圈长度、纱线线密度、针数相同，试比较1+1罗纹组织、2+2罗纹组织、3+2罗纹组织的实际密度。

答：略

55．为什么在罗纹密度计算时要引进"换算密度"的概念？换算密度与实际密度有什么关系？如果织物的实际密度相同，试比较1+1罗纹、2+2罗纹、3+2罗纹的换算密度。

答：略

56．如果罗纹机原来编织1+1罗纹，现改成2+2罗纹或3+2罗纹，其织物宽度及织物密度是否发生变化？为什么？

答：略

57．罗纹织物为什么具有较大的横向弹性？其弹性与哪些因素有关？

答：略

58．罗纹织物的横向延伸性为什么大于纵向延伸性？其横向延伸度和纵向延伸度如何计算？

答：（1）在自然状态下，罗纹组织正反线圈相转换的位置，沉降弧是由前到后或由后到前连接正反面线圈，造成沉降弧较大的弯曲与扭转，每一面上正面纵行相靠近，遮盖了反面纵行；在横向拉伸时，沉降弧趋向于与织物平面平行，反面纵行被拉出，横向延伸性较大；拉伸力去除后，力图恢复自然状态，弹性较大。

（2）横向延伸度$=\dfrac{l-3\pi d}{A-\left(1-\dfrac{1}{R}\right)}$

纵向延伸度$=\dfrac{l-3\pi d}{2B}$

式中：l为线圈长度；d为纱线直径；A为圈距；B为圈高；R为完全组织线圈纵行数。

59．如果线圈长度、纱线线密度、针数相同，试比较1+1罗纹、2+2罗纹、3+2罗纹的横向延伸性。

答：从横向延伸度$=\dfrac{l-3\pi d}{A-\left(1-\dfrac{1}{R}\right)}$可以看出，罗纹组织的完全组织越大，横向延伸度就越小，因为其反面线圈被遮盖的程度越小。

60．试述1+1罗纹组织、2+2罗纹组织的脱散性和卷边性。

答：（1）1+1罗纹组织与2+2罗纹组织脱散性相似，在边缘横列只能逆编织方向脱散，顺编织方向一般不脱散。当某线圈纱线断裂时，也会发生线圈沿着纵行从断纱处梯脱的现象。

（2）1+1罗纹组织卷边的力彼此平衡，并不出现卷边现象；2+2罗纹组织同类纵行间局部卷曲。

61．画出编织1+1罗纹组织、2+2罗纹组织、3+2罗纹组织的上、下针配置图。

答：若分高低踵针，A为高，B为低，则1+1罗纹织针配置图：

上针盘	A	B
下针筒	A	B

2+2罗纹织针配置图：

上针盘	A	B	X
下针筒	X	A	B

3+2罗纹织针配置图：

上针盘	A	B	X	X
下针筒	X	A	B	A

62．什么叫单式弯纱、复式弯纱？在罗纹机上为什么要采用复式弯纱？

答：略

63．罗纹织物为什么要采用双纱编织？若为棉、锦交织，应怎样喂纱？

答：略

64．织针在起针点处，上、下针应怎样配合？为什么？在选择起针点的工艺数值时，应考虑什么因素？

答：略

65．织针在起针平面处，上、下针怎样配合？在选择起针平面的工艺数值时，应考虑什么因素？

答：略

66．织针在挺针最高点处，上、下针怎样配合？在选择挺针最高点的工艺数值时，应考虑什么因素？

答：略

67．收针平面具有什么作用？上针收针位置与下针弯纱成圈位置应怎样配合？在选择收针平面的工艺数值时，应考虑什么因素？

答：略

68．选择下针压针最低点的工艺数值，应考虑什么因素？

答：略

69．试述罗纹机牵拉机构的工作原理。

答：略

70．什么叫双反面组织？是否有2+2双反面组织和3+3双反面组织？

答：（1）双反面组织由正面线圈横列和反面线圈横列相互交替配置而成。

（2）有。

71．试述双反面组织的结构特点及性质。

答：略

72．画出1+1双反面组织的线圈结构图。

答：略

73．为什么双反面组织在纵向具有很大的弹性和延伸性？

答：略

74．简述双反面组织的编织原理。

答：略

75．双罗纹组织的结构具有什么特点？试述双罗纹组织的特性。

答：（1）一个罗纹组织的正面线圈纵行遮盖住另一个罗纹组织的反面线圈纵行，织物两面均显正面线圈。每一横列由两根纱线组成，相邻两纵行线圈相互错开半个圈高。

（2）①延伸性与弹性小于罗纹组织，尺寸比较稳定；②只逆编织方向脱散，顺编织方向不脱散；③纵向不易脱散；④不卷边，不歪斜；⑤厚实、保暖性好。

76．双罗纹组织的结构具有什么特点？画出双罗纹组织的线圈结构图。

答：略

77．试述双罗纹组织的特性。

答：略

78．画出双罗纹组织的上、下针配置图，并叙述其编织原理。

答：略

79．在棉毛机上，应怎样排列织针、怎样进线，才能在织物上形成两个或两个以上线圈宽度的纵条纹？

答：略

80．在棉毛机上，若要形成两个圈高的两色横条纹，在16个成圈系统的棉毛机上应怎样进线？

答：略

81．在棉毛机上，若要形成两个圈高、两个圈宽的跳棋式花纹，在16个成圈系统的棉毛机上应怎样进线？

答：略

82．棉毛机针筒口的形状有哪两种？有什么区别？各适合于生产何种类型的针织物？

答：略

83．棉毛机上的织针退圈时，为何要设置起针平面？

答：略

84．何为有回退弯纱、无回退弯纱？棉毛机上压针三角设置压针平面，有何作用？

答：略

85．棉毛机上采用的弯纱方式是单式弯纱还是复式弯纱？为什么？

答：略

86．抽条棉毛组织是怎样形成的？

答：根据双罗纹组织的结构特点，可在上针盘或下针筒上，根据花纹要求在某些针槽中不插针则可得到各种纵向凹凸条纹，俗称抽条棉毛布。

87．花色组织是通过什么方式形成的？

答：花色组织是采用各种不同的纱线，按照一定的规律编织不同结构的线圈而形成的。

88．什么是花色组织？纬编花色组织主要有哪些？

答：略

89．什么叫集圈组织？集圈组织的编织与提花组织的编织有何不同？

答：（1）集圈组织是一种在针织物的某些线圈上，除套有一个封闭的旧线圈外，还有一个或几个悬弧的花色组织。

（2）线圈结构不同：集圈组织的结构单元是线圈+悬弧；提花组织的结构单元是线圈+浮线。

90．集圈组织能够使织物形成哪些不同的外观效果？

答：利用集圈形成较多的花色效应（色彩效应、网眼、凹凸、闪色效应等）。

91．试述集圈组织的特性。

答：略

92．各种不同的集圈组织是如何命名的？你认为哪类集圈组织能够形成网眼和凹凸效果？为什么？

答：（1）一般将悬弧多少与参加集圈的针数多少结合起来命名。

（2）多列集圈组织。

（3）因为在集圈单元内的线圈，随着悬弧数的增加从相邻线圈上抽捻纱线加长，但圈高不可能和具有悬弧的其他横列高度一样，从而形成凹凸不平的表面，悬弧越多，形成的小孔越大，织物表面越不平。

93．根据图10-42所示的两意匠图，当采用黑白两色纱线时，试画出其色彩效应图和编织图。

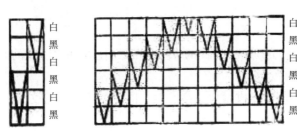

图10-4-2　花纹意匠图

94．怎样在钩针机上和舌针机上编织集圈组织？

答：略

95．什么叫畦编和半畦编组织？试画出它们的编织图，并叙述其特点。

答：（1）畦编组织：集圈是在织物的两面形成的，两个横列完成一个循环。半畦编组织：只在织物的一面形成集圈，两个横列完成一个循环。

（2）图略。特点：畦编组织的正反面线圈纵行呈现交替集圈的相同外观结构。半畦编组织的正面线圈纵行编织成圈，反面线圈纵行成圈和集圈交替编织。

96．什么叫提花组织？提花组织是如何分类的？

答：（1）将纱线垫放在按花纹要求所选择的某些织针上编织成圈，而未垫放纱线的织针不成圈，纱线呈浮线状浮在这些不参加编织的织针后面所形成的一种花色组织。

（2）分类：单面提花组织［又分为均匀（规则）提花和不均匀（不规则）提花］和双面提花组织（又分为完全提花组织和不完全提花组织或分为均匀提花组织和不均匀提花组织）。

97．提花组织有何特性？

答：①由于浮线的存在，织物延伸性小；②厚度增加，布面变窄，平方米克重大；③脱散性较小；④生产效率低。

98．线圈指数的含义是什么？

答：略

99．提花组织中线圈指数是如何定义的？线圈指数增加对织物外观有何影响？

答：（1）线圈指数是编织过程中某一线圈连续不脱圈的次数。

（2）线圈指数越大，一般线圈越大，差异越大，纱线弹性越好，织物密度越大，凹凸现象越明显。

100．何为完全提花组织和不完全提花组织？它们在结构和效应上有何不同？两者哪一种效果较好？

答：略

101．在两色完全提花组织中，正面和反面线圈纵向密度之比为多少？在三色完全提花组织中，情况又如何？

答：略

102．什么叫胖花组织？单胖组织和双胖组织各是怎样编织的？在性质上有何差异？

答：略

103．有一黑白两色均匀的提花织物，若要使黑色纱在白地纱上形成醒目的点子花，应该怎样排列色纱顺序？

答：略

104．根据图10-4-3所示的彩色棉毛意匠图，画出编织图、三角排列图及色纱顺序。

答：略

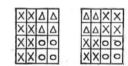

图10-4-3　彩色棉毛意匠图

☒—蓝色　△—红色　○—白色

105．选针机构如何分类？

答：略

106．叙述多针道变换三角选针机构的工作原理。

答：略

107．在三针道变换三角针织机上，设计两色规则提花组织，其进线路数M=12，意匠图如图10-4-4所示。要求：①在意匠图中找出一个完全组织，并标记出来；②编排上机图（即织针排列图和三角配置）；③排色纱。

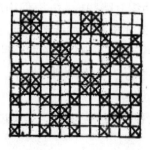

图10-4-4　两色规则提花组织意匠图（三针道）

☒—表示一种色纱形成的线圈　　□—表示另一种色纱形成的线圈

答：略

108．在四针道变换三角针织机上，设计两色规则提花组织，其进线路数*M*=16，意匠图如图10-4-5所示，试排上机图。

答：略

109．在三针道变换三角针织机上，设计一集圈织物，其进线路数*M*=16，意匠图如图10-4-6所示，分黑白色进纱。要求：①画出色彩效应图；②编排上机图。

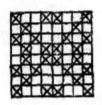　　　　　　

图10-4-5　两色规则提花组织意匠图（四针道）　　图10-4-6　集圈组织意匠图（三针道）

答：略

110．试述提花轮选针机构的工作原理。

答：略

111．Z113型提花针织机有48个滚筒，每个滚筒上装有12个选针片，提花片为37个齿，试问它可以编织的花型最大高度和宽度各是多少？

答：略

112．在Z113型提花针织机上能否设计出花高*H*=18横列，花宽*B*=72针，花型为三色提花的织物？如果能，试进行设计。

113．自己设计一个三色对称花型的提花织物，并做出上机图。

答：略

114．什么叫添纱组织？花色添纱组织有几种？它们的区别是什么？

答：（1）添纱组织是指针织物上的全部线圈或部分线圈由两根纱线形成的一种组织。

（2）花色添纱组织有架空添纱、绣花添纱、交换添纱3种。

（3）架空添纱和绣花添纱的区别：绣花添纱织物反面无浮线存在；架空添纱织物反面有浮线存在。

115．什么叫衬垫组织？衬垫组织有哪些特点？有何用途？其结构单元是什么？

答：（1）衬垫组织是以一根或几根衬垫纱线按一定的比例在织物的某些线圈上形成不封闭的悬弧，在其余的线圈上呈浮线停留在织物反面的一种花色组织。

（2）①织物表面平整，保暖性好；②横向延伸性小，织物尺寸稳定；③添纱衬垫组织的脱散性较小，仅能逆编织方向脱散。

（3）①衬垫纱可用于拉绒起毛形成绒类织物；②通过衬垫纱还能形成花纹效应；③适宜用于内衣及运动衣、T恤衫等。

（4）结构单元：线圈、悬弧和浮线。

116．什么叫毛圈组织？

答：毛圈组织是由平针线圈和带有拉长沉降弧的毛圈线圈组合而成的一种花色组织。

117. 利用毛圈组织的结构特点，可以设计什么效果的毛圈组织织物？

答：有双面绒织物，形成花纹图案和效应，天鹅绒。

118. 在日常生活中哪些产品使用的是长毛绒组织织物？

答：服装、动物玩具、拖鞋、装饰织物等。

119. 菠萝组织和纱罗组织是如何形成的？

答：（1）菠萝组织是新线圈在成圈过程中同时穿过旧线圈的针编弧与沉降弧的纬编组织。在编织时沉降弧的转移要由专门的钩子针完成。

（2）纱罗组织是在纬编基本组织的基础上，按照花纹要求将某些针上的针编弧进行转移，即从某一纵行转移到另一纵行。

120. 对比织物效果说明纱罗组织的移圈方式有几种？

答：移圈时，线圈可向左移也可向右移，还可以相互移圈。

121. 编织花色组织的选针方式有哪些？

答：选针机构的形式和种类很多，一般可分为直接式选针、间接式选针和电子选针三类。选针机构也可根据其形成的花纹相对位置，分为花纹有位移和花纹无位移两大类。

122. 请举例说明珠地网眼针织牛仔布的编织方法。

答：机型：34英寸，单面大圆机，102路，24*E*。

织针排列：ABAB

三角排列：

A ∧   ∧   ⌒   ∧   ⌒   —
B ∧   ⌒   —   ∧   ∧   ⌒
路 1   2   3   4   5   6

穿纱方式：第1、2、4、5路穿入18tex有色棉纱；第3、6路穿入28tex本色棉纱。

123. 举例说明针织牛仔布的编织方法？

答：（1）珠地网眼针织牛仔布。

机型：34英寸，单面大圆机，102路，24*E*。

织针排列：ABAB

三角排列：

A ∧   ∧   ⌒   ∧   ⌒   —
B ∧   ⌒   —   ∧   ∧   ⌒
路 1   2   3   4   5   6

穿纱方式：第1、2、4、5路穿入18tex有色棉纱；第3、6路穿入28tex本色棉纱。

（2）纵条针织牛仔布。

机型：34英寸，单面大圆机，4针道，102路，24*E*。

织针排列：ABABABCDCDCD

三角排列：

A ∧   ∧   ⌒   ∧   ∧   —
B ∧   ∧   —   ∧   ∧   ⌒

C ⌐ ∧ ⌐ ∧ ∧ ─

D ∧ ∧ ─ ⌐ ∧ ⌐

路 1 2 3 4 5 6

穿纱方式：第1、2、4、5路穿18tex有色棉纱；第3、6路穿28tex本色棉纱。

（3）斜纹牛仔布。

机型：34英寸，单面大圆机，4针道，102路，24*E*。

织针排列：ABCABC

三角排列：

A ∧ ─ ∧ ─ ∧ ∧

B ∧ ─ ∧ ∧ ∧ ─

C ⌐ ∧ ∧ ─ ∧ ∧

路 1 2 3 4 5 6

穿纱方式：

第1、3、5路穿Porel/（C）upro（Porel超仿棉涤纶）；第2、4、6路穿T 100（旦）/96f抗静电纱，Sp（A）n（D）ex全吃。

124．什么是罗马组织？

答：线圈组织图如下：

在奇数成圈系统喂入低弹丝，在偶数成圈系统喂入短纤纱。

125．什么叫法国式双面组织？

答：线圈组织图如下：

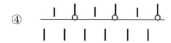

④

在奇数成圈系统喂入细旦低弹丝，在偶数成圈系统喂入较粗的编结——拆散法变形纱。

126．什么是荷兰式双面组织?

答：线圈组织图如下：

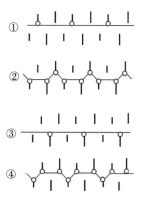

①

②

③

④

127．什么是比利时双面组织?

答：线圈组织图如下：

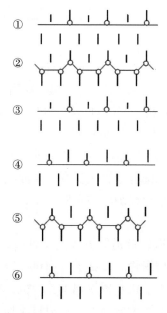

①

②

③

④

⑤

⑥

128．举例说明棉盖丙的组织结构?

答：棉盖丙组织图如下：

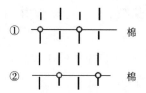

①　　　　　　　　棉

②　　　　　　　　棉

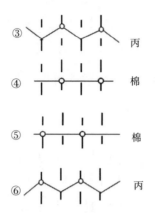

第1、2、4、5路喂入棉纱；第3、6路喂入丙纶。

129．描述JC32S +75D/72F DTY 涤纶丝，平针，使用带有添纱导纱嘴单面机织造，请根据常识判断产品种类并及其外观。

答：添纱织物（常见有素色添纱组织：棉盖丝、丝盖棉）。

俗称	效果	正反分布关系	外观及性能
棉盖丝	遮盖好	棉较粗，在正面	正面显露棉有绒毛，观感柔和，反面显露POLY在内吸湿导汗
丝盖棉	遮盖不好，露底	涤纶较细，在正面	反面的棉有一定显露，正面有均匀露底的效果，正面为涤纶长丝，易勾丝

130．简述大圆机的分类。

答：针织大圆机按照针筒数可分为单面圆机和双面圆机，按照机器的结构特点和编织的产品特色，可分为普通机、调线机、毛圈机、卫衣机、移圈机、提花机、对筒机等。

单面：普通单面机、单面毛圈机、三线衬纬机、单面调线机、单面提花机。

双面：普通双面大圆机、罗纹机、双面提花机。

131．简述普通大圆机分类及编织功能，列举多针道拓展机型。

答：普通大圆机是大圆机的基础机型，主要有：单面机、罗纹机和棉毛机。单面机和罗纹机只有一个针道，只能编织纬平针组织汗布和罗纹布；棉毛机上下各有两个针道，只能编织棉毛组织。

在普通机型基础上，可以采取多针道等方式拓展机型。多针道机一般为4针道，可以通过织针和三角的排列编织较小花型织物。多针道双面机一般为针盘2针道，针筒4针道，根据对针方式不同，可分为罗纹机、棉毛机及罗纹棉毛互换机，可以编织各种小花型双面织物。普通机型通过优化三角和沉降片，可形成高速机；通过添加剖幅设备可形成剖幅机，适合生产氨纶面料。

132．针织大圆机主要由哪些机构组成？

答：主要由机架、供纱机构、编织机构、传动机构、润滑除尘（清洁）机构、电气控制机构、牵拉卷取机构构成。

133．纬编使用的织针有几种，它们的区别是什么？

答：织针有钩针、舌针、复合针。

（1）钩针：结构简单，制造方便，可制成较细的截面，因而用它来编织较紧密、细薄的针织物。但要用专门的压板关闭针口，所用的成圈机件比较复杂，针钩易引起疲劳，影响钩针的使用寿命。

（2）舌针：又称自动针，成圈过程较为简单，所用的成圈机件也较少。但是在成圈过程中，纱线不可避免地受到一定的意外张力，影响线圈结构的均匀；并且舌针的结构复杂，制造较为困难。

（3）复合针：可以减小针的运动动程，有利于提高针织机的速度，增加针织机的成圈系统数；所形成的线圈结构均匀。

134. 试述针织机机号的概念，并列出其关系式。

答：略

135. 确定加工纱线细度下限的主要因素有哪些？

答：略

136. 能在机号为22号的台车上加工的纱线，能否在机号为22号的棉毛机上加工？为什么？

答：略

137. 圆纬机的进线路数如何表示？若针筒直径为18英寸，每一英寸安装1.5路时，试计算可安装几路成圈系统？

答：略

138. 试述条带式给纱机构的工作原理。

答：略

139. 试述储存式给纱装置的工作原理。它是属于积极式给纱还是消极式给纱？

答：略

140. 画出Z211型棉毛机上偏心拉杆式牵拉卷取机构的简图，叙述其工作原理。怎样调节牵拉量？并分析撑牙的工作情况。

答：略

141. 在棉毛机上，若采用积极式给纱或消极式给纱，应怎样调节织物的密度？

答：略

142. 在Z214型棉毛机上钢梭子的作用是什么？钢梭子的设计依据是什么？

答：略

143. 试述辊式（罗拉式）输线机构的工作原理。在Z214型棉毛机上怎样调节线圈长度？

答：略

144. 试述Z214型棉毛机上斜环式牵拉卷取机构的工作原理。怎样调节牵拉量？

答：略

145. 在牵拉过程中，为何会发生线圈横列弯曲的现象？它有何危害？应该怎样防止？

答：略

146. 简述调线机、移圈机及毛圈机的功能。

答：（1）在单双面圆机上加装调线装置实现调线功能，主要有3色、4色、6色，可通过调线器的组合实现多色调线的切换。用于编织大彩条面料。

（2）移圈机为双面罗纹机的一种，可实现线圈的转移，一般针筒针移圈，移圈针上有弹性扩圈片。移圈机可编织纱罗组织等特色移圈面料。

（3）毛圈机属于单面机，生产由毛圈纱和底纱形成的毛圈织物，分为毛圈纱显露在正面（正包）、毛圈纱不显露在正面（反包），毛圈机上可加装毛圈剪刀生产割圈织物。

147．针织大圆机主要由哪些机构组成？

答：成圈机构、给纱机构、牵拉卷取机构、传动机构、电气控制机构等主要机构，选针机构以及清洁照明等辅助机构构成。

148．请写出图10-4-7上各机件的名称，并说明3的作用。

答：1—织针，2—针筒，3—沉降片（针叶），4—沉降片圆环，5—箍簧，6—三角座，7—三角，8—沉降片三角座，9—沉降片三角，10—导纱器。

沉降片的作用是握持线圈，辅助牵拉，并协助弯纱、成圈。

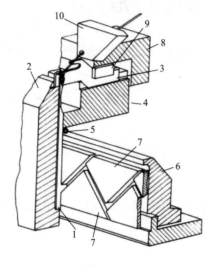

图10-4-8

149．标出图10-4-8上机件各部位名称，并说明该机件的作用。

答：1—针杆，2—针钩，3—针舌，4—针舌销，5—针踵，6—针尾，7—针头内点。

织针的作用是把纱线编织成线圈并使线圈串套连接成针织物完成成圈过程，编织线圈，形成织物。

图10-4-8

150. 标出图10-4-9上机件各部位名称，并说明该机件的作用。

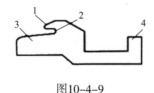

图10-4-9

答：1—片鼻，2—片喉，3—片颚，4—片踵。

沉降片的作用是握持线圈，辅助牵拉，并协助弯纱、成圈。

151. 简述织针结构及作用？

答：针杆：织针的本体，在针筒的针槽里相对针槽做上下运动的同时又随针筒做圆周运动。

针钩（针头）：在成圈过程中钩住纱线。

针舌：在成圈时可以绕针舌销转动用以打开或关闭针口。

针舌销：针舌转动轴，当针舌闭口时易形成一个对纱线的夹持区，称为剪刀口。

针踵：通过三角组成的运动轨迹使织针做上下运动，完成纱线成圈。

针尾：织针的本体，与针杆一体。

针头内点：钩住纱线，形成新线圈。

152. 简述沉降片的机构及作用？

答：沉降片：又称辛克片，沉降片用来配合舌针进行成圈，由片鼻、片喉、片颚和片踵组成。片鼻、片喉，两者用来握持线圈；片颚（又称片腹），其上沿（即片颚线）用于弯纱时搁持纱线，片颚线所在平面又称握持平面；片踵，沉降片三角通过它来控制沉降片的运动。

153. 比较分析大圆机伞式纱架和落地式纱架的优缺点。

答：伞式纱架占地相对较小，但接备用纱线困难。落地式纱架占地大，接备用纱方便，并有专用导纱管保护，防止纱线被吹乱和沾染飞花。

154. 简述针织用油的主要作用，可列举。

答：①机件机器润滑作用，减小摩擦，维护正常运转；②延长织针、沉降片和三角等的使用寿命；③降低摩擦后产生的热量，使大圆机保持适宜的运行温度。

155. 简述大圆机周保全保养主要内容。

答：①对送纱调速盘进行清洁；②检查传动装置的皮带张力是否正常，传动是否平稳；③检查牵拉卷曲机构的运转情况。

156. 简述大圆机月保全保养主要内容。

答：①拆下上下三角座，清除花衣；②检查除尘风扇的风向，清除除尘风扇的尘埃；③清除所有电气附件内的花衣，复查所有电气附件的性能，包括自停系统、安全控制系统。

157. 简述大圆机半年保全保养主要内容。

答：①将大圆机所有的织针、沉降片彻底清洗，有损坏的立即更换；②检查油路是否通畅，清洁喷油装置；③清洁并检查积极送纱装置是否灵活；④清洁和检修电气系统和传动系统的花衣及油渍；⑤检查废油收集油路是否通畅。

158．简述针织大圆机编织机构保养要点。

答：编织机构保养是保养的关键。周期根据实情确定。要点：①清洗针槽，以防污物随着织针织入织物中，减少稀路等类疵点；②检查织针与沉降片等件，换损坏件，织针和沉降片等按照使用周期和实情确定是否全面更换；③检查三角磨损情况及紧固情况；④检查针盘与针筒的针槽壁，进行必要修理或更换；⑤检查并校正喂纱嘴的安装位置，发现磨损需要更换。

159．简述针织大圆机的配件保养方法。

答：换下了的针筒、针盘要清洁，涂上机油，用油布包好，放入木箱，以免被碰伤、变形。使用时先用压缩空气把针筒、针盘内的机油除去，安装后加入针织油再使用。改换花色品种时，需要将换下来的三角分类存放（编织、集圈、浮线），并加入针织油，以防止生锈。没有用完的新织针、沉降片，需要放回原包装（盒）内；更换花色品种时换下来的织针、沉降片，必须用油清洗干净，检查并挑出残损后，分类放入盒子里，加针织油防锈。

160．简述针织大圆机电气系统保养方法。

答：电气系统是针织大圆机的动力来源，必须定期严格检修，才可避免故障发生。经常检查设备上有无漏电现象，若是发现，必须立即维修。随时检查各处检测器是否安全有效。检查开关按钮有无失灵现象。检查并清洁电动机内部部件，并给轴承加油。检查线路有没有磨损以及断线情况。

161．叙述多针道变换三角选针机构的工作原理。

答：通过不同高度针踵的织针和对应三角的变换（成圈、集圈和不编织）实现选针，即某织针在某路系统的编织状态，由该路三角座上与针织针踵高度相同的三角轨道形状决定。织针按不同顺序交替排列可扩大花型。

162．解释三角对位，简述三种对位方式。

答：三角对位上针与下针最低点的相对位置，对位方式有三种：同步成圈、滞后成圈和超前成圈。同步：指下针与上针同步成圈，也称"对吃"；滞后：指下针先成圈，上针后成圈，也称"后吃"；超前：指上针的成圈早于下针，又称"前吃"。

163．针织圆机编织氨纶时采用小轮喂入和导纱器沟槽喂入各有什么特点？

答：①利用导纱器沟槽喂氨纶的方式，氨纶运行平稳，不易出现翻丝现象，但在导纱器的沟槽处较易积聚飞花，飞花积聚到一定程度会随氨纶编织到坯布上形成疵点；②采用小喂纱轮喂入氨纶，因为喂纱轮到织针钩住氨纶的距离较大，对氨纶的控制较差，易出现翻丝现象。但喂纱轮转动灵活，方便调整氨纶喂入角度，可一定程度上控制氨纶翻丝产生。早期的单面机有采用以导纱器开沟槽的方式喂入氨纶编织，现在，一般采用小喂纱轮喂入方式，双面圆机一般是将氨纶喂入上针进行编织，也都采用小喂纱轮喂入的方式喂入氨纶编织。

164．操作工操作规程中交班内容？

答：①交班前做好机台上主要编织部位的清洁工作，保持整洁的工作环境，有一个整齐、清洁的工作场地和机台，交清生产工具和清洁工具（挡车工保管的除外），将工具、针盒收起保管好；②记录好下布匹数和记数表转数，主动交清当班异常及工艺变动，机器检修、品种更换、纱线生产厂家及批号变化等；③交班时纱基本上保持一只筒管上部直径纱线厚度不少于一定值，如5cm，小纱要接好备用纱；④处理好交接过程中的停台，如遇停台不能完全处理好的，要与接班人交代清楚，如没有人来接班，报告管理人员，交清当班情况再下班。

165．操作工操作规程中接班内容有哪些？

答：①提前进入工作岗位，做好接班前的准备（换好工作服、戴好工作帽、拿工具、准备备用针等）；②与交班者主动了解上班机器运转、工艺变动、品种更改等情况，如出现与交班记录不符合的情况，需马上上报；③停台仔细检查布面质量，检查机器运转、断纱及输线装置情况，防止疵点跨班；④检查纱支是否符合工艺要求，所用纱线批号是否正确及机器运转情况；⑤逐台停车检查布面质量，布面符合标准要求后开车。

166．操作工操作规程中巡回内容有哪些？

答：①机件：听机器有无异响，能判断原因，及时处理。看成圈部件等机器主要件位置是否正确；②布面：以眼观察的方法，查看布面上有无疵点，必要时停车检查，避免长疵点发生；③纱支：看纱支是否符合标准，纱路是否畅通，纱管是否需要更换；④输纱器：观察输纱器运转是否正常，纱线张力波动是否过大，储纱量是否标准，清纱板是否有飞花囤积；⑤导纱器：导纱孔是否有飞花堵塞。

167．简述针织大圆机日保养内容。

答：①检查成圈过程及成圈机件的状况；②检查积极送纱装置，防止储纱器被花衣堵塞而转动不灵活；③检查自停装置和悬轮安全防护罩，如有异常现象当即修复或更换；④检查油路是否通畅及润滑、加油情况；⑤清除附着在纱架和设备上的棉花、绒毛，保持编织机件和牵拉卷曲装置的清洁。

168．列举几项纬编安全生产内容。

答：①严格遵守安全制度和操作规程；②执行劳保制度，识别风险源，做好劳动保护，预防各种伤害；③车间内禁止吸烟及其他一切明火，积极参与消防应急演练；④各转动部位的防护罩和防护门必须齐全有效，不得任意挪移；⑤加强机台巡回检查，发现机台异响、焦味、机件损坏及其安全隐患时及时停机、关闭电源并通知有关人员处理；⑥安全门需要打开或通过观察窗身体进入到安全门区域内时，必须停机，打亮纱灯两路；⑦开启机台应注意卷布架周围是否有人或其他物品，停开的机台应切断电源，关闭气管开关；⑧不得穿拖鞋、着围巾和飘逸类服装操作，留长发者进入车间必须带工作帽，并将长发束起放到工作帽内；⑨一切电气装置如有损坏或异常应通知电气专业维修人员，挡车工不得自行处理；⑩爱护公司财产，对圆纬机易损部件及其他辅助设备应仔细使用。不得擅自调整机台车速、密度、设定转数等；⑪做好清洁工作，每班必须清理机台，每周进行一次全面清扫，做好防尘工作；⑫做好环境保护。

169．简述破洞疵点的定义及形成原因。

答：破洞：纱线断裂产生的洞眼。原因：纱质量差有粗结；纱线强力低；坏针；弯纱张力过大；织物牵拉张力太大或不匀。

170．简述稀密针疵点的定义及形成原因。

答：稀密针：某一纵行的线圈形态有异，实质是隔距超过公差造成沉降弧与针编弧明显不对称所致。原因：针槽有污物，导致针间距不一；新旧针混用；织针有轻微变形；针头大小不一。

171. 简述横条疵点的定义及形成原因。

答：横条：连续几个横列出现形态有异的线圈，在布面有规则地出现形成横条。原因：纱线张力不一致；纱线粗细不一致；压针三角深度不一致；原料批号混用或错纱。

172. 简述生产中氨纶翻丝形成的原因。

答：①氨纶张力过小；②沉降片环或针盘的位置不适宜；③纱线捻度太大会导致编织时氨纶与纱线之间摩擦增大造成翻丝。

173. 根据图10-4-10所示写出对应的疵点名称及形成原因。

图10-4-10

答：漏针导纱纵角太小；导纱异常；在勾纱时，针舌没有打开或针钩变形断裂；针舌长短不一；张力过小；成圈过长；卷布张力不均匀或过松。

174. 根据图示写出对应的针织织物名称或疵点名称。

答：略

175. 什么叫"花针""漏针"？分析产生原因。

答：略

176. 分析织造中布面上出现的油点，如何防止？

答：（1）油点产生的原因：①针筒的固定螺栓不牢固或针筒密封垫圈损坏时导致大盘的下面漏油或渗油；②大盘的齿轮油在某处渗漏；③漂浮的飞花与油雾聚合在一起，落入正在编织的织物中，经过卷布辊的挤压，油渗入布中（如果是卷装布，棉油团还会在布卷里面继续扩散，渗到其他层的织物上）；④空压机提供的压缩空气中的水或者水、油、铁锈的混合物滴落到织物上；⑤输送压缩空气的气管外壁上的冷凝水滴到织物上；⑥因为落布时布卷会着地，所以地面的油渍也会造成布面油污。

（2）解决方法：①定期检查设备上容易出现漏油和渗油的地方；②做好压缩空气输送管线系统的排放水工作；③保持机台以及地面的清洁，特别是对经常产生油滴、油面团和水珠的位置进行清洁或擦拭，尤其是大盘下面和中央杆上，以防止漏出或渗出的油滴落在织物表面。

177．解释坯布下机后线圈产生歪斜现象的原因，提出解决办法。

答：歪斜可分为纵斜和纬斜两种。

（1）纵斜。纵斜是线圈沿纵向螺旋形倾斜，其测量值又称为扭度。纵斜主要由棉纱的加捻引起。

①捻向方面：针织棉纱捻向大都是Z捻向，在平针织物上，线圈歪斜方向为右方；如用S捻纱，则线圈歪斜方向为左方。

②捻度方面：纱线捻度高，则歪斜程度大，捻度低歪斜程度小。如在同一疏密度的平针织物上，捻度高的纱线形成线圈后释放的残余扭力比捻度低的纱线要大。针织纱尽量采用较小的捻度。

③纺纱方法方面：在环锭纺、气流纺及喷气纺中，环锭纺因成纱结构形态的原因，对斜度影响最大，而气流纺最小。与棉花纤维的细度有关，一般棉花成熟度越高，则棉纤维越粗，相应的马克隆值越大，则生产出面料的斜度也可能越大。

④原料、织物定形方面：组织结构中涤纶等含量高，含氨纶的面料，织物定形之后稳定性也较好。经过预定形和后整理定形两次，甚至三次定形，织物稳定性较好。

（2）纬斜。纬斜是横列线圈在布面水平线方向发生偏斜，其测量指标称为纬斜度。纬斜主要由织机编织路数过多引起的，解决纬斜方法是减少设备的编织路数。此外，适当减小纱线捻度，或者采用S和Z捻的两种原料交织，对降低纬斜有一定的作用，用捻向和圆机转向的不同配合也是降低纬斜度的办法之一。

对Z捻纱编织单面布的情况来说，逆转机纬斜程度要比顺转机要小，但对衬垫组织来说，顺转机能加强Z捻纱的捻度，改善露底状况，所以布面较好。

（3）二者的关系。基本是呈反比。成品定形，进行取舍、平衡。纠正歪斜都会使缩水率有一定的上升。

色织条纹或提花织物为了消除纬斜，一般采用沿某纵行剖幅的方法（斜裁），以便裁剪、缝制时能对格对条。单面织物，特别是平针织物纬斜可能严重，双面布不明显。

178．电脑提花针织机产生错花、乱花的原因是什么？

答：如果不考虑特殊组织带来的特殊情况，只考虑出针不正确导致的错花和乱花情况，则主要有以下几种可能：①选针器与大圆机本身的同步程度不佳，会导致整盘无规律乱花，此时重新调整机器的参数即可；②选针器压提花片的深度不够，会导致横向乱花。中间针被提花片连动压入，若中间针被压下程度不够，最终中间针依然被挺针三角挺起进行编织，此时会出现特定路数花型错乱，乱花呈横向；③提花片的异常磨损（挺针片或接针均有雷同现象），会导致竖向乱花；④织机装配设计问题，导致整体花型错乱，此问题比较少见；⑤复位三角或挺针轨道设计或加工问题，导致特定路数乱花。在三角被磨损后或装配设计存在问题的情况下会出现；⑥选针点（选针器将提花片压入针筒最深时的位置）相对于挺针三角，两者过于靠近，导致乱花。中间针没有完成选针动作（被提花片连动压入）就已经进入挺针三角轨道，导致乱花，通常为整盘横向乱花；⑦选针器与提花片片踵的装配位置配合差，导致乱花。例如，选针器在刀头抬起时本不应压到提花片，但却因为选针器安装位置偏低导致压到了提花片，从而出现特定路数乱花。

第五节 计算题

计算题主要考察生产操作实践中涉及的计算，主要涉及原料使用、生产工艺、产品参数、生产管理。判分原则：①按照每个步骤和重点环节判定；②通常要求突出计算方法。

计算题

1. 假设对于纬平针织物来讲，纱长相同，纱线越粗，克重越大。那么请观察下面三张纬平针织物的工艺单，如果工艺员不小心调转了克重的数据，请帮忙检查并重新整理订单内容。

A：96dtex polyester，26cm/100针，180g/m²×70in

B：100S/2 spun polyester，26cm/100针，80g/m²×72in

C：100D/75F×2 polyester，26cm/100针，95g/m²×75in

解：96dtex=96/10tex=9.6tex

100S/2=50S/1=590.5/50tex=11.81tex

100D/75F×2=200D=200/9tex≈22.2tex

9.6tex<11.81tex<22.2tex

按照纱线越粗，克重越大的趋势，则克重也应是依次增大，那么A的克重应是80g/m²，B的克重应是95g/m²，C的克重应是180g/m²，即：

答：A：96dtex，26cm/100针，80g/m²×72in

B：100S/2，26cm/100针，95g/m²×75in

C：100D/75F×2，26cm/100针，180g/m²×70in

2. 某面料订单需要A、B、C三种原料编织，已知三种原料的比例分别为50%、30%、20%，原料的织耗A是3%，B是1.5%，C是2.5%，订单量为1吨，问需A、B、C三种原料各多少公斤？（小数点后保留1位）

解：A：1000×50%×（1+3%）=515（kg）

B：1000×30%×（1+1.5%）=305（kg）

C：1000×20%×（1+2.5%）=205（kg）

答：A、B、C三种原料分别为515公斤、305公斤、205公斤。

3. 如图10-5-1所示，线圈a—b—c—d—e—f整个线段长度为3mm，若A织物纱线直径是0.15mm，B织物纱线直径是0.25mm，（1）求织物的横密（WPI每英寸线圈纵行数）和纵密

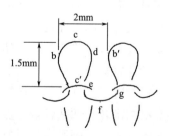

图10-5-1

（CPI每英寸线圈横列数）（可保留一位小数）。（2）若A和B两织物原料相同，密度相同，那么单位面积干燥重量是否相同？为什么？（3）若A和B两织物的密度相同，那么需要用什么指标比较两者的稀疏程度，请进行计算并比较。

解答：（1）WPI：25.4mm/2mm=12.7；CPI：25.4mm/1.5mm=16.9。

（2）单位面积干燥重量不相同，因为纱线细度不一样。

（3）若A和B密度相同，那么需要用未充满系数进行比较。

$$f=\frac{l}{d}$$

A织物$f=l/d$=3/0.15=20，B织物$f=l/d$=3/0.25=12，A织物的未充满系数大于B织物，则A织物更稀疏。

4．已知图10-5-2所示纬平织物的线圈长度L为3mm，纱线线密度Tt为18tex，织物加工时的纱线损耗y为5%，针织物的回潮率W为8.5%，试估算其单位面积干燥重量（保留一位小数）。

参考公式：$Q=0.0004P_AP_BL$Tt（1-y%）/（1+W）

P_A表示横密（单位：纵行/5cm），P_B表示纵密（单位：横列/5cm）。

解：$Q=0.0004P_AP_BL$Tt（1-y%）/（1+W）=0.0004×80×90×3×18×（1-5%）/（1+8.5%）=136.2（g/m²）

答：经估算，其单位面积干燥重量约为136.2g/m²。

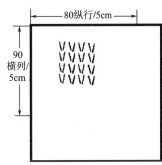

图10-5-2

5．若不考虑其他因素的影响，请排序或配对。

（1）据变化趋势，将下面四种纬平针织物按克重由小到大的顺序进行排列。

①34cm/100针　②26cm/100针　③30cm/100针　④28cm/100针

（2）据变化趋势，将下面四种机号的机器所织织物按布纹由稀到密的顺序排列。

①34G　②26G　③20G　④30G

（3）据变化趋势，将下面四种纬平针织物按密度由小到大的顺序进行排列。

①24cm/100针　②32cm/100针　③26cm/100针　④30cm/100针

（4）据变化趋势，将下面四种机号与所适用的纱线进行匹配（写法如①-A）。

①32G　②24G　③20G　A．30S/1　B．40S/2　C．40S/1

解：若只考虑该因素的影响，则纱长增长，克重减小；机号越高，布纹越密；纱长越长，密度越小；机号越高，使用纱线越细，英支数越大。

答：（1）①③④②（2）③②④①（3）②④③①（4）①-C ②-A ③-B

6．假设A织物原长50cm，在相应的仪器上按照标准在一定的拉伸力下定力测试，伸长后长度为95cm，去除外力后，试样长度变为65cm，请计算出弹性回复率。若B织物原长50cm，伸长后85cm，去除外力后变为60cm，那么请问（1）A织物的延伸率是多少？（2）哪一块织物的弹性好？请通过计算弹性回复率进行比较。

解：$X=\dfrac{L-L_0}{L_0}×100\%$　　　$E=\dfrac{L-L_1}{L-L_0}×100\%$

式中：X为延伸率（%）；E为弹性回复率（%）；L为试样拉伸后长度（mm）；L_0为试

样原长度（mm）；L_1为试样回复后长度（mm）。

（1）解：A织物的延伸率=$(L-L_0)/L_0$=（95-50）×100%/50=90%

答：A织物的延伸率是90%。

（2）解：A织物弹性回复率=$(L-L_1)$×100%/$(L-L_0)$=（95-65）×100%/（95-50）=30×100%/45=66.7%

B织物弹性回复率=$(L-L_1)$×100%/$(L-L_0)$=（85-60）×100%/（85-50）=25×100%/35=71.4%

71.4%>66.7%

答：所以B织物的弹性好。

7. 如果用十台20G-34英寸单面机按以下情况进行生产，一周的产量是多少磅？生产信息如下：

原料	组织	横密WPI	纱长	机器数量	机号	针筒直径	成圈系统数
90D/72F×2 polyester	纬平针	18	300mm/100针	10台	20针	34英寸	102路

纱耗	编织速度	抽针类型	机台转速	每日生产时间	生产效率	每周每台停机频次	
2%	2720横列/分钟	不抽针	30转/分钟	22.5小时	90%	一天	

（1磅=454克，计算过程小数点保留2位）

解：总针数：机号×直径×π=20×34×π≈2134（针）

每分钟织线圈数：总针数×每分钟横列数=2134×2720=5804480（线圈）

线圈长度（纱长）：300/100mm=0.003m

每个线圈重量：纱线旦数×纱线长度÷9000=90×2×0.003÷9000=0.00006（g）

每分钟织的线圈重：每个线圈重×线圈数量=0.00006g×5804480=348.27g

考虑效率及每天生产时数，每天每台机产量为：

每分钟产品重×每小时分钟数×每天小时数×效率=348.27g×60×22.5×90%=423148.05g

换算为磅，且考虑十台机，一周六天则每周产量为：

每天每台机产量÷每磅克数×机台数×每周生产天数

=423148.05÷454×10×6=55922.65（磅）

因此，一周的产量是55922.65磅。

8. 织机总针数：2990枚；纱长：30cm/100针；纱支：32英支C；织机进纱路数：108F；求：织20kg的坯布所需织机的转数？

解：（1）织机转一圈所用纱线的总长：

2990针/100针×30cm×108F=96876cm=968.76m

（2）织机转一圈所织的坯布重量：

968.76m/0.9144=1059.45码

32×840=26880（码）

1磅×1059.45码/26880码=0.0394磅

针织大圆机操作教程

1磅=454g

0.0394磅×454g/磅=17.89g

（3）织20kg需的转数为：20kg/0.01789kg=1118转

答：织20kg的坯布所需织机的转数为1118转。

9．某厂接到订单：纱支：JC32英支；组织：纬平针；纱长：300mm/100针；数量：20吨；交货期：7天。厂有28E、108路、34英寸单面机，问如果要按时交货需用多少吨纱线（纱耗按2%计算）？多少台单面机同时生产？（1磅=454克，1码=0.9144米，一天生产时间按22.5小时，机台转速25转/分钟，生产效率按90%计算，计算过程小数点保留2位）

解：（1）20（1+2%）=20.4

（2）针数：34×28×π≈2990（针）

织机转一圈所用纱线的总长：2990针/100针×30cm×108F=96876cm=968.76m

织机转一圈所织的坯布重量：968.76m/0.9144=1059.45码

32×840=26880（码）

1磅×1059.45码/26880码=0.0394磅

1磅=454g

0.0394磅×454g/磅=17.89g

一天一台机的产量：0.01789kg×25×60×22.5×90%=543.41kg

543.41kg×7=3803.87kg

（3）需要机台设备：20.4×1000/3803.87=5.36（台）

因此，要6台。

答：如果要按时交货约需用20.4吨纱线，6台单面机同时生产。

附录 关于《针织大圆机操作教程》章的释义

第一篇 应知
第一章 针织原料知识
"1"谐（本）音："一"，起始之意；主题词：原料，纱线原料是针织方法编织的起始，原料的决定作用一直在延伸，原料对于编织操作要求已向精细化发展。
第二章 纬编理论基础
"2"谐（本）音："二"，两极之意；主题词：纬编，作为针织两极中的一极，纬编大力维系两大织物的特色，兼具清晰与混沌，操作必须围绕这些纬编一极的特色。
第三章 圆机编织原理
"3"谐音："升"，提升之意；主题词：圆机，圆机的制造提升明显，机械部分大幅进步之中，数字化、智能化、网络化趋势加速，对传统操作提出了新的要求。

第二篇 应会
第四章 综合操作方法
"4"谐音："是"，真知之意；主题词：综合，针织生产是个系统工程，操作的整体性、综合性必须遵循操作的基本法则、基本精髓，必须遵循科学的操作规程。
第五章 单项操作方法
"5"谐音："无"，归零之意；主题词：单项，针织生产是个组合工程，单项操作都是串联的，任何一个操作故障都有可能让生产的效益归零，这是一种警示。
第六章 产品质量保障
"6"谐音："顺"，顺畅之意；主题词：质量，操作的高效、优质带来织疵的有效预防与正确处理，带来整个生产的顺畅进行，操作技能是生产顺畅的关键保障。
第七章 生产管理基础
"7"谐音："齐"，周全之意；主题词：管理，操作工需要全面掌握与操作相关的生产管理措施，企业的生产管理措施必须在指导操作中完善，才能给生产带来高效。

第三篇 提升
第八章 职业拓展前瞻
"8"谐音："发"，发展之意；主题词：职业，职业在演变，同一职业的能力要求也在演变，职业能力建设必须主动作为，主动顺应行业需要，提前做出规划、设计。
第九章 人才培育探索

　　"9"谐音："久"，长久之意；主题词：人才，人才培育必是百年大计，人才工作必须久久为功，技能标准的普及、操作竞赛的开展等都需要持续推进，还要创新方法。

第十章　理论考试指导

　　"10"谐音："实"，实效之意；主题词：考试，考试内容包括充分体现行业发展的针织基本理论和实际操作理论，这样的考试及其导向，才体现技能人才培育的实效。

实践出真知

实践出真知。

《针织大圆机操作教程》一书真切地源于实践。

1995年，中国针织工业协会专家委员会提出包括技能人才在内的人才（包括战略型人才）培育工程，作为行业发展的导向与规划的内容，得到行业主管部门的支持，针织行业开启了持续培育技能人才的历史进程，这是行业战略。针织行业1996年推出纬编工职业技能行业标准和行业教材《纬编操作教程》《针织大圆机操作教程》等，2006年推出行业卓越技能人才培育计划并成立旨在加速完善国产大圆机的机器制造与运转操作的"互进小组"，这是行业措施。在长期开展操作工群众性岗位练兵的基础上，2011年启动连续10年的全行业职业技能竞赛，这是行业行动。这三条工作脉络，都紧密围绕职业技能人才队伍建设的实践、探索。

在这些实践中，行业培训教材发挥着重要作用，如指导企业培训、辅助人才选拔等。在多年实践中，教程也顺应行业的发展，得到不断完善。2018年，我与程涛、倪海燕、杨跃芹、夏钰翔、毛绍奎、朱运荣等组成团队，深入企业，亲身操作，悉心探索，对行业教材进行修订，很快推出新版《针织大圆机操作教程》，并不断在行业中试用。

1996—2021年，跨越25年。编写教材就是汲取甘露、酿造琼浆，本教程兼具营养与醇厚，因为本教程源自一线实践，贴近操作本身。本教程的及时推出与不断改进的过程就是实践的过程，也是从实践中总结经验的过程，这个过程造就了真功夫。

编著者、试用企业对于"针织是实践的技术，是实践的学科，是实践的行业"的感悟，前进了一大步，未来针织行业的发展同样需要实践——劳动的实践，这是实实在在的实践；行业工作应当扑下身子，获取一手材料。我与业界同事长期从事针织操作实践与技能研究的感悟是：好的操作对生产事半功倍，否则会事倍功半；操作法来源于实践，且与理论互动于实践。

在制造业需要的动力要素中，技能人才队伍素质便是其一。在制造业需要的核心动力中，关键是创新。本教程中，有不少创新。创新，需要智；创新，需要实践；创新，需要意志力；创新，需要奉献精神。而创新的根本来源是实践。因为，实践出真知。

新时代，针织产业大军应当更有作为。本教程还将在实践中不断完善，力争为纬编行业的高素质产业工人队伍建设贡献更大的力量。

林光兴

2021年7月1日